LES GRANDES
CRISES FINANCIÈRES
DE LA FRANCE

PAR

M. GUSTAVE DU PUYNODE

BURT FRANKLIN
NEW YORK

Published by LENOX HILL Pub. & Dist. Co. (Burt Franklin)
235 East 44th St., New York, N.Y. 10017
Originally Published: 1876
Reprinted: 1971
Printed in the U.S.A.

S.B.N.: 8337-09739
Library of Congress Card Catalog No.: 70-166961
Burt Franklin: Research and Source Works Series 788
Selected Essays in History, Economics and Social Science 287

Reprinted from the original edition in the New York Public Library.

BURT FRANKLIN: RESEARCH & SOURCE WORKS SERIES 788
Selected Essays in History, Economics and Social Science 287

LES GRANDES
CRISES FINANCIÈRES
DE LA FRANCE

PRÉFACE

L'étude que j'ai entreprise dans cet ouvrage est certainement l'une des plus utiles, en ce moment, à notre pays. Elle nous rappelle nos torts si répétés, nos profonds désastres, comme nos merveilleuses ressources et nos prompts rétablissements. Aucune autre ne montrerait mieux à quelle puissance et à quelle prospérité nous serions parvenus, si nous avions toujours suivi les voies du travail, de la paix, de la liberté, au lieu de celles des guerres et des révolutions.

Malgré les charges accablantes que nous avons supportées ou que nous supportons encore, notre richesse s'est accrue, il est vrai, dans des proportions extraordinaires. Mais qu'il s'en faut qu'elle soit ce qu'elle aurait été sans les obstacles que nous lui avons créés ! Et que sont devenues la prépondérance politique et l'influence sociale que le monde entier nous reconnaissait autrefois ? Le sceptre que nous portions, est pour longtemps peut-être passé en d'autres mains. Nul souverain ne répéterait aujourd'hui les paroles du grand Frédéric sur la sorte de suzeraineté qu'il nous attribuait, de même qu'aucun peuple n'est enclin maintenant à se guider surtout sur nos opinions et nos sentiments.

Nous n'avons encore jamais compris que rien ne s'acquiert ou ne se conserve sans la sagesse ni la mesure nécessaires, sans les conditions matérielles et morales indispensables. Il n'est cependant pas de vérité dont il soit plus nécessaire de se convaincre. L'histoire des crises elles-mêmes que je retrace ici la confirme presque à chaque page. Qu'ont en effet semblé poursuivre les révolutions et les guerres, les principales, les uniques causes de ces crises, si ce n'est la liberté et l'extension de notre territoire ? Et notre territoire n'a cessé de s'amoindrir, et si nous avons quelques-unes des plus sérieuses institutions de la liberté, en possédons-nous en rien les mœurs ? On pourrait presque dire que, sous ce rapport aussi, nous avons rétrogradé, relativement du moins aux autres nations. Sans doute, la Hollande et l'Angleterre jouissaient seules, à la fin du siècle dernier, de réelles franchises, de vraies libertés ; nos lois ne reposaient guère, comme celles des peuples qui nous entouraient, que sur le bon plaisir. Mais avec quelle ardeur aspirions-nous à imiter ces deux premiers États, et, dans toutes les classes éclairées à combien d'égards se rencontraient, dans notre pays, des pensées et des usages d'indépendance ! Quelle autre nation que celles que je viens de nommer aurait écrit, sur la nature et les formes du gouvernement, nos cahiers de 1789 ? En ce moment, au contraire, il n'est que l'Espagne, dans toute l'Europe occidentale, qui soit inférieure à la France par ses institutions et ses coutumes libérales. C'est que la passion, l'envie, la violence, les bouleversements engendrent bien plutôt les principes et les nécessités de l'absolutisme, qu'ils n'en réforment les vices et les abus. Autant que les hommes, les peuples portent la responsabilité de leurs actes, subissent le châtiment de leurs fautes. L'histoire n'est que la justification de ce sentiment de Linné, que chaque tort s'expie dès ce monde.

Trop fidèles disciples du passé, nous n'avons voulu tenir compte ni du milieu où nous nous trouvions, ni des antécédents dont nous dépendions ; nous avons toujours imaginé qu'il suffit de vouloir pour obtenir, de décréter pour accomplir. Comme si l'on pouvait agir avec quelque raisonnable espoir de succès, en ne mesurant aucun de ses désirs à sa propre nature et aux moyens dont on dispose ! N'existe-t-il donc pas un ordre naturel et harmonique des choses pour l'humanité, autant que pour l'univers? Dans le champ même des sciences sociales, seuls, jusqu'à ce jour, les économistes ont, parmi nous, délaissé les vaines règles du caprice ou de l'intuition, pour s'en remettre aux sages et sûrs enseignements des faits et de l'observation. Philosophes, légistes, moralistes, politiques, sont restés, à l'exemple des alchimistes ou des astrologues d'autrefois, attachés à leurs rêves ou à leurs prétentions, sans nul souci de la réalité. Aussi de notables et de très-nombreux perfectionnements se sont-ils effectués dans les sphères du travail et de l'épargne, alors que les lois, la morale (1), la politique, sont demeurées aux hasards des conceptions individuelles et des passagers courants de l'opinion.

Il est d'autant plus permis de s'étonner qu'il en soit ainsi, que, avant même l'économie politique, chacune des sciences naturelles s'était soumise, à la suite de Copernic et de Vésale, de Galilée et de Lavoisier, à la méthode expérimentale, la seule vraiment sensée et convaincante, et que ce n'est que depuis lors qu'elles ont accompli leurs admirables et si profitables découvertes. Tant, cependant, que nos politiques et nos

---

(1) Je ne parle pas ici de la morale religieuse, que l'Église enseigne comme découlant des livres sacrés; je parle de la morale philosophique.

légistes n'auront pas opéré une pareille réforme, rien ne nous garantira contre le retour des désastres et des crises que nous avons déjà subis trop souvent. Nos destinées n'auront ni solides assises, ni vaste horizon. Chose singulière, on n'oserait plus prétendre disposer du moindre phénomène physique, et l'on continue à ordonner selon qu'il plaît des droits les plus nécessaires ou des plus importants intérêts des peuples ! Affronte-t-on l'Océan, sans connaître la nature des mers et les lois de la navigation ?

Droit naturel, justice absolue, souveraineté populaire sont, depuis les derniers temps du dix-huitième siècle, nos devises favorites, en notre aventureuse poursuite du plus incertain idéal. Dans aucune circonstance, nous n'avons pensé, sans autre parti pris que de connaître la vérité, à étudier le passé et le présent, pour nous diriger d'un pas mesuré vers le but que cette étude même nous aurait indiqué. Est-ce avec de telles enseignes ou de tels mots de ralliement, sur lesquels deux de leurs partisans s'entendent si rarement, qu'en d'autres contrées, en Angleterre surtout, se sont effectuées ces réformes politiques, financières, sociales, que nous avons vues en partie s'accomplir sous nos yeux, et qui compteront justement parmi les gloires les plus grandes et les plus vraies de notre époque ? Montesquieu dit quelque part : « Les lois doivent être tellement propres au peuple pour lequel elles sont faites que c'est un grand hasard si celles d'une nation peuvent convenir à une autre. » Du sommet de je ne sais quel Sinaï, nous avons constamment tenté d'en décréter d'aussi étrangères à nous-mêmes qu'aux autres nations.

Dans ce travail sur nos principales crises financières, je n'ai rien dit de celle où se sont passées les dernières années de notre ancienne monarchie, et qui s'est continuée durant toute la révolution. Elle m'aurait entraîné dans de trop longs développements. La richesse est toujours constituée comme l'est elle-même la société, et des causes trop diverses ou trop lointaines expliqueraient seules les caractères, comme les résultats de cette première grande crise, sans que d'utiles, de suffisantes applications s'en puissent retirer aujourd'hui, sinon très-exceptionnellement. J'ai rappelé, au contraire, les deux plus remarquables crises de la Hollande et de l'Angleterre, bien qu'elles remontent à peu près à la même époque, parce qu'elles offrent par leur cours, autant que par les mesures opposées qu'elles ont suscitées, des enseignements très-précieux et très-certains. Après la crise de 1814 et de 1815, il ne m'a pas non plus paru nécessaire de m'arrêter à celle de 1830, combattue pourtant, elle aussi, par notre plus illustre ministre des finances, le baron Louis, tant elle présente maintenant peu d'intérêt ou d'importance, comparée à la précédente ou aux crises de 1848 et de 1870.

Chacune de ces trois dernières crises offre, d'ailleurs, un caractère particulier, à raison, non-seulement de son origine et de sa nature, mais encore des erreurs qui s'y sont mêlées et des tendances qu'elles ont révélées. Tout s'y retrouve, en effet, jusqu'aux plus téméraires conceptions de l'ignorance, jusqu'aux rêves les plus insensés de l'utopie, jusqu'à la plus inexplicable indifférence. C'est toujours au sein des tempêtes que se manifestent le mieux les mérites ou les défauts des équipages. Peut-être la crise que nous traversons, quoiqu'elle ne soit malheureusement inférieure à aucune autre par ses charges et ses exigences, montre-t-elle un aspect plus rassurant. Nos ressources, infiniment plus étendues, nous inspirent plus de confiance, nos révolutions, incessamment répétées, nous ont accoutumés à leurs fâcheux retours. Il n'est en outre venu à l'esprit de personne, depuis 1870, de tenter, au milieu de nos ruines, le rétablissement d'institutions à jamais disparues, ou de remettre à l'examen de foules étrangères à tout savoir et à toute étude la prochaine constitution de l'industrie et de la propriété, de la société et de l'État. Les discussions de l'école économiste ont eu raison de pareilles extravagances.

Ce qui distingue le mieux, je crois, la crise actuelle, c'est, à côté de nos désastres inouïs, ainsi que de notre présente richesse, notre absolu défaut d'opinion et de système. On y a constamment recherché les solutions faciles, les commodes mesures, en aspirant uniquement à vivre au jour le jour, sans dépasser jamais les limites de l'horizon le plus rapproché. En face des meilleurs et des moins contestables enseignements de la science et de l'expérience, l'on s'en est remis au plus commun empirisme. A peine, lors des dernières élections, quelques ambitieux tribuns ont-ils spéculé sur les convoitises ou les ignorances populaires, pour acclamer certains systèmes d'emprunt ou d'impôt, dont ils auraient été fort empêchés assurément de rendre compte, et auxquels ils n'avaient pensé de leur vie auparavant.

C'est aussi sans doute ce public abandon de toute étude économique, cette entière répulsion pour toute sérieuse difficulté qui ont rendu nos gouvernants et nos législateurs si peu favorables aux économies. Car, malgré tant de désastres et de charges, nos dépenses ordinaires, au lieu de diminuer, n'ont pas cessé de s'accroître depuis 1870. En cela non plus, les exemples ou les leçons ne nous ont servi de rien, ni ceux de la **Prusse** après Iéna, ni ceux de la Russie après Sébastopol, ni ceux de l'Autriche après Sadowa, ni ceux même de la France après Waterloo. En augmentant démesurément notre budget militaire surtout, nous avons poussé l'imprévoyance jusqu'à ne pas prendre garde aux périls que nous nous créions de la sorte. Nous n'avons pas vu que, près d'un ennemi résolu à prévenir de notre part toute attaque efficace, alors que la guerre nous devrait être interdite pour de longues années encore, nous nous exposions à de nouvelles et de cruelles défaites. Nous fallait-il donc les épreuves de l'an dernier pour nous en avertir? Et comment ces épreuves mêmes ne nous ont-elles pas rendus plus réservés? N'aurions-nous pas aussi dû nous prémunir assez contre les dangers inhérents à notre esprit et à nos traditions militaires, pour ne pas rassembler autant de soldats dans la plupart de nos villes, en les soumettant à l'uniforme et pesante oisiveté des garnisons?

La dignité dans l'infortune ne s'allie ni à la témérité ni à l'insouciance. Ce que tous nos efforts se devaient et se doivent encore principalement proposer, c'est de réparer nos pertes, par les développements journaliers de notre production et de nos économies. Au point de vue même politique ou social, rien ne nous pourrait être plus utile. Bien plus qu'au temps de Bacon, qui le remarquait déjà, l'influence, la considération, l'élévation intellectuelle et morale, la puissance tiennent pour beaucoup à la richesse. Quel État ne compterait maintenant jusqu'avec ces grands marchés de capitaux et de valeurs, où se souscrivent les prêts des gouvernements et où se constituent les plus importantes entreprises industrielles ?

L'abusive extension de nos dépenses administratives mérite également tout blâme. Elle n'est pas moins fâcheuse que celle de nos dépenses militaires. Personne ne l'ignore, nous sommes à présent le pays qui compte le plus de fonctionnaires, en possédant la centralisation la plus absorbante et la plus coûteuse. C'est cependant aux époques troublées comme la nôtre, qu'il est surtout facile de voir combien nuit un tel mode d'administration, qui suscite à la fois toutes les ambitions et toutes les défaillances, toutes les servilités et toutes les révoltes. Détestable organisation qu'avait rêvée Richelieu, qu'a créée Louis XIV, que tous les gouvernements qui se sont succédé depuis 1789 n'ont cessé d'étendre ou de consolider, et à laquelle nous devons notre éloignement de chaque viril et sage sentiment d'initiative et de responsabilité. L'un des maîtres de l'économie politique française, M. Dunoyer, attribuait, après 1848, nos diverses révolutions à la centralisation, et le plus illustre publiciste de notre temps, John Stuart-Mill, explique, dans d'admirables analyses et par toute l'histoire, qu'il en devait être ainsi.

Tenue longtemps pour l'une des forces vives du pouvoir, la centralisation n'en assure que la faiblesse et l'instabilité. Elle n'accoutume les populations à nulle difficulté gouvernementale ou administrative. Elle les éloigne de toute utile et bienfaisante association avec le pouvoir, ainsi qu'elle s'oppose à la satisfaction de leurs divers intérêts, et qu'elle rassemble contre le gouvernement lui-même les plus communes convoitises, les plus redoutables haines, après l'avoir entouré de toutes les sollicitations et de toutes les complaisances. Malgré Tacite, la liberté n'est pas l'opposé de l'autorité. L'Angleterre, la Hollande, la Belgique, la Suisse, les États-Unis, les Colonies anglaises, comparés à la France, à l'Espagne, à chacune des républiques de l'Amérique du Sud, le montrent suffisamment. Ici les révolutions sont incessantes; là elles sont inconnues. On a vraiment peine à comprendre, après de si nombreuses et de si décisives expériences, après tant d'irréfutables condamnations prononcées par presque tous les hommes remarquables, non-seulement des pays étrangers, mais encore de notre propre pays, depuis Montesquieu et Royer-Collard jusqu'à Tocqueville et Laboulaye, que nous conservions un semblable régime administratif.

Il est curieux de trouver la confirmation des avantages de la décentralisation, tels qu'ils apparaissent de nos jours, au sein déjà de l'antiquité et du moyen âge. Certainement l'empire romain mérite les censures qu'il a reçues, quoiqu'on ait trop oublié les dissensions et les misères qui rendaient inévitable, à Rome, le despotisme militaire des Césars. Mais si Rome n'a plus été que la capitale asservie et stipendiée des empereurs, les cités de l'Italie et des provinces, qu'on a trop peu considérées, n'ont-elles pas joui, sous leur administration, de franchises, de prospérités, d'une civilisation qu'elles n'avaient jamais connues auparavant? Il n'y a pas d'autre secret à la longue domination romaine sur des peuples si multipliés et si différents. Ces heureuses cités s'étaient si bien façonnées aux mœurs indépendantes, possibles en ce temps, que c'est d'elles, bien plus encore que des *guildes* germaines, que sont nées, quoi qu'on en ait dit, les communes de l'époque féodale.

Et que comparerait-on à ces communes, durant aussi tout le moyen âge, aux grandes communes flamandes ou lombardes, par exemple, si justement attachées à leur souveraineté locale et si florissantes?

N'est-ce pas là qu'apparaissent le mieux tous les germes, tous les éléments de la société moderne, que se sont montrées pour la première fois les classes moyennes, la bourgeoisie, après que les développements de l'industrie y eurent répandu l'aisance, toujours inséparable, lorsqu'elle provient du travail, des désirs de liberté et de sécurité? Les villes communales sont bien, au moyen âge, ce que furent après les beaux temps de Rome et de la Grèce, pendant l'antiquité, les cités provinciales dont je viens de parler, plus semblables qu'on ne l'a cru aux anciennes cités helléniques.

Pour moi, et ce sera mon excuse pour autant insister sur ce point, je suis convaincu que rien de satisfaisant ni de stable ne se fondera dans notre pays, tant que des franchises municipales et départementales ne nous auront pas formés aux mœurs de la liberté, dont il est désormais impossible de nous refuser au moins une partie des lois. Une tête libre sur un corps esclave, pour rappeler le langage de Tocqueville, sera toujours un très-fâcheux et très-dangereux assemblage; et c'est ce qui se rencontre partout où une libérale constitution politique repose sur une administration centralisée.

En dépit des fâcheuses dépenses que je viens de signaler, comme de notre regrettable défaut d'études et de connaissances économiques, nos labeurs et nos épargnes ont, au delà de tout espoir, pourvu à nos charges ; c'est incontestable. Mais il importe beaucoup de ne les plus augmenter, de les alléger même bientôt, si nous ne voulons pas exposer de nouveau nos institutions aux redoutables suggestions du mécontentement et de la souffrance. Et ce serait chose facile, en soumettant notre gestion financière aux meilleurs et aux plus récents exemples de l'Angleterre et des États-Unis. Pourquoi donc avons-nous continué, lors de nos emprunts, à dissimuler l'intérêt auquel nous obligeaient les circonstances, au risque assuré d'élever excessivement le capital de notre dette? Pourquoi avons-nous fait appel aux souscriptions publiques, déplorables vestiges de l'ancien régime, qui nous ont semblé les formes privilégiées du crédit des démocraties, sans apercevoir qu'elles forcent à compter avec la pusillanimité, la détresse, l'isolement des moindres et des plus ignorants capitalistes? Constitués en obligations temporaires, au lieu de l'être en rentes perpétuelles, ou constitués au moins en rentes perpétuelles à intérêt véritable, à la suite de libres adjudications ou d'amiables stipulations avec des banquiers habitués à ces négociations et en relations avec tous les marchés financiers, combien nos emprunts auraient-ils été moins onéreux! Plus restreints dès l'origine, les arrérages s'en réduiraient encore aisément aujourd'hui, soit au moyen de nouveaux emprunts, soit par des conversions de rentes, et le capital en serait infiniment moins considérable.

Les derniers emprunts de l'Angleterre se sont, il est vrai, contractés en pleine prospérité; mais ceux des États-Unis, pendant la guerre de sécession, l'ont été au milieu d'un dénûment comparable au nôtre, et le fardeau en est déjà très-diminué, et pour le capital, et pour les intérêts.

Quant à l'impôt, nos législateurs ont, par leurs propres aveux, prévenu toute critique. Leur règle souveraine paraît avoir été l'insouciant vers d'Horace:

Quid pulchrum, quid turpe, quid utile, quid non?
Jamais encore, le dois-je rappeler? l'on avait montré pareille indifférence dans la demande ou l'aggravation des taxes. Sans égard à leurs mérites ou à leurs torts, l'on s'est seulement enquis de leurs moyens de perception et des produits qui s'en pouvaient retirer, en se ménageant même sous ces deux rapports de nombreuses méprises. Nos budgets ne nous sauraient certainement causer d'orgueil, depuis 1870, que par les immenses ressources qu'attestent leurs exigences, sans égales maintenant dans le monde en-

tier. Du moins, nous sommes-nous préservés jusqu'ici de l'imposition qu'il y avait le plus lieu de craindre, au sein de nos ruines accumulées et de nos excitations révolutionnaires : l'*income-tax*, la taxe du revenu. Nous l'avions d'autant plus à redouter que c'est, parmi nous, un impôt de passion et de parti, autant que de doctrine et d'école.

Bien que presque tous les économistes français s'en déclarent partisans, la moindre réflexion suffit, je crois, pour convaincre de ses extrêmes injustices et de ses regrettables incidences. Comment l'associerait-on, sans iniquité ni violence, à notre système de contributions, qui grèvent dès maintenant chaque forme de la richesse? Ne voit-on pas que, si différents que soient entre eux les revenus, l'impôt qui les frappe sous cette forme, ne les peut atteindre que de façon semblable? Et nierait-on les excès qu'il autorise, les fraudes qu'il stimule, les dangereux ressentiments et les coupables désirs qu'il engendre? Souvenez-vous de ce qu'il est devenu naguère à Florence, sous l'inspiration de Savonarole, après la prudente application du système de Ghetti. Sans doute, l'impôt du revenu, dont tout le mérite réside dans le nom qu'il porte, existe dans la Grande-Bretagne, dans l'Union américaine, en Allemagne, dans quelques autres contrées;

mais est-il un seul économiste célèbre qui, dans ces différents États, l'ait approuvé ? Qu'on lise Mac-Culloch et John Stuart-Mill en Angleterre; qu'on se souvienne de ce qu'en a dernièrement écrit M. Wells aux États-Unis. Combien, en outre, nos impositions sont-elles opposées à celles de chacun de ces pays !

Dans l'Union américaine, au reste, l'*income-tax* n'existe plus que par condescendance populaire ; car ses produits y dépassent à peine ses frais de perception. Il en est autrement en Angleterre, véritable patrie de cet impôt, tant est développée la fortune en cet opulent pays, où les prélèvements actuels de l'*income-tax*, suivant les calculs de M. Leone Levi, supposent un revenu annuel de 10 milliards 250 millions. Mais là non plus il n'a cessé de se restreindre, et une puissante association, recrutée dans toutes les classes de la population, ne l'y combat-elle pas avec ardeur en ce moment et n'en obtiendra-t-elle pas bientôt probablement l'abrogation ? Si, pour la seconde fois, l'*income-tax* s'est d'ailleurs établi, grâce à Robert Peel, dans la Grande-Bretagne, et s'y est maintenu jusqu'à nous, c'est surtout parce qu'en se réduisant à diverses reprises, il s'est uni aux admirables réformes accomplies par ce grand ministre et ses illustres successeurs. Je ne connais qu'une contrée où l'impôt du revenu figure parmi les principales ressources du Trésor, et où, selon toute apparence, il sera longtemps encore conservé, c'est la Turquie. Comment le sultan renoncerait-il en effet au *verghi*, qui, chaque année, verse environ 73 millions de francs dans ses caisses toujours vides?

Dîme uniforme sur les revenus mobiliers ou fonciers, réels ou personnels, certains ou aléatoires, perpétuels ou viagers, apparents ou secrets, l'impôt du revenu n'est qu'un lien fiscal entre l'impossible et l'injuste, entre la spoliation et le dol. Il ne provient pas des ignorances socialistes, qui suppriment les revenus non moins que les autres éléments de la richesse; mais c'en serait, on ne le peut méconnaître, l'aide la plus efficace. Aux mains d'avides tribuns ou de foules envieuses, quelle base solide laisserait-il à la propriété? Fondé sur le revenu, combien peu tarderait-il à s'attaquer au capital, ce principe même du travail et du salaire! « L'impôt du revenu, tel que nous l'entendons, nous disait Proudhon, ce n'est pas un impôt de circonstance comme l'*income-tax*, c'est l'impôt des riches, un impôt dont vivent les pauvres et qui répartisse la fortune entre tous. C'est le socialisme financier.»

Nos maux sont trop nombreux et trop graves pour que nous ne craignions pas de les accroître encore par de mauvaises mesures. Ce n'est qu'à force de sagesse, d'ordre, de paix, de vigilants labeurs, de sage économie que nous fermerons nos blessures et reprendrons notre rang. Il ne nous est plus permis de céder à l'erreur ou à la passion. Nous nous sommes crus, à bien des reprises, les guides prédestinés de l'humanité, et pour n'avoir voulu compter ni avec l'expérience, ni avec la réalité, toute ambition élevée nous reste interdite aujourd'hui. Si nous nous sommes abusés dans la prospérité, ne nous abusons plus dans l'infortune. L'œuvre principale, vraiment grande, vraiment civilisatrice de notre siècle, c'est jusqu'à présent l'extension des franchises publiques, l'abolition de l'esclavage, l'avénement de l'égalité civile, l'emploi de l'activité humaine aux productions industrielles, servies par toutes les ressources de la mécanique, de la science et du crédit, la liberté commerciale, les progrès des croyances, du savoir et des arts. Ce sont là les nobles victoires, gagnées, sinon en totalité, du moins en grande partie, par deux générations à peine, dans les luttes réellement méritoires de la vie. Et qu'y pouvons-nous prétendre, sinon d'avoir les premiers décrété l'égalité civile, qui, pour se fonder, n'exigeait de toute évidence aucun excès, aucune violence, que les développements mêmes du travail et de l'aisance auraient naturellement et forcément amenée ?

C'est une raison de plus pour que nous nous efforcions, en utilisant mieux nos énergies et nos ressources, d'aider à l'accomplissement du reste de la tâche qui paraît dévolue au dix-neuvième siècle, et qu'il m'est d'autant plus permis de signaler ici, qu'il consiste à supprimer les deux causes premières de nos crises financières, comme de nos déchéances : les guerres et les révolutions.

Je ne désespère pas, je l'avoue, même en ce moment, de ces deux progrès. Malgré les armements si déraisonnables de la plupart des États, la répulsion de la guerre est devenue générale. Les travaux industriels, unis aux enseignements économiques, ont partout répandu les désirs et le besoin de la paix. Où la philosophie et la religion elle-même avaient échoué, l'intérêt et l'économie politique ont triomphé. Les populations ont perdu le goût des conquêtes; un vent pacifique souffle sur le globe tout entier. Ce n'est plus, comme à Rome, l'autel de la Victoire que les peuples placeraient maintenant dans leurs capitoles, pour les sanctifier.

Déjà, parmi les grandes puissances, l'Angleterre base toute sa politique extérieure sur la paix, hautement proclamée, résolûment maintenue, et depuis la guerre de sécession, ainsi qu'auparavant, les États-

Unis, qu'il faut nous habituer à considérer, se contentent, sur leur immense territoire, baigné par deux Océans, de quelques régiments isolés et de quelques vaisseaux de ligne. Que quelques autres peuples, fussent-ils de moindre importance, agissent de pareille sorte, en engageant chaque État et en s'engageant eux-mêmes, selon une proposition récemment acceptée par plusieurs parlements, à soumettre leurs différends à un souverain et loyal arbitrage, au lieu de recourir à la plus aveugle et à la plus brutale violence, et ce louable exemple ne s'imposera-t-il pas bientôt de façon générale ? Qui préférerait longtemps le dénûment au bien-être, l'effroi à la sécurité ? S'il ne convient jamais de s'abandonner à de longs jours de confiance, parce que le ciel semble ne se plus couvrir d'autant de nuages, il est au moins permis, à ce rassurant spectacle, de goûter quelque heureux et salutaire espoir. Pour nous surtout, qui pourrions si justement répéter, au souvenir de nos malheurs, le mot de Louis XIV : J'ai trop fait la guerre, il nous siérait de mettre nos soins, nos efforts à propager les pensées et à accomplir des actes de paix. Nous ne saurions sans folie nous en remettre aux hasards des combats de réparer l'iniquité des combats.

Nul autre peuple non plus ne s'est autant que nous

livré aux révolutions, œuvres aussi de la force et de la passion, et n'en a autant souffert. Il suffirait de lire les derniers chapitres de cet ouvrage pour s'en convaincre. Ce n'est pas assurément que de criants abus, de coupables excès n'aient été souvent commis par des gouvernements réguliers, établis depuis longtemps. Combien de ceux qui sont tombés méritaient leur sort ! Mais qu'ont partout produit les révolutions et que peuvent-elles produire ? A part la révolution de 1688, réalisée par l'aristocratie anglaise, pour renverser l'ordre de choses qu'avait engendré celle de 1648, singulièrement patricienne elle-même, aucune n'a réussi. Il y a peu de fautes qu'elles n'aient dépassées ; il n'y a pas de crimes qu'elles n'aient accomplis. Les moins funestes font des sociétés la proie du désordre, de l'immoralité, des basses convoitises, des odieuses tyrannies. Les ruines matérielles qu'elles causent sont encore leurs moindres dommages. Après de pareilles tempêtes, les flots restent longtemps chargés des vases les plus grossières et des plus repoussantes épaves. Il n'y a eu qu'un Milton ; les Brasdhaw (1) eux-mêmes sont bien rares. Aucune nation n'est, du reste, impuissante maintenant, avec quelque mesure et

---

(1) Président de la commission qui condamna Charles Ier ; dur, implacable, mais honnête et convaincu.

quelque fermeté, à gagner les franchises ou à se procurer les réparations qu'elle mérite d'obtenir. La scélératesse et la sottise attendent seules désormais des révolutions les profits qu'elles poursuivent.

Cependant l'ordre intérieur des États, uni forcément de notre temps à de convenables libertés, est peut-être moins assuré ou moins prochain que leur ordre extérieur, fondé sur la paix. Le doute qu'exprimait lord Chesterfield à Montesquieu, en le complimentant de son grand ouvrage, est encore permis pour nous et pour plusieurs autres pays. Il sera toujours malheureusement plus facile de faire des barricades que d'élever des barrières (1). Et cela provient avant tout, en ce qui nous concerne, des notions confuses que nous continuons à avoir sur les gouvernements et la politique, grâce à la fâcheuse méthode que nous appliquons à leur étude, et que je condamnais précédemment. Comme le lion de Milton, plongé dans le limon où il s'agite, nous resterons condamnés, malgré tout effort, à nos maux et à nos misères, soyons-en convaincus, tant que nous délaisserons les voies de la

---

(1) Lord Chesterfield écrivait à Montesquieu : « Vous nous avez appris nos institutions à nous-mêmes. Saurez-vous ensuite les imiter? Cela est différent. Vous et vos parlements, vous pourrez bien encore faire des barricades ; mais saurez-vous élever des barrières ? »

saine observation des faits, des sûrs enseignements du passé et du présent. On a eu raison de voir dans l'abstraction, servie par la passion, le pur esprit révolutionnaire (1).

(1) Depuis que ces pages sont imprimées, l'*income-tax* a été proposé, mais n'a pu être établi en Australie, pays si profondément démocrate cependant.

LES
GRANDES CRISES FINANCIÈRES
DE LA FRANCE

CHAPITRE PREMIER

DEUX CRISES FINANCIÈRES
DU XVIIIe SIÈCLE ET DU COMMENCEMENT DU XIXe, EN HOLLANDE ET EN ANGLETERRE.

SOMMAIRE. — I. Progrès de la richesse et de la puissance de la Hollande depuis le xive siècle. — Sa suprématie commerciale, industrielle et financière au xviie siècle. — Sa décadence au xviiie siècle. — Fâcheuses mesures prises à cette époque de crise par le gouvernement. — Condamnation de ces mesures par plusieurs écrivains hollandais.
II. Première période de l'administration financière de Pitt. — Ses succès. — Le traité de 1786. — Seconde période de l'administration financière de Pitt. — Le budget de 1793. — Impôts et emprunts de l'Angleterre de 1793 à la paix. — Crise de la Banque d'Angleterre de 1797.— Le *bullion comitee*. — Progrès industriels de l'Angleterre.

Avant de commencer l'étude des grandes crises financières de la France depuis le commencement de ce siècle, je crois nécessaire de considérer, en les opposant l'une à l'autre, les deux crises de même nature qui les ont précédées en Hollande et en Angleterre. Très-avancées déjà sur les voies de la civilisation moderne, par leur industrie, leur richesse, leurs franchises, ces nations, soumises à de pareilles épreuves, nous offrent de nombreux et de précieux enseignements. Les mesures auxquelles elles ont eu recours, montrent bien les ressources qui se présentent en de semblables milieux, comme les résultats qui s'y sont produits indiquent avec exactitude les erreurs qu'il sied le plus de combattre ou les vérités qu'il importe le plus de respecter.

Si grands qu'aient été nos malheurs et si lourdes que soient encore nos charges, ce n'est pas, en effet, la première fois qu'il s'en rencontre de pareils. L'histoire n'est que la succession ininterrompue et presque toujours méritée des grandeurs et des déchéances sociales, ou soudaines ou longtemps préparées. C'est pourquoi l'on doit sans cesse l'étudier, afin d'y puiser les utiles et profitables enseignements qu'elle renferme, surtout aux époques troublées comme la nôtre, où chaque erreur est si fâcheuse, où les guides sont si nécessaires. Sous les inflexibles lois de la concurrence, les États aussi recueillent, dans le cours des siècles, les récompenses de leurs efforts et de leurs mérites, ou souffrent les désastres et les hontes dus à leur imprévoyance et à leurs excès. La fortune dispense à tous avec plus de justice et de sûreté ses faveurs, que ne le laisseraient croire les capricieux attributs que lui prêtait l'antiquité.

I

La Hollande perd au XVIIIe siècle le rang que son activité laborieuse et sa sage économie, stimulées par des franchises uniques alors dans le monde, lui avaient gagné. Elle cesse à ce moment d'être l'État le plus commerçant, le plus riche et le plus libre de l'univers, et à d'extrêmes souffrances se joint son abaissement politique et militaire.

Dès la fin du xiv° siècle, elle était devenue la troisième puissance commerciale européenne, après n'avoir eu que les moindres et les plus lointaines origines. Dans le siècle suivant, elle vient encore après l'Italie, mais elle dépasse déjà la Hanse, sur laquelle elle avait conquis l'entrée de la Baltique. A cette époque aussi s'étendent ses pêches, le Pérou des provinces, comme les sthathouders nomment dans plusieurs édits la pêche du hareng, et commence son commerce d'économie entre le Nord et le Midi, qui prit dès le principe un développement et des formes inconnus auparavant. Voiturière du monde, selon la dénomination qu'elle se donnait elle-même, qui ne sait qu'elle a renoncé la première à se croire obligée de fonder des comptoirs partout où elle portait son trafic, et de suivre en armes ses marchandises?

Mais sa puissance et sa richesse s'accrurent surtout quand, après avoir forcé les marines espagnole et portugaise à se réfugier dans la rade de la Corogne, elle rentra dans le port de Lisbonne, que Philippe II lui avait fermé, et où elle se put approvisionner de nouveau des produits des Indes. Elle fait mieux encore vers le même temps. Elle lance du Helder, sous la conduite des frères Houtman, plusieurs vaisseaux destinés à doubler le Cap et à atteindre l'Asie, où, dans la suite, se devaient tant multiplier ses échanges et ses colonies. Affranchi dès lors de toute crainte et présent sur toutes les mers, son commerce ne tarde pas à devenir, non-seulement le plus considérable, mais presque le seul de l'Europe, de tout l'ancien monde. Ses ports sont les grands entrepôts, ses villes, les grands marchés de l'univers entier. N'est-ce pas aussi l'un des glorieux souvenirs de cette époque que le départ vers l'Orient, en une saison, de 900 bâtiments et de 1,500 buisses (1) pour la seule pêche du hareng?

En 1621, son trafic avait assez d'importance jusqu'en Amérique pour faire naître, à Amsterdam, la *Compagnie des Indes occidentales*, formée sur le modèle de celle des *Indes orientales*, qui l'avait précédée, la première grande association commerciale du monde moderne, et qu'a seule dépassée la Compagnie anglaise des Indes. Un poëte hollandais représente cette compagnie tenant d'une main l'urne des mers et de l'autre une corne d'abondance d'où s'échappent en foule des fruits et des épices; c'est une allégorie très-juste. Forte de son monopole, elle n'en faisait pas moins cependant brûler une partie des girofliers ou arracher les muscadiers de ses possessions, et n'en jetait pas moins à la mer une portion du chargement de ses navires, afin de s'assurer, ainsi qu'on le disait, de gros profits avec un petit trafic.

William Petty estimait le tonnage des vaisseaux hollandais, en 1690, à plus de 900,000 tonneaux. Colbert écrivait à l'ambassadeur français à la Haye : « Le commerce par mer de tout le monde se fait avec 20,000 navires environ. Dans l'ordre naturel, chaque nation en devrait avoir sa part à proportion de sa puissance, du nombre de ses peuples et de ses côtes de mer; les

---

(1) Embarcations de pêche.

Hollandais en ont de ce nombre 15 ou 16,000, et les Français peut-être 5 ou 600 au plus. » Ces chiffres, assez exacts quant aux proportions, étaient seulement trop faibles. Mieux renseigné, Walter Rawleg assurait au roi Jacques, vers 1610, que les Hollandais possédaient plus de 20,000 bâtiments, et Jean de Witt, qui rapporte cette évaluation en l'approuvant, remarque que la navigation et le commerce de sa patrie avaient augmenté de plus du tiers de 1610 à 1670. Les Flandres, l'Angleterre, une grande partie de l'Allemagne se croyaient forcées d'envoyer leurs marchandises à Amsterdam, pour qu'elles parvinssent de là vers tous les lieux de destination. Le roulage de l'Océan appartenait à la Hollande, dit William Temple, et comment oublier que Lammert attachait orgueilleusement un balai à son mât, en prétendant à la pleine souveraineté des mers?

Si la Hollande était, au xvii° siècle, le plus grand port et le plus grand comptoir de la chrétienté, elle en était aussi l'un des centres manufacturiers les plus importants et le principal marché des capitaux et du crédit. Ses manufactures de soie, de lin, de laine, de cordages, de câbles, de filets étaient sans rivales, comme ses ateliers de construction de Saardam, d'Amsterdam, de Leyde et de Rotterdam, qui pourvoyaient en entier l'Europe. «Pour les prêts, c'est un grand avantage dans ce pays, écrivait de Witt, que l'on peut avoir de l'argent à 3 pour 100, et que l'on prête à un marchand bien accrédité sans gage. » Fondée en 1609, la banque d'Amsterdam est restée jusqu'à nous la plus grande banque de dépôt qui ait existé. Tout ensemble, les assurances prospéraient extraordinairement en cette riche et prévoyante contrée, et le commerce des effets publics et des actions, qui y avait pris naissance, s'y était dès cette époque développé dans de telles proportions, qu'il suffisait à convaincre de la multiplicité des sociétés industrielles qu'on y rencontrait.

Mais, avec le XVIIIe siècle, disparaissent la puissance et la prospérité hollandaises, qui, tout étrangères à l'oppression et à la conquête, marquent peut-être le meilleur point de partage du monde ancien et du monde moderne. Après avoir été forcée de soutenir sur mer les guerres de Cromwell et de Charles II, ainsi que celles de Louis XIV sur terre; en proie aux dissensions qui suivirent le stathoudérat; frappée dans son négoce et sa marine par l'*acte de navigation* britannique; atteinte surtout par les funestes mesures législatives et financières de ses assemblées, la Hollande vit, dans ce siècle, sa belle perspective s'évanouir comme l'ombre, selon le langage d'un de ses historiens. En même temps que de nombreuses possessions lui sont enlevées, il lui faut pourvoir à de ruineuses indemnités de guerre. Le tarif français de 1664 grève énormément ses échanges, et ses pêches s'affaiblissent assez pour que celle du hareng, qu'on nommait aussi l'agriculture de la Hollande, n'exige plus que 200 vaisseaux au lieu des 15 ou 1,600 qu'elle employait auparavant. L'aurait-on prévu au siècle précédent? la consommation intérieure devient presque alors le seul débouché de ses fabriques, quand les produits étrangers ne remplacent même pas sur ses propres marchés les produits indigènes. Il ne suffit pas que les faïences de Delft, par exemple, ne s'exportent plus, les faïences de Londres et de Rouen, moins chèrement obtenues, pénètrent dans tous ses magasins. Le village de Saardam, cet ancien atelier de construction de tout l'univers, a perdu plus de 100 moulins à scier le bois, écrivaient, en 1778, les commerçants d'Amsterdam.

Mais ce qui présente à ce moment le plus d'intérêt, surtout pour nous aujourd'hui, ce sont les écrits hollandais, qui, en rendant compte de cette décadence, montrent comment elle aurait pu se prévenir et se devait arrêter. Entre ces écrits, nul autre ne se comparerait aux *Mémoires* de Jean de Witt et à la *Richesse de la Hollande*, ce livre si curieux de plusieurs commerçants d'Amsterdam, réunis pour l'écrire. Combien l'on admire notamment les sages et libéraux enseignements de ces écrits, dignes précurseurs de ceux des physiocrates et d'Adam Smith, lorsqu'on se rappelle quelles doctrines économiques et politiques triomphaient à peu près partout lors de leur apparition! Il nous le faut bien avouer aussi, ce ne sont ni les discussions ni les mesures d'où l'on a prétendu depuis faire sortir en général le salut des sociétés, qui pourraient diminuer cette admiration. La liberté industrielle, la liberté religieuse, la liberté politique, voilà les seules recommandations qui s'y trouvent, jointes à celles d'impôts moins lourds et mieux ordonnés et d'une paix mieux assurée. Je ne connais pas, quant à moi, d'ouvrage plus sensé, plus honnête, plus patriotique, sinon plus brillant, que celui de l'ancien grand pensionnaire, Jean de Witt. De chacune de ses pages s'exhale comme un parfum de raison et de vérité, d'autant plus entraînant qu'aucun apparat ne s'y mêle. Qu'il y a loin de ces *Mémoires* et de la *Richesse de la Hollande* aux écrits des auteurs allemands et italiens contemporains de la décadence de la Hanse ou des républiques italiennes! Tout y respire l'amour de la justice, le respect du travail et des populations, tandis que les autres ne font appel qu'à l'arbitraire et à l'oppression. Ils valent et rappellent souvent les meilleures publications de l'école de Manchester, avec lesquelles ils ont de nombreux et intimes rapports.

Ils les rappellent surtout en ce que leurs critiques s'adressent de préférence aux aggravations douanières, établies soit à l'entrée des marchandises étrangères, soit à la sortie des produits nationaux. Sans prononcer le nom du libre échange, que de fois en invoquent-ils tous les bienfaits et toutes les nécessités! Smith se serait certainement exprimé d'autre sorte sur la future réalisation de ce principe, de ce droit, s'il les avait lus. Ils ne pouvaient concevoir, non plus que Cobden ou Bright, que les obstacles et la cherté fussent favorables à l'industrie et à la consommation. « C'est pourtant une affaire bien chatouilleuse que de se mettre une corde au cou par lequel doit entrer toute la nourriture du corps (1), » écrivait Jean de Witt. Appuyés sur l'expérience, ils niaient absolument, quoiqu'on le répétât sans cesse autour d'eux, à la suite des doctrines mercantiles et de Montaigne, que le profit de

(1) Jean de Witt, *Mémoires*, ch. XIII.

l'un fût le dommage de l'autre. De Witt ne craint pas de dire que la Hollande avait plus d'avantage à tirer les toiles des fabriques du Brabant qu'à les tisser elle-même, parce qu'elle ne pouvait les fournir à aussi bon marché. Les négociants d'Amsterdam écrivent également : « Telle est la notion du commerce que, de quelque façon qu'on l'envisage, on le trouvera toujours, entre deux peuples ou deux nations, respectivement plus ou moins utile, mais toujours utile (1). » Ils disent encore : « Ne voit-on pas qu'en empêchant par des prohibitions et des droits l'entrée des manufactures étrangères, égales en bonté aux nationales et moins coûteuses, c'est charger indirectement les habitants du pays d'une dépense qu'ils ont droit de ménager (2) ? »

Au nom de la liberté du travail, ce premier bienfait, ce premier intérêt de l'humanité, les ouvrages dont je parle condamnent en termes non moins formels les compagnies commerciales privilégiées. « On ne devrait pas empêcher, y lit-on, la navigation et le commerce par des compagnies qui excluent les autres ; car, par cette manière, on ferme à tous les habitants la plus grande partie du monde pour faire profiter quelque peu de particuliers. Il est connu que le pays ne saurait mieux profiter que par ceux qui travaillent le mieux, à quoi les compagnies ne contribuent pas beaucoup (3). » En présence de telles paroles, ne croirait-on pas relire un discours du parlement anglais, lors de la dernière discussion sur la

---

(1) *La richesse de la Hollande*, t. I, ch. vi.
(2) *Id.*, t. I, ch. ix.
(3) Jean de Witt, *Mémoires*, ch. x et xi.

Compagnie des Indes? Et partout où des franchises industrielles, ces principes assurés, je le répète, de toute activité et de toute richesse, sont en jeu, les réponses sont les mêmes. Elles sont aussi semblables, elles condamnent autant l'arbitraire et la réglementation, lorsqu'au lieu de libertés industrielles, il s'agit de libertés politiques ou religieuses, bien plus étrangères encore à ce temps.

Il n'est qu'un argument, souvent invoqué depuis par les partisans des véritables doctrines économiques, comme des doctrines religieuses et politiques qu'ils soutenaient : celui du droit, que les Hollandais négligent constamment. Les froides et exactes raisons d'intérêt leur semblent de beaucoup préférables aux brillantes et dangereuses théories de l'abstraction ou de l'idéal. Ils croient plus aux faits qu'ils peuvent apprécier, à l'utilité qu'ils peuvent contrôler, qu'aux ordinaires affirmations des principes absolus, des droits innés ou naturels, dont on faisait en France, à la même époque, un si déplorable abus. Aussi, lorsqu'ils demandent, avant Turgot, l'abolition des jurandes et des corporations, ou lorsqu'ils réclament, avant Pitt, la pleine indépendance des échanges, s'autorisent-ils seulement des profits du négoce et de la nécessité d'attirer les étrangers dans leur pays. On les dirait presque les ancêtres du positivisme ; ce sont par excellence des disciples de la méthode d'observation et de l'expérience.

Quelque sujet qu'ils abordent, ils ne raisonnent pas autrement. Les premiers, depuis Tyr, ils ne s'inspirent, en traitant de la colonisation, ni de religion ni de politique. Ils cèdent encore uniquement ici aux préoccupations du trafic et des affaires. Alors même qu'ils réclament des franchises religieuses, comme je l'observais à l'instant, ou qu'ils reprennent le système de Grotius sur la liberté des mers, en opposition avec les nouvelles prétentions de l'Angleterre, ils restent gens de comptoir ou de fabrique, sans devenir en rien philosophes ou juristes. Ils se souviennent que le respect des consciences a déjà valu à leur contrée un nombre considérable de citoyens actifs, riches, instruits. Ils rappellent que c'est surtout à eux qu'elle doit le tissage et le blanchiment des toiles, le tirage de l'huile de baleine, les confections du blanc de plomb, de la céruse, du minium, du camphre, du borax, le raffinage du sucre et la teinture des étoffes. Cela leur suffit. Si Voltaire écrit, à propos de notre intolérance : « Les libraires hollandais gagnent un million par an, parce que les Français ont de l'esprit, » c'est un gain, remarquent les auteurs de la *Richesse de la Hollande*, qui ne vient qu'après celui des fondeurs en caractères, des fabricants de papier et des imprimeurs.

A bien des reprises, le plus illustre des écrivains hollandais du XVIIIe siècle déclare que la Hollande doit conserver « un gouvernement de république. » Mais il ajoute aussitôt qu'il ne s'agit pas « de république philosophique, bâtie en l'air ; » que la Hollande ne se soutenant que grâce à la prospérité du commerce, des manufactures, de la pêche et de la navigation (1), « elle doit extrêmement

(1) V. Jean de Witt, *Mémoires*, ch. I.

redouter les aventures et les guerres qu'aiment trop les rois. » Par malheur, les républiques, pouvons-nous l'ignorer? n'aiment pas moins que les rois les guerres et les aventures.

A l'égard des impôts, dont les publicistes hollandais blâment avec tant de raison les excès, jamais on n'en avait non plus marqué aussi bien qu'eux l'origine, l'incidence et les effets. Peu d'économistes les ont même indiqués depuis avec autant de savoir et de sagacité. Ils étaient surtout persuadés que le travail, unique pourvoyeur de la richesse, se ralentit dès que les ressources qu'il exige diminuent, et qu'il s'arrête ou disparaît lorsqu'elles font défaut. « Il est certain qu'un sol plus ou moins de gain, par rapport à la quantité, peut arrêter tout un commerce qui est dans l'équilibre » (1), dit Jean de Witt. Dévoués autant qu'ils l'étaient à l'indépendance et à la prospérité de leur patrie, comment ne se seraient-ils pas efforcés d'alléger ses charges? Ils savaient bien qu'avec les difficultés et les souffrances que créent de trop lourdes taxes, se répandent les pensées et les usages les plus contraires à l'ordre et à la liberté. Quels maux produisent-elles surtout quand elles s'unissent à la pauvreté du territoire et à la rareté des ouvriers! Tout alors ne semble-t-il pas créer la misère, dont les conséquences sociales et politiques sont partout si tristes? Où s'établit la misère quelles larges perceptions même se pourraient longtemps continuer? Puise-t-on encore à des sources taries?

En 1664, les impôts ordinaires de la Hollande rappor-

(1) Jean de Witt, *Mémoires*, ch. xi.

taient 13,672,898 livres, en outre des maltôtes et des domaines des comtes, selon les dénominations reçues. C'était déjà beaucoup ; mais plusieurs nouvelles contributions furent établies lors des guerres contre la France et l'Espagne. Ainsi le deux-centième denier, dont on retirait 1,200,000 livres, et la taxe des cheminées, qui donnait 600,000 livres. Quant au verponding, imposition des maisons et des terres, basée sur une estimation préalablement faite, il n'était plus à créer ; mais il fut accru de façon très-marquée. On peut, du reste, lire, dans la *Richesse de la Hollande*, la longue liste des impôts directs et surtout indirects établis ou augmentés dans ce pays vers la fin du xviie siècle et le commencement du xviiie (1). De même que rien n'y échappe, les modes de perception y prennent les formes les plus diverses. L'esprit de fiscalité s'y révèle dans toute sa plénitude, sans qu'on y puisse apercevoir, sur quelque point que ce soit, l'esprit d'économie. On s'y croirait déjà presque à notre époque.

Le résultat fut que le prix des matières premières, comme celui des produits fabriqués, la valeur des denrées alimentaires, ainsi que celle du travail, ne tardèrent pas à s'élever. La cherté seule de la main-d'œuvre suffit, lit-on dans un écrit de l'époque, pour réduire toutes les manufactures et presque toute l'industrie nationale à la consommation intérieure. Le salaire dû pour une seule aune de drap donnait à l'Angleterre sur la Hollande un avantage de 22 pour 100, selon le même auteur.

Jean de Witt suppute également, avec un soin infini,

(1) V. *Richesse de la Hollande*, t. II, ch. viii.

ce que produisaient sur la construction des navires ou sur les corps de métiers intéressés à cette construction les droits dont on les avait chargés. Il calcule, lui aussi, jusqu'à quelle somme est renchérie une pièce de drap de 70 livres, par des taxes de 20 livres sur la nourriture, les maisons et les logements « des 28 personnes qui sont occupées pendant quinze jours à la façonner (1), » et s'écrie : « A présent, tout est perdu ! » Il accuse d'ailleurs autant les monopoles et les règlements industriels que les impositions, sans jamais se lasser de réclamer l'économie et la liberté. La contribution territoriale, le quarantième denier sur la vente des immeubles, le vingtième sur les successions, qui ne regardaient pourtant qu'un nombre assez restreint de propriétaires, mais dont les prélèvements nuisaient aussi beaucoup à la production, ne trouvent pas non plus grâce devant lui. Il lui était trop facile de se convaincre que l'ancienne prospérité de sa patrie était passée aux Flandres, à l'Angleterre, à la France, au Limbourg ou aux provinces rhénanes. Et comment aurait-il espéré qu'elle lui revînt, tant que de fâcheuses réglementations, d'iniques oppressions, des dépenses inutiles, des taxes excessives entraveraient ses efforts ou la détourneraient du travail ?

Combien nos législateurs devraient surtout relire le chapitre où l'ancien grand pensionnaire de Hollande condamne, à propos de l'impôt, comme il l'avait fait au sujet des règlements industriels, les charges mises « sur les marchandises, en entrant ou en sortant, par argent de

(1) *Mémoires*, ch. xi.

convoi ou droit de balance », le last et le vergeld, ainsi qu'on les nommait. « Je sais que les petits droits, ajoute-t-il, seront comptés pour rien par des personnes qui n'entendent pas le commerce ; mais des gens qui y sont versés savent bien qu'on peut plumer un grand oiseau plume à plume, jusqu'à ce qu'il n'en ait plus (1). » N'est-ce pas là ce que disait récemment M. Lowe, le dernier chancelier d'Angleterre, dans sa démonstration si décisive des désastres causés par de petites taxes sans cesse répétées ? Loin de recommander les surtaxes de pavillon, que le gouvernement s'efforçait d'élever, de Witt ne permet d'imposer, et avec grande mesure, que les navires étrangers venant de pays qui ne permettaient nul trafic aux Hollandais. Il n'avait pas découvert ces merveilleux moyens qui nous sont encore recommandés, d'accroître le travail en le rendant impossible, et de favoriser le commerce en s'opposant à tout échange.

Les États de la province de Hollande demandaient eux-mêmes, en 1723, qu'on déchargeât le négoce des droits gênants, et allaient, en 1740, jusqu'à réclamer la création d'un port franc. Assurément des impôts étaient inévitables ; mais il les fallait rendre aussi peu lourds et dommageables que possible. Il ne fallait pas surtout qu'ils s'attaquassent aux principes du travail et de l'épargne ; car c'est là le grand écueil des crises financières. Lorsque l'on s'efforce de pourvoir aux nécessités qu'elles créent par de nouvelles taxes, plus que par de nouvelles économies, et que ces taxes sont mal conçues ou exa-

(1) Jean de Witt, *Mémoires*, ch. XI.

gérées, elles s'opposent aussitôt au payement des autres. C'est une aide qui devient un obstacle, un secours qui ruine et anéantit.

Pourquoi les sages conseils et les patriotiques enseignements que je viens de rappeler n'ont-ils pas été mieux écoutés ? Dans son vaste champ de débris et de déchéances, s'il en avait été ainsi, l'histoire compterait au moins une place libre de plus. La Hollande n'a recouvré, de nos jours, une position honorable parmi les nations et une importante richesse, sinon son ancienne supériorité et son incomparable opulence, pour toujours disparues probablement, que parce que ses gouvernants ont été assez éclairés pour revenir aux véritables lois du travail et de l'épargne, à la liberté ainsi qu'à la paix. Aussi les Hollandais rappellent-ils fort heureusement encore sous leurs nouvelles institutions le portrait qu'en traçaient les auteurs de la *Richesse de la Hollande;* portrait qui fait, à plus d'un égard, penser à celui de l'Américain laissé par Tocqueville. L'activité, la résolution, l'économie, l'amour de l'indépendance, la vie de famille, sont redevenus leurs qualités dominantes. Et les commerçants d'Amsterdam remarquaient, bien avant nos discussions économiques sur la production matérielle et immatérielle, que l'intelligence et la moralité des hommes contribuent plus à leur richesse que toute faveur extérieure. Ils ajoutaient seulement, au souvenir des maux qu'ils avaient signalés, et sans croire à la surnaturelle vertu d'aucune constitution : « Tels étaient les Hollandais avant la naissance de la République. »

II

Je n'entreprendrai pas de rappeler, d'indiquer même les phases successives par lesquelles ont passé l'industrie et les finances de l'Angleterre, soit avant, soit depuis ses luttes avec la France révolutionnaire et impériale. Qui ne sait la distance qui sépare ses premiers trocs de laines contre les draps de Gand et de Bruges de ses échanges actuels, ou ses hardies et libérales réformes fiscales des dernières années de ses anciennes taxes en nature ? Je veux seulement étudier les diverses sortes d'emprunts et d'impôts auxquels a recouru l'Angleterre à la fin du siècle dernier et au commencement de celui-ci, pour faire face aux immenses dépenses qu'elle dut alors supporter. Au milieu des entreprises les plus redoutables, des besoins les plus pressants, ce sont encore les idées et les mœurs du travail et de la liberté qui, dans ce pays, ont paru l'ancre de salut. Mais heureusement pour lui, ses publicistes n'ont pas seuls fait appel alors, comme il en avait été en Hollande, à ces bienfaisantes pensées et à ces usages profitables. Son Parlement, l'un des plus dignes d'illustration qui aient existé, et le plus grand ministre qui jamais l'ait gouvernée, William Pitt, ne les ont aucun jour perdus de vue. Loin d'épuiser les sources de la fortune, l'un et l'autre se sont appliqués à les multiplier et à les accroître, en laissant les flots s'en répandre, à l'abri des institutions les plus favorables, sur toute la surface de leur patrie.

L'administration financière de Pitt, commencée avec un arriéré très-lourd et des ressources très-affaiblies, se peut diviser et se divise réellement en deux périodes fort distinctes. La première, de près de neuf années, est une ère de paix et de constante prospérité pour l'Angleterre, quoique le reste de l'Europe ait été, vers sa fin, livré aux angoisses et aux violences suscitées par la Révolution française. La seconde, qui ne se termine qu'à la mort de Pitt, est l'époque des guerres incessantes de l'empire, auxquelles l'Angleterre s'est tant mêlée par ses armées, ses flottes et ses subsides.

Ministre presque au sortir de ses études, Pitt comprit bien qu'aucune taxe, malgré la pénurie du Trésor, ne doit porter atteinte aux principes de la richesse, et toute sa vie il est resté fidèle à cette pensée. Il s'efforça même, dès son entrée aux affaires, de rembourser les dettes les plus onéreuses de la Grande-Bretagne et de diminuer ou d'abolir ses plus fâcheuses impositions.

Sa première réforme fut de réduire les droits mis sur les alcools étrangers et de mieux régler ceux établis sur les alcools anglais. Bientôt après, le 30 juin 1783, il développait un plan financier complet, en présentant le premier de ces budgets si remarquables, si lumineux, si étudiés, qu'il devait chaque année apporter au Parlement tant qu'il a été ministre, et que M. Gladstone a seul rappelés depuis par la hauteur des vues et la beauté du langage. Les nouvelles taxes auxquelles Pitt recourt à ce moment semblent indiquer qu'il s'appliquait principalement à grever les consommations de la richesse ou de l'aisance. Il n'impose du moins les consommations populaires que lorsqu'elles peuvent procurer, sans s'en trop ressentir, d'importantes recettes.

Pour parer au déficit de 900,000 livres sterling qu'éprouvaient les rentrées du Trésor, somme énorme en raison des conditions économiques de cette époque, il frappe les chapeaux, les rubans, les gazes, le charbon non employé dans l'industrie, les chevaux inutiles à l'agriculture, les toiles, les calicots, les patentes des négociants soumis à l'excise, les permis de chasse, le papier, les voitures de louage, les chandelles, les briques et les tuiles. Il se refuse, d'autre part, de la façon la plus explicite à élever la dette, dont l'intérêt était alors, sous toute forme, de 9 millions sterling.

Grâce à ces nouvelles taxes et à une meilleure administration, Pitt pouvait montrer dès l'année suivante, dit son meilleur biographe, la contrebande presque détruite, les revenus du Trésor relevés de leur ruine dans toutes leurs ramifications. Il annonçait même, pour 1785, la création d'une caisse d'amortissement, destinée à racheter la dette publique (1). De ses diverses mesures financières, l'amortissement est peut-être toutefois celle qu'on a le plus critiquée, et mérite assurément beaucoup de l'être. Ignore-t-on en effet que, jusqu'à la paix, l'amortissement n'a servi qu'à réduire en moyenne la dette de 14 millions chaque année, en permettant de l'élever de 225 millions? Malgré les séduisantes promesses du doc-

(1) V. *William Pitt et son temps*, par lord Stanhope, traduction de M. Guizot.

teur Price, sur lesquelles Pitt se faisait, je crois, peu d'illusion, bien qu'il s'en soit souvent autorisé, la dette anglaise atteignait en 1815, l'énorme somme de 21 milliards, à l'intérêt annuel de 800 millions. Robert Peel n'accusait-il pas aussi, treize ans plus tard, l'amortissement d'être la cause principale du déficit des budgets? Et n'est-ce pas depuis que l'Angleterre a renoncé à cette fâcheuse et coûteuse institution, pour consacrer simplement une partie de ses excédants de recettes à la diminution de ses emprunts, qu'elle les a réduits?

Au moment même où il semblait se confier à l'amortissement, Pitt, aussi longtemps que possible opposé à tout emprunt, faisait appel à de nouvelles impositions, d'un produit total d'environ 400,000 livres sterling, afin de liquider le reste de la dette flottante léguée par la dernière guerre. Ces impositions, qui ne révèlent non plus à peu près que le désir d'accroître les ressources du Trésor, sans atteindre aucun des éléments nécessaires de la production, frappaient les domestiques, le commerce de détail, les chevaux de poste, les gants, la patente des prêteurs sur gages et le transport du sel le long des côtes. Deux années plus tard, les recettes de l'Échiquier avaient enfin cessé de présenter un déficit. Elles dépassaient les dépenses d'un million sterling, et c'est ce million qui devint le premier fond de la caisse d'amortissement (1), et qui chaque année, selon l'engagement du ministre, devait l'augmenter en se répétant.

(1) On peut cependant faire remonter à 1706 l'établissement d'une caisse d'amortissement en Angleterre.

A l'occasion de la réduction de la dette, Pitt, traitant de l'ensemble des emprunts publics, affirmait avec grande raison et une mâle éloquence qu'il ne sied jamais de rechercher l'abaissement apparent de l'intérêt que l'on subit, par la dissimulation du capital reçu. Il recommandait, au contraire, de se soumettre ouvertement, lors de tout emprunt, à l'intérêt qu'imposent les circonstances, sauf à le diminuer aussitôt que cela devient possible. Comment l'Angleterre ne regretterait-elle pas aujourd'hui d'avoir négligé ce conseil, si juste et si remarquable, dès qu'il lui a été donné? Combien ses charges annuelles auraient-elles été allégées! Je n'ai malheureusement pas besoin d'ajouter que nous l'avons nous-mêmes repoussé jusqu'en nos derniers emprunts, non-seulement malgré l'opinion de Pitt et tous les enseignements économiques, mais aussi malgré le récent et concluant exemple des États-Unis.

Parmi les impôts imaginés par Pitt, durant la période dont je parle, je ne citerai plus que l'impôt du tabac, transporté pour partie de la douane à l'excise, afin d'en mieux assurer la perception, et la taxe du vin, qui avait autrefois failli faire renverser Walpole, et qui s'établit alors, au profit de l'excise, sans nulle difficulté. Je ne pourrais nommer l'imposition des boutiques, proposée alors aussi, que pour rappeler, par son retrait, l'empressement de Pitt à renoncer aux charges qu'il créait dès qu'il en avait reconnu les dommages ou l'inutilité.

C'est aussi bien pendant cet heureux temps de paix, de réparation, de prospérité, que Pitt, désireux d'en accroître encore les bienfaits, fit tant d'efforts, assisté d'Eden, pour conclure avec la France le traité de 1786, si digne d'admiration et toujours décrié. Il s'était proposé, dans ce traité, d'abolir toute prohibition, comme tout droit de douane excessif, se confiant en l'espoir, tant de fois déjà réalisé, que la modération des taxes augmenterait les perceptions, par suite de l'aisance qui devait en résulter. Il soutint lui-même hautement, résolûment cette bienfaisante vérité, « à l'encontre de l'ancien paradoxe qui la niait, » selon sa propre expression. Avec quelle éloquente énergie d'ailleurs se fait-il alors le défenseur convaincu des plus vraies, des plus pures doctrines de l'économie politique ! Il n'hésite pas un instant, dans le débat soulevé par ce traité, à sacrifier, à risquer du moins de sacrifier à ses opinions et au bien de son pays son portefeuille et sa popularité. Aux clameurs emportées de l'opposition, guidée par Fox, son implacable adversaire, il répondait en glorifiant Adam Smith, dont il aimait en toute occasion à se dire le disciple respectueux. C'est la première fois que la doctrine du libre-échange a été portée à une tribune publique, et jamais elle ne s'y est exposée avec plus de largeur de vues ni dans une plus belle langue. Comment ne pas regretter que le pouvoir se soit mis si rarement au service de la science, et que l'éloquence se soit si souvent éloignée de la vérité et du bien public ?

Je ne saurais résister au plaisir de citer quelques-unes des dernières paroles du discours de Pitt sur le traité de 1786, digne en tout de ceux où, prêt encore aux mêmes sacrifices, il combattait, avec Wilberforce, la traite des nègres, ou maintenait de nouveau à l'encontre de Fox, contre les ambitieuses prétentions du prince royal, les souverains droits du parlement. « J'espère, s'écriait-il, que le temps est enfin venu où la France et la Grande-Bretagne doivent se conformer à l'ordre de l'univers, et se montrer propres à réaliser les bénéfices d'un commerce amical et d'une bienveillance mutuelle. Si j'envisage le traité au point de vue politique, je ne pourrais hésiter à combattre cette opinion trop souvent émise, que la France est nécessairement une ennemie irréconciliable de l'Angleterre. Mon esprit repousse cette doctrine comme monstrueuse et impossible. Il est lâche et puéril d'admettre qu'une nation puisse être l'ennemie irréconciliable d'une autre. C'est démentir l'expérience des peuples et l'histoire de l'humanité. C'est faire la satire de toute société politique, et supposer un levain de malice diabolique dans la nature de l'homme. Ce n'est que lorsque la politique repose sur des principes libéraux et éclairés que les nations peuvent espérer une tranquillité durable. » Voilà l'homme que nos historiens et nos politiques n'ont cessé d'insulter, en en faisant, plus encore que son illustre père, l'implacable ennemi de la France.

C'est encore aux mêmes pensées, exprimées en un pareil langage, que cédait Pitt lorsqu'il réclamait l'union de l'Irlande et de l'Angleterre dans la justice et la bienveillance, au lieu de la vouloir, comme il en était jusque-là, dans la haine et l'oppression. Il se séparait à ce moment aussi des systèmes et des pratiques qui s'opposent aux légitimes facilités de l'industrie et du négoce, en violant les droits sacrés de l'humanité.

Mais c'est surtout à partir de 1792, commencement de la seconde période de l'administration financière de Pitt, qu'aux prises avec d'extrêmes difficultés l'Angleterre nous offre de précieux enseignements. Dans une lettre écrite de Downing-Street à sa mère, Pitt prévoyait nos malheurs dès le renvoi de Necker. Il y indiquait très-justement les *extrémités* auxquelles la France allait être condamnée en présence de *l'air décidé du roi à défendre son autorité contre l'Assemblée nationale*. Ce spectacle, ajouté à la disette générale, dit-il en terminant sa lettre, fait de ce pays un objet de compassion, même pour ses rivaux. Comme Arthur Young, vers le même temps, il voit bien quels implacables torrents doivent nous entraîner à l'abîme. Sans autres guides que l'imprévoyance et la passion, nous allions en effet réaliser la prophétie de Rousseau, quand il écrivait en 1762 : Nous approchons d'un état de crise et d'un temps de révolution.

Durant les quatre années qui précèdent 1792, les recettes de l'Echiquier s'étaient élevées en moyenne à 16,200,000 liv. st., et avaient annuellement dépassé les dépenses de 400,000 liv. st. Il avait cependant fallu 3,133,000 livres, à la fin de 1790, pour pourvoir à un supplément de dépenses militaires, et cette somme avait été demandée à l'emprunt. Mais Pitt, devançant encore, à cette occasion, les plus sûrs enseignements et les plus sages usages, proposa de rembourser cet emprunt en quatre années, au moyen de contributions temporaires

sur les alcools, le sucre, la drêche et quelques autres
denrées. Il ne voulait pas que le présent se déchargeât
sur l'avenir de ses dépenses, sans une absolue nécessité.
Inspiration d'honnêteté et de génie que le gouvernement
anglais n'a fait que suivre pour les emprunts contractés
pendant la guerre de Crimée.

Dans l'exposé des motifs du budget de 1793, l'un des
plus remarquables travaux financiers qu'on puisse lire,
Pitt s'attache avec passion aux dernières espérances de
travail et de bien-être. Il résiste à s'en séparer, tant il s'y
complaît et tant lui paraissent redoutables les craintes
qui déjà l'assiégeaient. Rappelant avec une légitime
fierté les 400,000 livres sterling que recouvrait en excédant, depuis quelques années, l'Echiquier, il s'efforce de
convaincre qu'il sied d'en disposer, par moitié, pour
l'amortissement de la dette et moitié pour l'extinction ou
la diminution des taxes les plus nuisibles. Parmi ces
taxes, il cite principalement l'imposition additionnelle
votée peu de temps auparavant sur la drêche, celles sur
les servantes, les fourgons, les charrettes, les maisons de
moins de sept fenêtres et le dernier sou par livre établi
sur les chandelles. Il va jusqu'à énumérer, pour les quinze
années suivantes, les nombreux dégrèvements à opérer,
et n'hésite pas, si désireux de guerres qu'on l'ait fait, à
demander 2,000 matelots de moins, ainsi qu'à laisser ex-
pirer le traité de subsides passé avec la Hesse. Il prétendait réduire de 200,000 livres sterling par an les dépenses
militaires. On a même trouvé dans ses papiers un projet
de loi de cette époque, destiné à transformer le 4 p. 100

en 3 et demi p. 100, tant il ambitionnait peu de se lancer dans les aventures guerrières et tant le crédit public lui paraissait dès lors solidement assis.

Après avoir, dans ce bel exposé de 1792, jeté un dernier regard sur les prospérités de son pays, qu'aucune période précédente n'avait vues aussi largement développées, il invoque de nouveau, et pour lui en faire hommage, l'autorité d'Adam Smith, cet « auteur qui malheureusement n'est plus, mais dont les connaissances étendues jusqu'aux détails et la profondeur des recherches philosophiques fournissent les meilleures solutions à toutes les questions qui se rattachent à l'histoire du commerce, ou aux systèmes d'économie politique. » Un économiste pourrait-il encore oublier que le nom et les opinions de Smith sont rappelés dans l'intéressante correspondance de Pitt et de Grandville, sur la famine de 1800, afin d'établir que les franchises seules du négoce garantissent aux populations le prix véritable des céréales?

Mais les souhaits, les nobles désirs de Pitt devaient être déçus presque aussitôt que formés. Brillants rayons d'espoir et de sérénité, ils disparaissent bientôt au milieu des orages et des tempêtes. Seulement sa puissance et sa richesse acquises allaient devenir pour la Grande-Bretagne ses sauvegardes assurées, dans les terribles épreuves qui commençaient pour elle. Et durant ces épreuves mêmes, il sied de le remarquer, l'industrie, loin d'être sacrifiée, n'a jamais cessé d'être considérée, par le gouvernement et le parlement, comme le fondement de toute importance politique et comme l'unique pourvoyeuse du

Trésor. Il n'est rien qu'on n'ait fait, non-seulement pour lui conserver les développements qu'elle avait reçus, mais pour lui en procurer de nouveaux.

Aux prises avec la nécessité, Pitt recourt, comme à son entrée aux affaires, aux taxes indirectes qui frappaient la richesse, et s'adresse peu après aux taxes foncières, en réalisant une véritable révolution dans l'administration financière de sa patrie. En 1796, il réclame effectivement un impôt sur les maisons, de même que des droits sur les successions immobilières, semblables à ceux des successions mobilières. Mais le bill sur les successions immobilières causa une telle répulsion jusque parmi ses partisans les plus dévoués, qu'il y dut renoncer, et c'est seulement en 1853 que M. Gladstone a, sous ce rapport, mis fin à l'inégalité entre la fortune territoriale et la fortune mobilière de la Grande-Bretagne.

Toutefois les contributions indirectes n'en sont pas moins alors restées les principales ressources de l'Angleterre, ainsi qu'il en a partout été, aux époques de dénûment, depuis que le sol ne paraît plus la seule richesse. Comment, au surplus, suivre en tout un système déterminé, s'en tenir à des principes immuables, ne pas céder aux plus faciles perceptions, en face de nécessités impérieuses et incessantes? Le tabac, les chevaux de luxe, le sucre, le sel, le thé, les ventes aux enchères, les alcools, les diligences, les lettres furent presque indifféremment soumis à de nouveaux droits ou à des droits plus élevés (1). En même temps, des emprunts se contractaient, soit en-

(1) Pitt attendait 2 millions sterling de ces diverses impositions en 1796.

vers le public, soit envers la Banque d'Angleterre, quoique le capital de cet établissement ne fût en réalité lui-même qu'une créance sur l'État.

Vers la fin de février 1796, les avances de la Banque au Trésor, jointes aux intérêts arriérés qui lui restaient dus, se montaient à 10 millions et demi sterling. Le prix de l'or était à ce moment de 3 livres 17 shillings 10 derniers, et c'est alors aussi que se répandit le bruit d'une invasion française. Ce fut le signal d'une crise effroyable. Les particuliers et les Banques de province se précipitèrent à la Banque d'Angleterre, pour redemander leurs dépôts. La Banque résista d'abord assez aisément; mais il n'en fut plus ainsi lorsque bientôt après sa créance envers l'État atteignit 12,856,700 livres sterling, tandis que ses avances au commerce étaient à peine de 3 millions. Comment ses billets, transmis en tel nombre aux fournisseurs de l'État, ne seraient-ils pas aussitôt revenus à ses guichets, poussés de toutes parts par la gêne et l'inquiétude? Se pouvait-il qu'elle tardât beaucoup à se voir contrainte d'interrompre ses services, comme elle l'avait fait un siècle auparavant, et comme venait de le faire la Caisse d'escompte de Paris? Le 26 février 1797, elle n'avait plus qu'une réserve de 1,278,000 livres sterling pour une circulation en billets de plus de 13 millions sterling. Elle demanda conseil à Pitt, et, dans la nuit du 26 au 27 février, un ordre du gouvernement lui interdit de faire des payements en numéraire jusqu'à ce que le Parlement eût été consulté et eût pris des mesures pour assurer la circulation. C'est là l'origine de cette longue suspension de payements, que

Robert Peel n'entreprit de faire cesser qu'en 1819, et qui ne s'est réellement terminée qu'en 1822.

Pitt eut du reste la sagesse, dans le principe, de ne pas obliger le public à recevoir les billets de banque non remboursables, en se refusant à les transformer en assignats. Il n'est allé jusque-là qu'en 1811, grâce aux immenses efforts qu'il devait faire contre Napoléon. Cependant, l'ordre du conseil de 1797 était à peine connu que les négociants les fabricants, les banquiers, les armateurs de Londres décidèrent, comme en 1745, que loin de repousser les billets de banque, ils continueraient à s'en servir autant que possible dans leurs diverses transactions. Cet acte, accompli sans bruit ni ostentation et qui paraît si simple, n'en est pas moins l'un des plus beaux qui se soient jamais réalisés. Jouer de sang-froid sa fortune, sa position, l'avenir de ses enfants pour l'honneur et le salut de tous, quoi de plus magnifique! Il importe en outre de se rappeler que la Banque obtint à cette époque d'émettre des billets de moins de 5 livres. Elle en eut même d'une seule livre, et sa circulation, qui n'était encore au moment de sa suspension de payements, je viens de le dire, que de 13 millions, s'est successivement élevée à 28 millions sterling. Un tel accroissement de circulation devait amener, surtout à raison des circonstances au milieu desquelles on se trouvait, et a amené une forte dépréciation des billets, bien que l'Angleterre soit de tous les États celui qui ait le moins souffert du papier-monnaie.

Qui pourrait avoir oublié les discussions élevées, dans le Parlement anglais et parmi les publicistes contemporains, sur cette circulation, ces émissions et cette dépréciation? Qui n'a lu le rapport si célèbre et si remarquable de la commission parlementaire d'enquête de 1811, le *Bullion comitee*, comme on l'a nommée, où siégeaient MM. Horner, Huskisson et Thornton? Ce beau travail sur les banques et le crédit, l'un des meilleurs qu'on puisse lire encore, n'empêcha pourtant pas la Chambre des communes de déclarer, à une importante majorité, que la perte du papier provenait uniquement du renchérissement des métaux. Opinion extravagante, insensée sans doute, mais que partageait lui-même Robert Peel, à son entrée, à ce moment, dans la vie publique. Il l'a heureusement désavouée de façon absolue lorsqu'il a demandé, comme ministre, la reprise des payements en espèces. Lui aussi alors a répété ces paroles de Fox : « C'est un sentiment fantastique de prétendre que le papier n'est pas déprécié, mais que l'or a plus de valeur. » Le papier n'est-il pas effectivement ce qui se déprécie le plus dès qu'il dépasse les besoins de l'échange ou que survient quelque inquiétude? Les divers pamphlets et les nombreux meetings qui se sont proposé, vers ce temps, d'attaquer le monopole de la Banque, à la suite de quelques orateurs parlementaires, tels que W. Pulteney, nous paraîtraient également fort étranges si nous les connaissions, puisque nous tenons toujours pour impossible la liberté du crédit, sans soupçonner qu'elle est reconnue chez plusieurs peuples.

Mais il ne suffisait pas des mesures prises à l'égard de la Banque, pour rassurer dans de telles conjonctures, pour faire cesser les craintes que le déficit budgétaire de 19 millions sterling notamment imposait, avec tant de raison, en 1797. Afin de recouvrer cette somme sans précédent, Pitt proposa de tripler, puis bientôt de quadrupler l'imposition directe, qu'acquittaient, calculait-il, 800,000 personnes. Fox avait vu dans la mesure relative à la Banque, « la fin de l'existence de l'Angleterre comme nation financière. » Sheridan ne découvrit dans la surélévation des taxes directes que le moyen d'alimenter une guerre « qui se continuait seulement pour maintenir à leur poste neuf ministres sans valeur. » Par bonheur pour l'Angleterre, autant que pour l'honneur des institutions libres, quelques regrets que nous en devions ressentir, la nation s'éloignait de plus en plus de l'opposition, si remarquable cependant par ses talents et son éloquence, pour se rapprocher chaque jour du gouvernement.

On s'aperçut aisément de ce courant d'opinion lorsque, en cédant au conseil de l'orateur des Communes, le ministère fit appel l'année suivante aux souscriptions publiques (1). On était alors au lendemain de notre guerre d'Italie et à la veille de la formation, sur nos côtes, de l'*armée d'Angleterre*, et de tous côtés négociants, banquiers, propriétaires, industriels, accoururent verser leurs fonds au Trésor. Ils se pressaient en foule, à Londres, sur la plate-forme élevée à cette occasion sous l'un des portiques de la Bourse. Leurs apports, qui variaient généralement d'une guinée à 3,000 livres sterling, dépassèrent 46,000 liv. sterl. dès le premier jour. Le père de Robert Peel, manufacturier à Bury, versa, sans consulter

(1) En 1798.

son associé, 10,000 livres dès qu'il connut cette mesure, et celui-ci, rapporte-t-on, s'empressa de l'en remercier. En somme, ces dépôts atteignirent 2 millions sterling, non compris les 300,000 livres envoyées plus tard par l'Inde.

C'est aussi dans l'année 1798 que Pitt, sous prétexte de diminuer la dette, obtint, après l'avoir capitalisé, de faire racheter par les propriétaires l'impôt foncier, fixé depuis longtemps à 4 shillings par livre sterling, et qui rapportait annuellement 2 millions environ. Par suite de cette mesure, le sol britannique, sauf les rares propriétés qui ne se sont pas rachetées, n'est plus, on le sait, soumis qu'aux taxes locales, fort élevées à la vérité, et à l'*income-tax*. Mais la discussion du bill de rachat n'était pas achevée qu'il fallait encore recourir à un emprunt de 3 millions, et créer, pour en garantir les intérêts, des droits sur les armoiries et les thés de qualité supérieure. On en était arrivé aux mesures réellement extraordinaires. Bientôt aussi Pitt proposa son projet d'impôt général sur le revenu, devenu depuis la ressource accoutumée de l'Angleterre, dans toutes ses grandes nécessités. L'échelle de cet impôt devait commencer aux revenus annuels de 65 livres, dont le fisc prélevait la cent vingtième partie. Pour les autres, la taxe s'augmentait successivement jusqu'aux revenus de 200 livres, et à partir de ces derniers elle était de 10 pour 100.

C'est là le premier *income-tax* véritable; mais l'origine de l'impôt du revenu remonte fort loin, puisque c'est la dîme en argent. Les dixièmes et les vingtièmes de notre ancienne monarchie ne se devaient-ils pas aussi prélever sur les profits des redevables? Vauban n'avait-il pas déclaré, en proposant sa *dîme royale*, que « si l'impôt du revenu avait lieu, rien ne serait plus grand ni meilleur? » Cet impôt, dont le nom séduit tant de personnes, n'en repose pas moins sur un principe très-faux et produit des effets désastreux. Comment, pour m'en tenir à cette considération, soumettre aux mêmes perceptions les ressources les plus différentes ? Les rentes foncières, l'intérêt des emprunts publics, les prêts hypothécaires présentent sans doute de sérieux et de sûrs éléments d'appréciation, presque partout semblables; mais sur quelle base régler les profits de l'industrie et du commerce, ou les salaires des travaux manuels et intellectuels ? Ne varient-ils pas sans cesse, alors que les capitaux qui les engendrent se détruisent chaque jour ? Connaîtra-t-on jamais pareillement la part du crédit dans les diverses entreprises, et qui calculerait les chances de crise, de faillite, de guerre, de révolution, qui s'imposent pour toutes si souvent?

Je l'ai dit ailleurs, autant vaudrait déterminer les cotes au hasard que d'essayer de les proportionner aux fortunes, par l'impôt du revenu. A se jeter dans les calculs les plus ardus des tables de mortalité, comme dans les recherches les plus compliquées de l'amortissement, pour pourvoir le fisc, on tenterait l'impossible plus encore que le ridicule. Certaines montagnes n'accouchent pas même de souris. John Stuart-Mill, quoique toujours enclin à satisfaire les désirs populaires, a eu raison d'écrire que les mêmes prélèvements ne peuvent s'opérer sur tous les revenus, sans une énorme injustice (1). De son côté, Mac Culloch établit qu'un revenu viager de de 1,000 livres, pour une personne âgée de 40 ans, et à laquelle il reste vingt-sept ans à vivre, selon les probabilités ordinaires, ne représente pas une valeur plus importante qu'un revenu perpétuel de 661 livres, et devrait, si l'impôt était de 10 pour 100, ne supporter, comme ce dernier, qu'une taxe de 66 livres (2). Ces difficultés seraient d'autant plus grandes qu'elles se rencontreraient jusque dans l'évaluation des mêmes fortunes.

Ne les pouvant résoudre, les lois d'*income-tax* n'en tiennent pas compte. Mais ce n'est pas parce qu'on cède à l'iniquité qu'il sied de ne plus penser à la justice. Ces lois frappent d'un seul droit l'ensemble des revenus de chaque contribuable, ainsi qu'elles s'en remettent, faute de mieux et au risque de tous les dols et de tous les mensonges, à sa propre déclaration. On ne saurait méconnaître non plus que, véritables primes à la paresse et à la dissipation, elles portent un coup funeste à toute production. C'est pourquoi, acclamées habituellement des foules à l'origine, elles ne tardent jamais à tomber sous leur propre réprobation. Ignore-t-on que les livres de la taxe de Pitt (3) ont été brûlés, sur la demande de lord Brougham, en 1816, aux unanimes applaudissements de la population de Londres? Une ligue très-nombreuse ne demande-t-elle pas aussi de nos jours

---

(1) V. Stuart Mill, *Principles of political economy*, t. II, p. 500.
(2) V. Mac Culloch, *A treatise on the principles and practical influence of taxation and the funding system*, ch. IV, p. 129.
(3) En 1803, cette imposition avait pris le nom de *property-tax*.

l'abolition du même impôt, rétabli depuis bientôt trente ans? Et si cet impôt n'a pas suscité de plus vives répulsions, c'est uniquement parce qu'il a été très-allégé et que, pendant ses perceptions, ont été réalisées les plus hardies et les plus heureuses réformes fiscales.

Après l'*income-tax*, la seule grande erreur financière de Pitt, mais dans quelles circonstances il se trouvait! — il s'en faut d'ailleurs souvenir, toutes les richesses n'étaient pas et ne sont pas même aujourd'hui imposées en Angleterre, comme elles le sont en France, — il a encore réclamé, pour assurer l'intérêt d'un nouvel emprunt de 27,000,000 sterling (1), quelques contributions sur le thé, les bois de construction, le papier, les chevaux de travail et de luxe, sans égard aux distinctions admises d'abord. La paix d'Amiens, qu'il avait conseillée et dont il a dirigé, pour l'Angleterre, toute la négociation, quoiqu'il vînt de quitter le ministère, mit enfin un terme à ces sacrifices incessants, si résolûment demandés et si noblement acceptés. C'est aussi bien après cet abandon momentané du pouvoir que Pitt reçut la simple et belle adresse de la Chambre des communes, repoussée seulement par 52 voix : « Le très-honorable William Pitt a rendu à son pays de grands et importants services, qui lui méritent spécialement la reconnaissance de la Chambre. » Les amis de Pitt savaient, du reste, quels efforts il avait déjà faits en faveur de la paix en 1795 et en 1800.

Jamais on n'avait vu autant de charges s'appesantir

(1) Dont 1,500,000 liv. ster. pour l'Irlande. Le vote fut unanime dans la Chambre des communes pour tout approuver.

sur un peuple ; mais aucun peuple non plus n'en aurait pu supporter auparavant de semblables, et à peine ces charges ont-elles arrêté l'essor de la richesse et du travail en Angleterre, tant elles avaient été sagement ordonnées. Je le répète, c'est l'incomparable gloire de Pitt d'avoir, en pourvoyant aux nécessités du présent, sauvegardé les ressources de l'avenir. Sans doute, sous l'égide de la science, la mécanique a pris à ce moment possession de l'industrie anglaise, pour en multiplier de toutes parts les forces, en en diminuant à chaque instant les fatigues; mais s'est-elle alors introduite et pouvait-elle s'introduire en France et sur le continent? Si Watt, Arkvright, Crompton, Brindley figurent au premier rang des sauveurs de l'Angleterre, où leurs merveilleuses découvertes se seraient-elles appliquées dans le reste de l'Europe? Lors du traité de 1786, l'industrie anglaise n'avait nulle exceptionnelle ou réelle supériorité, tandis qu'elle n'avait plus de rivale à la fin des guerres de l'empire, grâce aux lois qui la régissaient, à la sage et prévoyante autorité du gouvernement qui la protégeait, plus encore qu'à la machine à vapeur, aux métiers des filatures, à l'emploi de la houille dans la fabrication du fer, aux routes et aux canaux. Peut-être serait-on tenté de reprocher à Pitt d'avoir autant fait appel aux taxes indirectes, quoiqu'il ait plus que tout autre ministre recouru aux taxes directes. Mais on ne lui pourrait adresser ce reproche qu'en oubliant l'organisation sociale et politique de la Grande-Bretagne à cette époque.

On ne saurait méconnaître non plus que, quels qu'aient

été les événements, Pitt s'en est toujours remis aux pratiques de la liberté. Il a surtout été facile de s'en convaincre pendant la passagère folie de George III, quand l'opposition, sous la conduite de Fox, comme je le rappelais précédemment, s'efforçait de tout livrer aux caprices du prince royal. Son administration a été si habile que les importations anglaises, qui se montaient environ à 13,122,000 livres sterl. en 1784, atteignaient, en 1799, 25,654,000 livres sterl., de même que les exportations des produits manufacturés, qui pour 1784 étaient de 10,409,000 livres sterl., se sont élevées en 1799 à 19,771,000 livres sterl. Tout à la fois la valeur des marchandises étrangères expédiées des ports de la Grande-Bretagne était passée, dans le même laps de temps, de 4,332,000 liv. sterl. à 14,028,000 liv. sterl. Tels sont les progrès industriels réalisés par l'Angleterre au sein des plus grands périls et des plus lourds sacrifices, sous la conduite de l'illustre et reconnaissant disciple d'Adam Smith, que Caning nommait si justement, dans une chanson demeurée célèbre, le pilote qui a dominé la tempête. A ses amis terrifiés de nos victoires, Pitt répondait : Regardez le Trésor de la France ; il est vide ; c'est par là qu'elle périra. Il n'avait, hélas ! que trop raison.

D'autre part, bien que les recettes se fussent élevées dans d'énormes proportions, la plus stricte économie, sous sa sévère direction, s'était imposée dans chaque branche d'administration. Pour ne parler que du département des finances, qui l'avait pour chef, 747 employés du Trésor avaient été renvoyés de 1784 à 1799. Quatre-vingt-cinq sinécures avaient été abolies dans les douanes, et les frais de perception des impôts, si différents entre ces deux époques, s'étaient seulement augmentés de 3,000 livres. Enfin toutes les subventions officielles avaient disparu, ainsi que la clandestinité des marchés de la guerre et l'incertitude des époques de payement pour les vivres de la marine (1).

Je ne dirai rien du ministère intérimaire d'Addington, qui ne présente nulle mesure financière à remarquer. Mais après sa rentrée aux affaires, en 1804, année où le revenu de la *property-tax* — c'est ainsi qu'on nommait l'impôt sur le revenu depuis l'année précédente — était évalué à 6,300,000 liv. st., Pitt fut de nouveau contraint de contracter un emprunt de 20 millions sterling, dont l'intérêt se devait demander à des impositions supplémentaires sur les lettres, le sel, les chevaux et les legs faits à des étrangers ou aux parents des testateurs (2). Les impositions sur les legs, dont on espérait 330,000 liv. st., furent très-violemment attaquées par l'opposition, et la Chambre des communes rejeta l'impôt demandé sur les chevaux de travail. Mais dix jours après ce rejet, Pitt, qui n'exagérait jamais ses calculs et qui se proposait d'élever de 5 millions sterling les subventions au continent, présenta un budget extraordinaire, où étaient inscrits, pour remplacer l'imposition des chevaux de tra-

---

(1) Pitt soumit les fournitures de l'armée à l'adjudication publique, par soumission cachetée, et rendit payables à 90 jours toutes les traites de la marine.
(2) Le droit sur ces derniers legs était augmenté ; il existait déjà.

vail, plusieurs petites taxes, dont le produit semblait devoir se monter à 400,000 livres sterl. C'est là sa dernière mesure financière de quelque importance et l'un de ses derniers actes. Il mourut bientôt après, le 23 janvier 1806, et, pour que rien ne manquât à sa gloire, il mourut pauvre, comme on le lit au bas de sa statue de Guid-Hall.

Maître de tant d'impôts, dispensateur de tant d'emprunts, il avait laissé sa fortune personnelle se réduire assez pour être forcé de vendre, moyennant 15,000 livres, sa résidence chérie d'Holwood, la seule terre patrimoniale qu'il détînt. Fils de lord Chatham et possesseur, pendant près de vingt ans, de toutes les faveurs de la Couronne, ne l'avait-on pas aussi vu refuser tout titre et toute décoration? Mais sa constante, sa grande ambition était satisfaite; il laissait, en mourant, l'Angleterre la plus riche, la plus libre et, malgré les victoires impériales, la plus respectée des puissances. Il ne doutait pas que la palme de la victoire n'ombrageât bientôt sa tête sceptrée, ainsi que parle Shakespeare, en se reposant de ses longs efforts au milieu d'une heureuse et souveraine majesté. Au souvenir des lectures classiques qui étaient restées l'indicible joie de ses heures de loisir, Pitt, à ses derniers jours, se plaisait sans doute à se la représenter, comme le Neptune de Virgile, dominant impassible tous les flots agités autour d'elle.

CHAPITRE II

LA CRISE DE 1814 ET DE 1815

Sommaire. — I. État du Trésor en 1814. — Premières mesures financières adoptées. — Le baron Louis. — Budget de 1815. — Discussion de ce budget. — Situation de la Banque de France en 1814. — Propositions de M. Lafitte à l'égard de la Banque.
II. Seconde invasion. — État du Trésor en 1815. — Mesures prises à ce moment. — Budget de 1816. — Premier emprunt contracté. — Budget de 1817. — Sources où puisent les trésoreries. — Conditions du développement industriel. — De nos principales impositions depuis 1815.
III. Budgets de 1818 et de 1819. — Nos emprunts. — Ce qu'a coûté notre libération. — État de la Banque de France de 1815 à 1820 et de 1827 à 1830. — La conversion des rentes. — L'indemnité des émigrés.

I

Pour se rendre compte de la gestion des finances du premier empire, rien ne vaut la lecture des *Mémoires d'un ministre du Trésor public*. Ils ressemblent peu à ceux qu'auraient pu laisser Pitt ou le baron Louis ; mais on y suit aisément les divers changements, les mouvements successifs de nos ressources et de nos dépenses, durant ces années si agitées de notre histoire. Colbert aurait presque écrit de la sorte.

Dans le cercle un peu restreint où se maintient l'auteur de ces *Mémoires*, M. Mollien, se trouvent d'ailleurs suffisamment indiqués, sinon suffisamment appréciés, les principaux faits politiques et militaires dont les budgets mpériaux ont subi les conséquences. Ce serait peut-être le livre le plus curieux de cette époque, s'il s'y rencontrait plus de hardiesse, plus de profondeur, plus de largeur de vues. Du moins n'y saurait-on trop admirer la probité, le dévouement au devoir, l'amour du pays qui s'y révèlent à chaque page. L'absolu respect ou la reconnaissante admiration de M. Mollien pour Napoléon, ne s'y manifestent qu'après son loyal et constant patriotisme. Sans doute il se plaît à rappeler que c'est au génie d'organisation de l'Empereur que la France doit, tel qu'il existe encore, son service de trésorerie, livré précédemment à tous les abus, souvent à tous les scandales. Il montre avec insistance que, malgré les 2 milliards 609 millions retirés des biens nationaux (1), comme malgré les 45 milliards et demi frappés en assignats, il ne nous restait, le 20 brumaire an VIII, nul vestige de finances, suivant la parole du duc de Gaëte. Une misérable somme de 1,660,000 francs était tout ce que possédaient alors en espèces les coffres publics, et dans cette somme elle-même figurait un versement de 300,000 fr. obtenu la veille. En opposition d'un tel dénûment, comment M. Mollien, cédant à une légitime satisfaction, ne se serait-il pas plu à énumérer les diverses dépenses militaires ou gouvernementales de la France impériale, soldées sans emprunt, sans excès d'impôt ni trop lourdes contributions de guerre ? S'il ne s'appesantit jamais non plus sur les fâcheux entraînements, les incon-

(1) En en déduisant les créances réclamées contre les émigrés, c'était encore 2,136,628,888 fr.

testables torts de l'Empire, il ne les signale pas moins. Il voyait bien, dès 1810, par exemple, s'introduire « cette lutte entre les moyens de finances et le pouvoir qui devait en commencer l'ébranlement. » Il ne méconnaissait pas que « l'Empereur allait alors retomber dans la nécessité des expédients, qui, en finances, sont toujours des signes de faiblesse (1). »

Il avait puisé ses connaissances financières auprès d'un trop grand maître pour ne pas sainement considérer les faits auxquels il se trouvait chaque jour mêlé. Et lui-même s'empresse de reporter à ce maître, qui n'est autre qu'Adam Smith, son exact savoir, ses justes et sûres décisions. Je l'avoue, à la honte de ma première école, dit-il presque en commençant ses *Mémoires*, ce fut le livre d'Adam Smith, encore si peu connu et déjà décrié par l'administration à laquelle j'avais apartenu, qui me fit, et un peu trop tard sans doute, mieux apprécier la multitude des points de contact par lesquels les finances publiques atteignent chaque famille ; ce qui leur fait trouver des juges dans chaque foyer.

C'est à la lecture de la *Richesse des nations* qu'il a surtout dû son amour de l'ordre, de l'économie, du contrôle, auquel il est resté constamment fidèle. Aurait-il pu, sans oublier ce magnifique ouvrage, en effet, déployer moins d'énergie, dès son entrée aux affaires, contre l'abus des *exercices*, c'est-à-dire l'ouverture simultanée de plusieurs budgets, pour aucun desquels on n'établissait d'équilibre entre les recettes et les dépenses ? Abus qui semblait, il

(1) *Mémoires*, t. III, p. 251.

est vrai, d'autant plus simple qu'on se dispensait habituellement de solder les différences qui l'avaient fait naître. Lui aurait-il été permis aussi, sans un pareil oubli, de laisser chacun des services de son ministère comme il les avait trouvés établis? Et à combien d'autres réformes utiles l'ont entraîné les enseignements du même livre !

Je louerais même volontiers M. Mollien de son illusion sur les mérites d'examen et de surveillance des assemblées délibérantes de l'Empire, tant il a toujours été disposé à solliciter cet examen et cette surveillance. Il se livrait encore à semblable illusion lorsque, indigné des charges, trop réelles malheureusement, que les premiers ministres de la Restauration imputaient au régime impérial, il opposait aux marques de condescendance « des deux corps politiques qui se trouvent aujourd'hui remplacés par la Chambre des pairs et celle des députés, » l'impossibilité de rencontrer jusque-là quelque rapporteur, qui, « au nom d'une commission du Sénat ou du Corps législatif, eût exposé les commodes doctrines qu'on a remarquées dans le rapport fait à la Chambre des pairs, en 1816, sur les dépenses publiques (1). »

Que de fautes pourtant auraient été prévenues, que de folles ambitions n'auraient pu naître si la liberté et la publicité des assemblées de la Restauration avaient été pratiquées par celles de l'Empire ! C'était, du reste, peu rehausser les mérites de ce dernier gouvernement que de rappeler, en face des 172 millions réclamés pour l'entre-

---

(1) Ce rapport tendait à établir que, sous un gouvernement représentatif, les ministres pouvaient se dispenser de rendre compte en détails des fonds votés et mis à leur disposition.

tien des 120,000 étrangers qui foulaient notre sol, que, « après vingt années de victoires, une seule campagne dans laquelle toute l'Europe s'était armée contre elle, a coûté à la France, en tributs, plus que le triple de ceux qu'elle avait imposés aux autres nations. » Mais M. Mollien avait cent fois raison et faisait preuve d'une rare clairvoyance quand il ajoutait : « Telle est la marche des représailles, et la France l'oubliera pour le repos du monde. » Toujours est-il que les budgets de l'Empire sont restés assez modérés, et que notre dette ne s'est réellement augmentée de 1800 à 1814, du fait de l'Empire, que de 7 millions de rentes, au capital nominal de 140 millions. Car les 10 millions de rentes créées, à l'avénement de Napoléon, pour solder l'arriéré, ne sont pas plus imputables à la gestion financière de son gouvernement, que les 6 millions de rentes représentant les dettes des pays réunis à la France; rentes qui formaient ensemble un capital de 320 millions.

Cependant, lorsque, à la rentrée des Bourbons, le baron Louis prit possession du ministère des finances, il ne trouva dans toutes les caisses de l'État que 259,353 fr. 80 cent. en numéraire. Le portefeuille du Trésor n'atteignait pas non plus alors 12 millions (1), en dehors des

(1)		
Traites des douanes.............	2,320,290	86
Effets sur Paris................	2,314,178	60
Effets sur les départements......	323,482	21
Obligations de bois.............	1,356,175	01
Actions de la banque............	2,018,953	65
— des salines...............	200,000	»
— des canaux.............	2,580,000	»
Effets divers	835,414	82
	11,948,625	18

obligations des receveurs généraux, souscrites, comme il était d'usage, en vue des rôles à recouvrer. La position elle-même de la Banque de France était fort embarrassée. L'exposé général de l'état du royaume, présenté peu après par l'abbé de Montesquiou, comme ministre de l'intérieur, évaluait le déficit existant à 1,300 millions. C'est contre ce chiffre que s'élevait si vivement M. Mollien, dans la protestation dont je parlais à l'instant, et qu'il remit au baron Louis, cet ancien directeur de son ministère, à qui il avait confié le portefeuille des finances, à Blois, à la suite de leur commun départ de Paris. Dans cet écrit, il assurait que l'État disposait encore de 400 millions au moins de bonnes valeurs, résultant des balances des budgets antérieurs. Mais ces valeurs, à les supposer toutes réelles et aisément recouvrables, n'étaient-elles pas à longue échéance, tandis que les payements à faire ne se pouvaient ajourner? Les fonds des caisses d'amortissement, des dépôts et du domaine extraordinaire, qu'énumérait aussi M. Mollien, ne représentaient-ils pas de même, en partie du moins, des créances éloignées, et tous appartenaient-ils à l'État?

L'exposé de l'abbé de Montesquiou méritait un reproche beaucoup plus fondé, pour son ton déclamatoire que pour ses chiffres exagérés. Le pays dévasté, les populations épuisées, les finances en désordre, la morale publique partout atteinte de germes de corruption et de mort, y semblaient infiniment trop nécessaires à mettre en relief l'éloquence du ministre. Ce qui rachète quelque peu tant de mauvais goût, c'est que l'abbé de Montesquiou ne craignait pas d'attribuer, au bruyant scandale de son parti, la nouvelle prospérité de nos campagnes à la division des propriétés et à l'égalité des partages. On imaginerait difficilement aujourd'hui quels désespoirs irrités provinrent d'une telle déclaration. Qu'allaient devenir les plus nécessaires traditions, où en était la société, si c'étaient là les pensées d'un membre du Gouvernement, tenu pour l'un des partisans les plus dévoués de l'ancien régime et pour l'homme du monde le plus accompli ?

Selon l'abbé de Montesquiou, l'arriéré de l'empire se décomposait :

1° En arriéré des ministères — dépenses effectuées et non payées..................................	500,000,000 fr.
2° En sommes enlevées aux fonds spéciaux..........	53,580,000
3° En sommes prélevées sur la caisse du domaine extraordinaire et sur celle de la couronne.........	237,550,000
4° En sommes empruntées à la caisse du service et à celle du Trésor..................................	162,000,000
5° En sommes détournées de la caisse d'amortissement.	275,825,000
6° En arriéré du ministère des finances..............	77,500,000
Total............	1,306,455,000 fr.

A sa remise du budget de 1815 à la Chambre de 1814, le baron Louis évaluait, aussi lui, l'arriéré à 1,300 millions ; mais il distinguait entre l'arriéré exigible et l'arriéré non exigible. Il comprenait dans ce dernier les créances du domaine extraordinaire, éteintes par la confusion de ce domaine avec le Trésor, soit 244,000,000 fr., de même que le montant des cautionnements et des dépôts dont le capital ne pouvait pas être réclamé, soit 305,000,000 fr. Bien que ces deux sommes n'en eussent pas été moins dépensées, l'arriéré exigible se montait ainsi seulement à 756 millions. Du reste, la liquidation de l'arriéré impérial, qui ne s'est terminée qu'en 1830, a donné pleine raison aux ministres de la Restauration. Elle a même établi que 650 millions de créances étaient restées en souffrance, au lieu des 577 millions portés par l'abbé de Montesquiou aux articles 1 et 6 de son exposé. Comment M. Mollien pouvait-il n'estimer qu'à 100 millions tout le déficit laissé par l'empire ?

Le baron Louis, le plus grand financier que nous ayons eu, résume avec une remarquable clarté et une singulière hauteur de vues, dans son exposé du budget de 1815, notre situation financière en 1814 et en 1815. Il était justement convaincu que la plus sûre habileté réside dans la sincérité, et que des remèdes efficaces ne s'appliquent qu'aux maux suffisamment connus. Il n'ignorait pas tout ensemble qu'il faudrait bientôt faire appel à l'emprunt, et, dans son exposé comme dans les discussions parlementaires qui l'ont suivi, il s'est à jamais honoré par son dessein arrêté, son inébranlable résolution de fonder notre crédit sur la seule base qu'on lui dût donner : la probité. L'absolu respect des engagements contractés, la stricte exécution des stipulations consenties, telles sont, en effet, les voies, les seules voies assurées du crédit, soit public, soit privé, et le baron Louis est le premier ministre qui l'ait reconnu et proclamé parmi nous. Malgré tous les expédients proposés autour de lui et si souvent pratiqués au milieu de moindres difficultés, il est resté un honnête homme, tout en étant un grand ministre.

Dans l'auteur du projet de budget de 1815, se retrouve

bien le jeune maître des requêtes qui disait un jour à Napoléon, après une séance du Conseil d'État : « Un État qui veut avoir du crédit doit tout payer, même ses sottises. » Grâce également à la rigoureuse économie apportée dans les diverses dépenses de ce budget, il était facile de deviner dans son auteur le ministre qui, chargé seize ans plus tard de rétablir une seconde fois nos finances, répondait à d'importuns solliciteurs. « S'il s'agit d'un service utile, je trouverai un milliard ; vous n'aurez pas un centime si vous me parlez d'une demande qui ne soit pas nécessaire (1). »

Les dépenses du premier trimestre de 1814, lors du dépôt à la Chambre du budget de 1815, dépassaient les recettes de 250 millions, et l'on ne pouvait croire que le déficit de l'année entière n'atteignît pas 305 ou 310 millions. Il y avait, au contraire, lieu d'espérer qu'en 1815 les recettes s'élèveraient à 618 millions, et que les dépenses n'excéderaient pas 548 millions. Dès cette année, 70 millions pourraient donc s'employer à diminuer l'arriéré. Pour en solder le reste, le ministre proposait d'offrir aux créanciers du Trésor ou des inscriptions de rentes 5 pour 100, au cours de cette époque, ou des obligations du Trésor, remboursables dans trois années et rapportant 8 pour 100 : intérêt présent de la rente. Il demandait en outre que le capital affecté au payement de ces obligations fût obtenu par la vente de 300,000 hectares de forêts domaniales ou de biens communaux non encore aliénés. Après ce remboursement, après trois années de

(1) *Souvenirs du baron Louis*, par M. d'Audiffret.

paix et de bonne administration, pensait-il, le crédit de
la France serait définitivement établi et nous pourrions
commencer à amortir notre dette, en appliquant, à la racheter, l'excédant de nos recettes. On ne le saurait méconnaître, il y avait dans ce plan si simple, quoique si complet, de nos premiers remboursements, la révélation d'un
génie financier de premier ordre, comparable à celui des
Pitt et des Gladstone.

Je n'ai pas besoin d'ajouter qu'au milieu de la désorganisation générale, les dépenses ordinaires du budget
étaient trop lourdes pour qu'il fût possible de renoncer
aux centimes additionnels mis, dans les dernières années
de l'Empire, sur les contributions directes. Ces centimes
ont même alors été portés à 50 centimes sur l'impôt foncier et ont doublé la contribution mobilière et celle des
portes et fenêtres. C'était d'autant plus indispensable que
les taxes du sel, du tabac, des boissons et des douanes ne
se recouvraient plus ou se recouvraient à peine, grâce
à la désorganisation elle-même de l'administration et
à l'occupation de nos frontières par des armées étrangères.

Pressé par la nécessité, redoutant de créer de nouveaux
impôts, toujours incertains et mal vus des populations,
le baron Louis demanda tout à la fois de comprendre
dans le budget de l'État les centimes extraordinaires qui,
jusque-là, revenaient aux communes ou aux départements.
Pour cela, il fixait uniformément à 60 centimes ces redevances évaluées en moyenne de 45 à 75 centimes selon
les divers départements, en invoquant l'utile régularité

des comptes de finances. Mais c'était là une fâcheuse proposition, bien que nous l'ayons vue reparaître dans l'un de nos derniers budgets. Chaque commune ou chaque département n'est-il pas le meilleur appréciateur de ses besoins, de sa richesse, de ses entreprises ? Leurs propres représentants ne sont-ils pas plus aptes que les représentants du pays entier à décider de leurs intérêts et à guider leur conduite ? Leur enlever d'ailleurs leurs ressources, ce n'est pas diminuer leurs besoins, et en quoi la régularité des comptes était-elle engagée dans cette transformation ? Si le produit qu'en attendait le ministre était indispensable, mieux valait de beaucoup le puiser à une autre source. Il faut toujours prendre garde, au sujet de l'impôt, de ne pas abattre l'arbre pour cueillir le fruit, à l'exemple des sauvages de l'*Esprit des lois*. Aussi, les Chambres de 1814 auraient-elles eu plus raison encore de repousser absolument cette proposition, trop empreinte de notre esprit d'unité, que de l'accepter seulement à l'égard des centimes départementaux.

Cette demande, cependant, n'est pas ce qui suscita la plus vive opposition au budget de 1815. Il y avait, dans l'intégrale liquidation des dettes existantes, autant que dans les moyens indiqués d'y parvenir, trop de hardiesse et d'équité pour ne pas exciter de nombreuses et violentes clameurs. Quelle misère de s'appliquer de la sorte à solder les dépenses de l'Empire et de la Révolution ! Quelle honte surtout, quelle sorte de sacrilége que de vendre en ce dessein des bois domaniaux, qui, pour la plupart, avaient appartenu au clergé ! Et qu'était-ce que l'offre d'obligations ou de rentes à un intérêt de 8 pour 100, sinon la reconnaissance, la légalisation de l'usure? Ce n'était pas apparemment à la royauté légitime d'approuver les crimes et les usurpations qu'avait subis la France, ni d'attenter, par la spoliation de l'Église ou la violation des lois ecclésiastiques et civiles, à la religion elle-même. Chose singulière, beaucoup de députés et d'écrivains libéraux n'ont pas été les moins empressés à combattre ce taux d'intérêt, qu'imposaient inévitablement les circonstances, non plus qu'à repousser ces ventes destinées, en allégeant les charges du Trésor, à répandre dans la population les intérêts et les sentiments de la propriété. Tous rappelaient à l'envi, pour mieux combattre le ministère, en leur commun espoir de le renverser, que le roi n'avait souscrit à ces mesures qu'avec une extrême répugnance, et voulaient absolument qu'on respectât les scrupules du roi. Les récriminations devinrent si vives, que le baron Louis crut ne se pas pouvoir dispenser de consulter les préfets sur l'opinion véritable du pays. Par malheur, les préfets vivaient déjà de manière à peu renseigner utilement les ministres.

La commission de la Chambre des députés chargée de l'étude du budget, déclara qu'elle aurait, elle aussi, préféré aux obligations et aux aliénations proposées l'inscription des créances sur le Grand-Livre de la dette publique. Mais elle avait été arrêtée, disait-elle, par cette difficulté : L'inscription serait-elle au pair ou au cours du jour ? Elle voyait bien que, dans le premier cas, c'était la banqueroute, et que, dans le second, l'État se reconnaîtrait débiteur de presque deux capitaux pour un. En définitive, elle reproduisait les diverses évaluations du ministre des finances pour les recettes et les dépenses, et se ralliait à ses différentes propositions, à l'exception de celle qui concernait les centimes communaux. Le budget qu'elle présentait pour 1815 se décomposait de la sorte :

Dépenses.

Liste civile du roi et de la famille royale...............	33,000,000 fr.
Chambre des pairs..	4,000,000
Chambre des députés.....................................	3,200,000
Justice..	20,000,000
Affaires étrangères.......................................	9,500,000
Intérieur..	85,000,000
Guerre...	200,000,000
Marine..	51,000,000
Police générale...	1,000,000
Finances..	23,000,000
Intérêts de la dette, y compris 37 millions pour les intérêts de l'arriéré..	100,000,000
Intérêts des cautionnements..............................	8,000,000
Frais de négociations.....................................	10,000,000
Total.........	547,700,000 fr.

Recettes.

Contributions directes, centimes extraordinaires et spéciaux compris...	340,000,000 fr.
Enregistrement, bois, domaines........................	120,000,000
Poste, loterie, salines, produits divers..................	28,000,000
Autres contributions indirectes, tabac, boissons, sel et douanes..	130,000,000
Total.............	618,000,000 fr.

Il serait difficile aujourd'hui de considérer ce premier budget parlementaire, sans être frappé des faibles chiffres qu'il renferme. Combien Montesquieu aurait-il eu raison d'écrire qu'on lève toujours des tributs plus forts à proportion de la liberté des citoyens (1), si chacun de nos changements politiques nous avait valu de plus larges franchises ! Mais nos énormes budgets sont l'œuvre de détestables révolutions, de guerres insensées beaucoup plus que de bienfaisantes et fécondes libertés. Les chiffres que je viens de reproduire, révèlent également une très-notable différence dans les rapports établis autrefois et maintenant entre nos contributions directes et indirectes, et montrent que l'intérêt de notre dette a presque décuplé depuis soixante ans. C'était, au surplus, la commission de la Chambre des députés qui seule avait fixé la liste civile du roi et des princes à 33 millions, comme c'est sur l'initiative personnelle d'un membre de cette Chambre que les dettes contractées à l'étranger par la famille royale, montant à 30 millions environ, ont été mises à la charge de l'État. Rien n'était prévu pour indemnité de guerre dans le budget de 1815, parce qu'il n'en avait pas été stipulé dans le traité de paix du 30 mai 1814. Ce traité nous imposait seulement de payer les sommes dues à l'étranger par suite d'engagements passés, soit entre particuliers, soit entre établissements privés.

La discussion à laquelle le budget de 1815 a donné lieu dans les Chambres mérite encore toute attention, à ne la considérer même qu'au point de vue de l'histoire financière. A de nombreuses reprises le baron Louis s'y mêla, en faisant entendre les plus dignes et les plus éloquentes paroles. A ceux qui s'opposaient au payement des dettes exigibles, il répondait que toutes les propriétés font cause commune

(1) *Esprit des lois*, l. XIII, ch. XVI.

et que la propriété des créanciers de l'État, non moins sacrée que les autres, quoi qu'exposée à plus de dangers, ne peut être atteinte sans que celles-ci soient à découvert et bientôt entamées. Lorsqu'on demandait que les remboursements se fissent en rentes au pair, en imposant aux créanciers une perte de 25 ou de 30 pour 100, il exposait dans un admirable discours, l'un des plus beaux qui se soient prononcés à une tribune parlementaire, tous les avantages et toutes les conditions du crédit public. S'acquitter avec 70 fr. quand on en doit 100, disait-il, ce n'est pas seulement la banqueroute, c'est encore l'abaissement de la rente, au préjudice même des anciens rentiers, déjà si malheureux. Le système des obligations remboursables dans trois années et l'emploi de la rente à son cours réel mettraient en pleine lumière, au contraire, la probité publique, et pourquoi qualifier d'usuraire l'intérêt de 8 pour 100 ? Loin de demander de fixer un intérêt, « nous pensons, ajoutait le baron Louis, que le gouvernement n'a pas le droit de régler le cours de ses effets et l'intérêt de ses emprunts. En matière d'intérêt des fonds publics, comme en matière de monnaies, le gouvernement n'a qu'une puissance déclarative et non constitutive. » Incontestable, irréfutable vérité, qu'aucun ministre n'a depuis cependant osé répéter, et que déjà M. Mollien avait un jour tenté de démontrer à Napoléon, au risque de se voir nommer, aussi lui, un idéologue (1).

Un intérêt élevé dans les circonstances où nous nous trouvions était, ce n'est pas douteux, un pesant, un redou-

(1) V. *Mémoires* de M. Mollien, t. II, p. 226.

table fardeau ; mais comment l'éviter ? Est-ce la loi de 1816 elle-même qui, malgré les écrits de Calvin, de Montesquieu, de Turgot, malgré toute la science et toute l'expérience, a depuis empêché l'intérêt de suivre les incessantes variations du cours des capitaux ? Si le gouvernement inspirait d'ailleurs assez de confiance pour que ses effets fussent de nouveau recherchés, le cours ne s'en relèverait-il pas bientôt, remarquait le ministre, et la diminution d'intérêt qui en proviendrait ne récompenserait elle pas l'État de son honnête et loyale conduite ? N'est-ce pas enfin aux pouvoirs représentatifs et vraiment libres à respecter les principes du crédit ? Presque toujours, disait-il en terminant, le crédit et la liberté se montrent unis et se servent mutuellement d'appui et de sauvegarde. Quand de telles paroles s'étaient-elles jamais entendues dans nos assemblées politiques ? Il serait difficile, au spectacle de si nobles efforts, poursuivis parmi tant de dangers et d'obstacles, de ne se pas rappeler les beaux vers du poëte ancien sur le pilote aux prises avec les courants qui le veulent entraîner.

La Chambre adopta toutes les propositions du gouvernement et de sa commission, après avoir réduit à une année seulement la centralisation au Trésor des centimes spéciaux des départements. Une autre remarque importante à faire, c'est que le budget des dépenses lui avait été présenté en même temps et au même titre que le budget des recettes. Car si la charte avait remis aux deux Chambres le droit de déterminer le budget des voies et moyens, comme l'on parlait alors, elle laissait au roi la faculté d'en disposer. Mais, malgré cette faculté et d'accord avec ses collègues, le baron Louis soumit l'un et l'autre budget à l'examen des députés, et il leur disait en les leur apportant : « Votre première fonction sera de reconnaître la nature et l'étendue des besoins de l'État et d'en fixer les limites ; votre attention se portera ensuite sur la fixation des moyens qui devront être établis et employés pour y faire face. » C'était, on a eu raison de l'écrire, toute une révolution financière. Il parut dès lors établi que les Chambres fixeraient les dépenses et les recettes, et que les recettes s'apprécieraient en dernier lieu, afin de rester aussi variables que les dépenses et de s'y mesurer avec soin.

Pour se mieux conformer à des règles si nouvelles, le budget était divisé par départements ministériels et était accompagné de résumés indiquant, pour chacun de ces départements, la répartition probable des dépenses. Il était même mentionné que, sous la garantie de la responsabilité ministérielle, les impôts recevraient une application conforme au vœu qui les avait fait décréter, et que le tableau de cette application serait soumis aunuellement à l'examen des Chambres. A la spécialité s'ajoutait ainsi le contrôle. Pour plus de régularité et en vue d'une meilleure direction, le baron Louis s'était également empressé de réunir les deux ministères du trésor de l'Empire et des finances publiques, ainsi que, par goût de la discussion et désir d'une surveillance plus active sur ses bureaux, il avait, à l'exemple de Colbert, décidé de rassembler périodiquement ses chefs de service, pour délibérer en

sa présence sur chaque question financière importante.
Le rapporteur du budget, à la Chambre des députés, fut
loin d'étendre autant que le ministre les droits du Parlement et la spécialité des dépenses. Mais celui-ci maintint
hautement ses premières décisions, en annonçant la prochaine publication des comptes de gestion et d'exercice.
Et c'était là, je le répète, l'opinion du cabinet tout entier. M. de Talleyrand, chargé de présenter le budget à la
Chambre des pairs, y répéta chacune des principales déclarations de son collègue des finances à la Chambre des
députés.

L'extension des pouvoirs parlementaires, le remboursement de l'arriéré, la vente d'une partie des forêts domaniales
ne sont pas d'ailleurs les seules questions financières qui
soulevèrent à cette époque d'ardentes controverses dans
les chambres et le pays. De toutes parts l'on se prévalait
encore des engagements pris, à leur rentrée, par le comte
d'Artois et le duc d'Angoulême, d'abolir les droits réunis,
et l'on en réclamait bruyamment la réalisation. Stimulé
par ces promesses, on allait jusqu'à prétendre à l'entière
abolition des contributions indirectes. En cela, du moins,
l'Assemblée constituante était admirée de tout le monde.
Quel écrivain aurait alors retracé cette inscription que
l'on vient de retrouver sur un monument du temps des
Antonins : *A la divinité des empereurs et au génie des impositions indirectes?* L'opposition que soulevaient ces impositions était telle, que la taxe des boissons et le monopole
du tabac n'ont été conservés à ce moment que de façon
provisoire, et que, malgré l'extrême dénûment du Trésor,

l'impôt du sel a, jusqu'à la fin de 1816, été réduit de 4 à 3 décimes.

Un débat très-vif s'est élevé pareillement, à la Chambre des députés, sur les droits de douane, après le vote du budget. Déjà les deux camps de la protection et du libre-échange se trouvaient en présence, bien que leurs luttes fussent moins passionnées qu'elles ne le sont devenues depuis. Les amours-propres n'étaient pas autant engagés, il n'y avait pas encore de coalitions politiques à créer, de portefeuilles ministériels à conquérir. Le baron Louis, qui ne se faisait nulle illusion sur l'opinion dominante à cet égard, mit, à combattre le système protecteur, une grande réserve, tout en ne dissimulant ni ses désirs ni ses tendances. Partisan avoué des droits graduellement décroissants, il s'efforça seulement de faire repousser les taxes les plus exagérées. Mais il se vit contraint de présenter, au lieu d'une loi générale de douane, comme il l'aurait voulu, plusieurs lois distinctes, destinées à pourvoir aux plus pressantes nécessités. En somme, l'on s'est alors arrêté à une protection transitoire et modérée ; la prohibition n'a triomphé que par rapport aux sucres raffinés. Que pouvait-on espérer de mieux au lendemain du blocus continental et au milieu des énormes et incessantes variations de prix qui se succédaient depuis l'envahissement de nos frontières ? Siérait-il aussi d'oublier que c'est à l'heureuse impulsion du baron Louis que sont dus deux excellents discours, prononcés dans cette discussion, l'un par le directeur des contributions indirectes, sur le système général des douanes ; l'autre par le directeur du commerce et de l'agriculture, en faveur de la libre importation des grains ?

Une dernière loi financière, mais plus politique encore que financière, s'est agitée dans la Chambre de 1814, à propos des biens des émigrés. Elle ne fut heureusement qu'à peine discutée. Nulle autre question ne mettait autant en présence les souvenirs irritants du passé et les ardentes ambitions du présent, l'ancienne et la nouvelle France. Malgré les amers regrets ou les revendications impitoyables qu'elle suscitait, c'est la prévoyante, la sage opinion du maréchal de Macdonald, ce digne serviteur de la France, qui l'emporta. La décision à prendre fut renvoyée à des temps plus calmes et plus propices.

Afin de mieux montrer l'état financier de la France en 1814, je m'arrêterai quelques instants aux comptes de la Banque, notre seul établissement de crédit en ce temps. Dès la fin de 1813, elle avait été forcée de rembourser un grand nombre de ses billets; à l'invasion, leurs détenteurs affluèrent, se précipitèrent de toutes parts à ses guichets. Son encaisse diminua d'une somme considérable presque tout à coup. La Banque se trouvait, au commencement de 1814, en présence de 45 millions d'engagements à vue, contre 14 millions d'espèces en caisse et 31 millions d'effets à diverses échéances. Aussi démunie, elle résolut, comme elle l'avait fait huit années auparavant, de limiter le remboursement de ses billets à 500,000 francs par jour, à partir du 20 janvier au matin. Ce n'était pas trop tôt. Le 19 de ce mois, il lui fallut solder 4 millions et demi de billets, et pour satisfaire au faible payement de 500,000 francs par jour, elle a dû contracter un emprunt de 5 millions.

Les embarras de la Banque auraient cependant été bien plus grands si les principaux commerçants de Paris ne s'étaient pas engagés dès le premier moment, à l'exemple des commerçants de Londres durant les deux dernières suspensions de payement de la Banque d'Angleterre, à recevoir et à se transmette ses billets comme d'habitude. De son côté, le baron Louis comprenait trop bien les nécessités et l'importance du crédit commercial, pour ne se pas appliquer, à peine au ministère, à faire rentrer la Banque dans les avances qu'elle avait consenties au gouvernement. Aussi, malgré la gêne du Trésor, lui fit-il presque aussitôt remettre les 14 millions qui lui restaient dus sur les 35 qu'elle avait prêtés, et qui possédaient pour gage les perceptions des droits réunis. Elle put de même compter sur le remboursement en trois années, à partir de 1816, des 40 autres millions auxquels elle avait également droit pour de semblables avances.

C'est aussi bien l'un des mérites du régime parlementaire d'avoir mis fin dans notre pays, comme partout, à ces emprunts clandestins, gagés sur des revenus publics. Nous ne les connaissons plus, s'ils se pratiquent encore à Constantinople ou au Caire. C'est même par suite des payements du Trésor et de la réalisation de son portefeuille, bientôt réduit à 1,715,000 francs, qu'il est devenu possible à la Banque de maintenir aussi peu de temps l'expédient limitatif dont je viens de parler, et auquel il lui avait fallu recourir dix jours après l'abdication de Napoléon. Mais combien l'industrie a-t-elle dû souffrir, a-t-elle effectivement souffert des obstacles mis en un tel moment à l'escompte ! Il s'était élevé à 563 millions et demi en moyenne durant les quatre années précédentes ; après avoir été de 640 millions en 1813, il descendit à moins de 85 millions en 1814. Un tel changement n'a pu s'effectuer évidemment sans d'extrêmes dommages, de très-nombreuses ruines. La Banque redoutait beaucoup à la vérité, beaucoup trop assurément, de voir passer ses billets aux mains des étrangers.

C'est en présence de ces embarras et de ces périls, que le nouveau gouverneur de la Banque, M. Laffite (1), conçut le dessein de la rendre indépendante de l'État. Il se rappelait son dur asservissement pendant tout l'empire, le redoutait pour l'avenir et croyait utile de sacrifier à de nouvelles franchises plusieurs de ses priviléges. Il proposa dans ce but de diminuer le capital de la Banque, d'en laisser le gouvernement à la nomination des actionnaires, les censeurs restant seuls au choix du pouvoir, et d'en supprimer les comptoirs, afin qu'ils fussent remplacés par de libres banques locales. Il en faisait en réalité une institution purement commerciale. A ce projet, reproduit par M. Laffite en 1820, quelques critiques s'adresseraient sans doute fort justement ; mais ce n'en est pas moins l'un des plus beaux titres de son auteur à la reconnaissance publique. Il était singulièrement en avant des idées de son époque, de la nôtre elle-même, et, ce que

(1) M. Laffite a été nommé gouverneur provisoire de la Banque le 6 avril 1814.

l'on aurait peine à croire aujourd'hui, le gouvernement, sous l'influence du grand ministre qui présidait à l'administration de nos finances, a de son propre mouvement soumis aux Chambres une loi qui tendait à consacrer ces pensées, se réservant de la renouveler aussi quatre ans plus tard, quoique de façon moins complète.

Il m'est inutile d'ajouter que ces projets sont demeurés l'un et l'autre sans effet. Le duc de Gaëte, nommé gouverneur de la Banque en 1820, à la place de M. Laffite, était aussi peu enclin à les reprendre que les ministres des finances qui se sont succédé depuis lors. Cependant le duc de Gaëte aurait pu se souvenir que Napoléon, recevant, en 1810, les envoyés de différentes villes qui sollicitaient des comptoirs de la Banque, pour « obtenir des emprunts à 4 pour 100, » leur disait : Vous aurez mieux que des comptoirs de la Banque. J'accorderai le privilége d'une banque particulière à chaque ville qui m'aura présenté une liste de bons actionnaires et qui m'aura prouvé que ses négociants, qui réclament le secours de l'escompte, ont chaque année de bonnes lettres de change à acquitter dans ses murs (1). Du moins M. Laffite a-t-il réalisé celles de ses propositions qui n'avaient pas besoin de sanction législative. Il a réduit à 67,900,000 francs le capital de la Banque, au moyen du rachat opéré par elle-même d'un certain nombre de ses actions. Il a fait renoncer aux comptoirs existants, ou plutôt au dessein d'en établir ; car il n'y en avait pas encore réellement en activité. Il s'est employé à susciter, à Rouen, une banque indépendante,

(1) V. Mollien, *Mémoires*, t. III, p. 157.

au capital d'un million, et a beaucoup diminué les rapports de la Banque et du Trésor ; rapports qui ne se sont rétablis, tels qu'ils étaient à ce moment, qu'à la suite de nos dernières révolutions.

II

Après d'épouvantables désastres, la France voyait de nouveau son horizon s'éclairer de quelques rayons d'espérance, quand la rentrée de Napoléon, sa reprise du pouvoir, Waterloo, la seconde invasion, l'ont encore recouverte des plus sombres teintes de deuil et de ruine. Une fois de plus la fortune de notre pays s'est remise aux caprices de la force et des représailles. Le baron Louis, qui n'avait trouvé que 250,000 francs disponibles au Trésor, et qui y avait laissé 28,082,220 francs en numéraire et 20,330,763 francs en effets de portefeuille (1), affronta pour la seconde fois la responsabilité de l'administration des finances. Succédant, comme l'année précédente, à M. Mollien après les Cent-jours, il rentrait aux affaires quand l'État était redevenu débiteur d'un arriéré de près de 700 millions, et que, avec des services toujours désorganisés, il avait à pourvoir à une indemnité de guerre qui semblait devoir être de 2 milliards.

Réduit en effet un instant à 468 millions, par suite des payements effectués et de plus exacts calculs, l'arriéré était revenu à 695 millions, malgré la vente faite pen-

(1) V. le compte des ministres de 1814 et 1815. V. aussi le *Système financier de la France* de M. d'Audiffret, t. IV, p. 155.

dant les Cent-jours de 3,500,000 francs de rentes appartenant à la Caisse d'amortissement, moyennant 35,800,000 francs. Tout à la fois les puissances alliées, trompées par le retour de Napoléon, étaient résolues à nous imposer une très-forte indemnité, qui, grâce aux efforts de notre diplomatie, fut heureusement réduite à 700 millions. Mais le même traité qui nous accordait cet allégement, déclarait que cent cinquante mille soldats étrangers resteraient, pendant les cinq années accordées pour notre payement, dans nos places fortes du Nord et de l'Est, et que nous aurions à les entretenir.

C'étaient là des charges d'autant plus lourdes, qu'une mauvaise récolte s'unissait en France à l'anéantissement de l'industrie et du commerce. Mais l'énergie, le savoir, le patriotisme, la hauteur d'esprit du baron Louis, soutenus par nos propres ressources, sont encore parvenus à retirer de l'abîme notre richesse publique. Son premier acte, qu'il n'avait pas cru nécessaire en 1814, fut de puiser dans les épargnes des classes aisées un emprunt forcé de 100 millions, qui, recouvré en trois mois, a permis de pourvoir aux plus pressants besoins et, autant qu'il se pouvait, à rendre la France à elle-même. C'était une mesure tout arbitraire, très-fâcheuse, ce n'est pas douteux ; mais la pouvait-on éviter? Notre crédit naissait à peine et il était impossible que le budget de 1815, arrêté d'abord avec 70 millions de boni, ne laissât pas maintenant un déficit d'au moins 130 millions.

Un retour inespéré de fortune et de confiance a pourtant salué dès 1816 le nouveau triomphe du baron Louis, tout en attestant nos merveilleux éléments de richesse. Qui l'aurait imaginé le lendemain de Waterloo ? Le 1er janvier 1817, les 401 millions portés aux rôles des contributions directes de 1816, ne présentaient qu'un douzième en retard sur les termes échus. 92 millions dus antérieurement sur les mêmes impositions étaient aussi presque entièrement recouvrés. Et si les recettes indirectes n'avaient pas atteint les évaluations prévues, il ne le fallait attribuer qu'aux facilités de la contrebande depuis l'occupation de nos frontières, ainsi qu'à la loi de finances, promulguée seulement à la fin du mois d'avril précédent. A ce moment, toutefois, le baron Louis avait remis depuis plusieurs semaines déjà son portefeuille à M. Corvetto. Car c'est ce dernier qui, comme ministre, a présenté le budget de 1816 à la Chambre de 1815.

Fidèle aux opinions de son prédécesseur, M. Corvetto demanda, dans l'exposé des motifs du budget de 1816, que tous les créanciers de l'État, à quelque époque que remontassent leurs créances, fussent traités de même façon. Il leur réservait, selon la décision prise auparavant, le droit de choisir entre la rente, au cours actuel, et des obligations, à 8 pour 100 d'intérêt, remboursables en trois années sur le produit de la vente, non plus de 300,000, mais de 400,000 hectares de bois domaniaux ou de bois communaux. Il admettait en outre ces obligations au payement de ces propriétés, jusqu'à concurrence des quatre cinquièmes de leur prix. « Ainsi, disait-il, la France fera honneur à ses engagements, et ne déshonorera pas son malheur, en le faisant servir de prétexte à un manque de foi. »

Quant aux services publics ordinaires, réduits autant qu'il semblait possible, quoiqu'ils fussent augmentés par rapport au précédent budget, ils exigeaient 525 millions. Mais il y fallait ajouter 140 millions pour le remboursement du premier cinquième de notre indemnité, 130 millions pour l'entretien de l'armée d'occupation, et 5 millions pour dépenses éventuelles de guerre. C'était un total de 800 millions.

Comment de telles charges se seraient-elles acquittées par les impôts existants ? L'impôt seul pouvait-il même y pourvoir ? Aussi M. Corvetto proposait-il, tout en élevant les taxes directes et indirectes, d'opérer une retenue importante sur la liste civile et les principaux traitements, et d'obliger à un cautionnement plus considérable les comptables et les officiers ministériels, en retour du droit qu'auraient ces derniers de présenter leurs successeurs à la nomination du gouvernement. Grâce à ces trois mesures, il espérait mettre les dépenses en équilibre avec les recettes, qu'il répartissait ainsi :

Contributions directes	320,000,000 fr.
Enregistrement et domaines	156,000,000
Contributions indirectes et tabacs	147,000,000
Douanes et sel	75,000,000
Poste, loterie, salines de l'Est, etc	29,000,000
Retenue sur la liste civile	10,000,000
Retenue sur les traitements	13,000,000
Suppléments de cautionnements	50,000,000
Total	800,000,000 fr.

Certaines dépenses exceptionnelles entraînaient, d'autre part, certaines recettes spéciales. Ainsi, en sus de l'emprunt extraordinaire de 100 millions distribué entre les principaux propriétaires et les principaux capitalistes que j'ai précédemment rappelé, seize millions de rentes étaient mis, conformément aux traités, à la disposition du Trésor, au profit des réclamations particulières qui nous seraient adressées de l'étranger (1). Des centimes additionnels : 1 fr. 10 cent. sur les patentes, 50 centimes sur les portes et fenêtres, 10 centimes sur la contribution personnelle et mobilière, se devaient surtout affecter aux troupes étrangères laissées à notre charge. Le produit des extinctions des rentes viagères et des pensions ecclésiastiques avait pour destination l'amélioration du sort du clergé. Enfin, une nouvelle caisse d'amortissement recevait, comme dotation, 14 millions sur le revenu des postes.

Tout éloge est dû certainement à la courageuse révélation du ministre des dépenses énormes qui nous incombaient, comme à ses justes efforts pour les restreindre à un nombre très-limité d'années. Mais était-ce à des surtaxes de douane et à des surcroîts de cautionnement, obtenus par le rétablissement de la vente des offices, si justement condamnée dès le xvii° siècle par Saint-Simon, qu'il convenait de recourir ? N'en devait-il pas résulter

(1) En vertu des traités de 1814 et de 1815, le ministre des finances devait faire inscrire :

1° Une rente de 7 millions, au capital de 140 millions, en garantie de l'exécution des conventions de novembre 1815..	7,000,000
2° Pour la liquidation des réclamations des sujets britanniques, une rente de 3,500,000 fr. au capital de 70 millions..	3,500,000
3° Aux autres puissances................................	3,500,000
4 Aux comtes Bentheim et de Steinfurst................	34,000
Total...............	14,034,000 fr.

un préjudice extrême pour les intérêts du travail et les facilités des transactions ? Comment approuver pareillement l'inutile et coûteuse institution de la Caisse d'amortissement ? Le nouveau ministre était bien intentionné, profondément dévoué à sa tâche ; c'est incontestable ; mais était-il à la hauteur de ses difficiles fonctions ? Il est permis d'en douter.

Cependant les fâcheuses tendances, les déplorables erreurs de la commission de la Chambre des députés nommée pour le budget, allaient promptement inspirer de bien autres regrets que les propositions ministérielles. Composée en majorité des membres les plus ardents du parti royaliste, elle devait inaugurer cette politique si singulière de lutte, d'indépendance, de récrimination qui s'est alors révélée contre le ministère et la royauté, par horreur des innovations libérales et respect des prérogatives souveraines ; politique tout imprégnée d'ancien régime, qui nous vaut en grande partie nos franchises parlementaires. Jamais peut-être la doctrine historique qui fait marcher l'humanité au rebours de ses volontés ne s'est mieux réalisée.

Que parlait-on à cette commission de rembourser, avec des obligations a 8 pour 100 ou des rentes à leur cours actuel, les créanciers de la Révolution et de l'Empire ! Comment aurait-elle surtout admis en ce but des aliénations de domaines communaux ou d'anciennes possessions ecclésiastiques ? La loi rendue, à ce sujet, l'année précédente, ne pouvait pas lui paraître autre chose qu'un détestable avis, auquel il importait au plus vite de se soustraire.

Discussions de presse ou de tribune, démonstrations, prières, menaces de l'honorable président du conseil, du duc de Richelieu lui-même, rien n'y fit. Cette commission décida que l'arriéré, ancien et nouveau, serait remboursé en rentes 5 pour 100 au pair, et qu'aucune vente n'aurait lieu. C'était en réalité décréter une banqueroute de 40 pour 100, puisque le cours de la rente, à ce moment, était à cette distance du pair.

M. Corvetto ne trouva d'autre moyen de revenir à l'engagement pris en 1814, que de retirer la portion de la loi qui concernait les créances antérieures à cette année, et d'ajourner à la session suivante le règlement des autres. Mais ces deux solutions furent encore impitoyablement repoussées par la commission d'abord et par la Chambre ensuite, en proie toutes les deux à leur haine des précédents régimes et à leur respect des anciennes propriétés. Ce n'est qu'après les discussions les plus passionnées, les plus subversives de la foi promise et des droits reconnus, que le gouvernement, désespérant d'une autre solution, recourut à un compromis. Il obtint, après de longs et secrets pourparlers, que la commission législative demandât, comme transaction nécessaire, de porter de trois à cinq ans le payement des deux arriérés, en attribuant provisoirement un intérêt de 5 pour 100 aux créanciers qui préféreraient ne pas accepter la consolidation au pair, et en laissant aux Chambres de 1820 le soin de statuer définitivement sur l'acquittement de la dette. Regrettable, triste convention, si nécessaire qu'elle ait paru, qui fut sanctionnée par la Chambre.

L'exact et judicieux auteur de l'*Histoire parlementaire de la France* le dit très-justement, l'initiative royale, la foi publique, le crédit, succombaient ainsi du même coup (1). Le parti des exagérés a tout à fait levé le masque et domine l'Assemblée, écrivait à son gouvernement un ambassadeur étranger. Et ce parti semblait d'autant plus redoutable, qu'on le savait ardemment soutenu par le prince qu'entouraient de préférence les principaux personnages de la cour, et dont l'ignorance et l'opiniâtreté devaient, quinze ans plus tard, tant contribuer à perdre la monarchie. Pourquoi le baron Louis n'était-il plus ministre? Peut-être sa parole aurait-elle encore prévenu d'aussi fâcheuses erreurs, et jamais sans doute il n'aurait cédé à de telles faiblesses envers le *petit blanc*, le *parti de Monsieur*, comme on parlait à cette époque.

Le budget de 1816, réglé de la sorte, n'avait ni liquidé le passé, ni garanti l'avenir. A peine satisfaisait-il en une suffisante mesure aux besoins les plus pressants, puisqu'un nouvel arriéré allait bientôt s'ajouter aux arriérés précédents. N'est-ce pas pourtant sous l'empire de la nécessité qu'il importe le plus d'inspirer confiance et de s'assurer du crédit? En pouvait-on douter? Il avait fallu négocier 6 millions de rentes, consentis par une loi du 6 avril, pour des dépenses imprévues, et ces rentes n'avaient été vendues qu'au cours moyen de 58 fr. 35 cent. à la Bourse de Paris, et qu'à celui de 53 fr. 15 cent. aux bourses de Londres et d'Amsterdam, sous déduction des

(1) V Duvergier de Hauranne, *Histoire parlementaire de la France*, t. III, p. 389.

frais de commission et de courtage. Quelques mois plus tard, en novembre, on était de nouveau contraint de négocier aux receveurs généraux 72 millions de traites, de coupes de bois, de droits de douane ou de sel de l'exercice 1816-1817, afin qu'ils s'engageassent à payer 10 millions en décembre et le surplus par douzième en 1817, et l'on ne le faisait aussi qu'à 6 pour 100 d'escompte et qu'à 2 fr. 47 cent. pour 100 de commission. Il n'y avait là d'ailleurs, je n'ai pas à le montrer, nulle assignation d'impôt, mais une simple opération de banque.

Dans la crainte de nouveaux échecs, autant que pour s'entourer d'une autorité qu'il reconnaissait lui manquer, le gouvernement chargea, peu de jours après le vote du budget de 1816, une commission, présidée par le duc de Lévis, d'étudier les nécessités et les ressources fiscales de la France. Ainsi commençait ce régime de commissionocratie, comme disait Cuvier, appelé à se tant développer, pour ne servir le plus souvent qu'à tout ajourner, en semblant devoir tout réformer. Aussitôt que cette commission se fut constituée, affluèrent, on le sait, de tous côtés vers elle les projets et les plans les moins propres à faire atteindre le but qu'ils promettaient de livrer. Quelles étranges conceptions ! Quels désirs insensés ! Presque au lendemain des assignats, la plupart des auteurs de ces projets, sauveurs qualifiés de nos finances, réclamaient une émission presque indéfinie de papier. « C'étaient, disait un an plus tard le duc de Lévis, des banques nationales, royales, des cédules hypothécaires, des billets portant intérêt, d'autres qui n'en portaient point, d'autres même dont la valeur décroissait tous les jours. » Un des écrivains les plus populaires de ce temps indiquait gravement comme la meilleure ressource de trésorerie, la création d'un *Ordre de la couronne*, dont on achèterait les décorations, de quelque sexe qu'on fût, pourvu qu'on eût moins de six ans ! Les tendances changent, les souhaits se modifient, mais l'ignorance, toujours semblable à elle-même, ne se confie jamais qu'à l'impossible et à l'erroné. L'*Encyclopédie* le disait bien, il y a cent projets d'enrichir l'État contre un d'enrichir les particuliers, qui pourtant composent l'État.

La commission dont je parle, après avoir minutieusement examiné les dépenses et les recettes, demeura convaincue que nos recouvrements devaient rester très-inférieurs à nos charges en 1817, 1818, 1819 et 1820. Aussi renonçait-elle, quelque regret qu'elle en ressentît, à satisfaire aux besoins qui ne lui semblaient pas d'une urgence absolue. Elle se refusait notamment avec une réelle tristesse à indemniser les émigrés des confiscations qu'ils avaient subies. Question sans cesse soulevée, qu'il y aurait eu grand intérêt à trancher, on n'en peut douter; mais qui devait entraîner, au sein de toutes les passions, de tous les ressentiments, des sacrifices incompatibles alors avec l'état de notre richesse. Il y avait là comme une impérieuse nécessité en face d'un obstacle insurmontable.

Le duc de Richelieu le savait bien. Et c'était l'un de ses plus constants, de ses plus patriotiques soucis, ainsi qu'en témoigne sa correspondance avec M. Corvetto. « Si je croyais, écrivait-il à ce dernier, que cette proposition, venant du ministère, pût amener une réconciliation, il n'y aurait assurément pas à hésiter ; mais il me semble que le contraire est plutôt à craindre. Avec l'exaltation qui anime un certain parti, vous ne le satisferez pas avec des rentes. C'est sa terre, son champ, sa maison qu'il réclame, et quel effet ne produirait pas la discussion de ce projet..... Le moment viendra où cette grande question devra être abordée franchement, car c'est la véritable plaie de la France, qu'il faut tâcher de guérir ; mais ce moment n'est pas encore venu. Il faut que les passions soient un peu amorties et que, les charges de la France s'étant allégées, les ressources permettent d'exercer un grand acte de justice, sans trop ajouter au fardeau que supporte le peuple français. »

Voici quelle était en résumé notre situation financière, d'après le sincère exposé du ministre des finances à la Chambre des députés du mois de novembre 1816 (1). L'arriéré d'avant 1814, payable en reconnaissances de liquidation, s'élevait, toutes augmentations compensées, à la somme approximative de 400 millions. Celui qui s'était formé depuis cette année et qui se devait rembourser en numéraire, se montait à 106,051,151 fr. D'un autre côté, les dépenses budgétaires de 1817, ajoutées aux 306 millions dus pour l'entretien de l'armée d'occupation ou pour contribution de guerre, ne pouvaient être évaluées à moins de 982,343,807 fr. Tandis que les recettes, augmentées même des retenues opérées et des produits éventuels espérés, atteignaient au plus

(1) Séance du 14 novembre 1816.

774 millions. C'était donc un nouveau déficit à prévoir de 208,243,807 francs qui, réuni au précédent de 106,051,151 francs, allait porter l'insuffisance des recouvrements, à la fin de 1817, à 314 millions au moins. Or, comme s'en était trop aisément convaincue la commission présidée par le duc de Lévis, on ne pouvait douter que cette insuffisance ne se répétât pas les trois années suivantes. Il y avait par conséquent lieu de craindre, après ce temps, un déficit de 700 ou 800 millions. Et quels chiffres plus élevés auraient figuré dans ce triste bilan, s'il avait compris les sommes réclamées par les sujets étrangers, dont le gouvernement redoutait avec tant de raison les impitoyables exigences !

M. Corvetto, dont je n'ai pas dissimulé les faiblesses, a, lui aussi, l'honneur d'avoir assez compté sur la fortune de la France, même en présence de pareilles charges, pour s'être constamment efforcé d'y pourvoir dans le présent et l'avenir sans léser le passé. De nombreuses voix l'engageaient pourtant à se contenter d'une facile et spoliatrice liquidation. Car seules jusque-là la Hollande et l'Angleterre s'étaient accoutumées à respecter leurs contrats, la liberté y ayant, comme il en est toujours, engendré la probité. Revenu de ses fâcheuses craintes de l'année précédente, M. Corvetto proposa, en 1816, de déclarer que les reconnaissances de liquidation seraient inscrites sur notre Grand-Livre, dans l'espace de cinq ans à partir de 1821, non au pair, selon la volonté de la Chambre, mais au cours moyen du dernier semestre de l'année antérieure à l'inscription. Il demandait à la fois de rendre ces reconnaissances productives d'intérêt et négociables par leurs titulaires, au moyen d'un simple endossement.

Puisque la loi de 1814, la seule vraiment juste, vraiment équitable, avait été détruite et paraissait impossible à rétablir, cette solution était digne d'éloge. Quant aux déficits des années 1817, 1818, 1819, 1820, le ministre réclamait de même d'y faire face par le crédit, en se réservant dès maintenant de disposer de 30 millions de rentes pour celui de 1817, et d'élever de 20 à 40 millions la dotation de la Caisse d'amortissement, grâce à une vente de 150,000 hectares de forêts domaniales. C'était, pensait-il, le moyen de nous rendre plus propices les prêteurs.

Je ne saurais ne pas le répéter, si les dettes, comme les budgets de cette époque, semblent bien faibles, bien restreints, comparés à ceux de nos jours, notre production et notre richesse étaient aussi très-différentes de ce qu'elles sont maintenant. Eu égard aux ressources qui s'y devaient appliquer, nos charges n'étaient pas en réalité moins accablantes que celles que nous avons supportées dans ces dernières années. Notre industrie manquait de toute hardiesse et de tout appui, nos capitaux étaient rares, notre crédit ne faisait qu'apparaître, et cent cinquante mille étrangers occupaient notre territoire, dévasté par la guerre, en même temps que des réclamations excessives parvenaient chaque jour au Trésor. Nos faibles épargnes n'avaient-elles pas en outre, à la suite d'une mauvaise récolte, à solder des achats considérables de céréales? La tempête semblait calmée, mais que de débris et de ruines continuaient à couvrir la plage!

Des banquiers de Paris, qui s'étaient offerts pour le prêt dont nous avions besoin, dans la pensée qu'il s'agissait de 10 ou de 150 millions, se hâtèrent de se retirer lorsqu'ils entendirent parler de 300 millions pour la première année. On ne put entrer en négociation qu'avec les deux plus grandes maisons de l'Angleterre et de la Hollande, celles de MM. Baring et Hope, et ces banquiers avaient eux-mêmes si peu confiance dans notre fortune, qu'ils ont longtemps voulu n'agir qu'en qualité d'agents subsidiaires du Trésor. Lorsqu'ils consentirent à se faire nos prêteurs, ils demandèrent au moins que notre déficit fût réduit à 200 millions. Et comment s'en serait-on étonné? Il nous était si difficile de pourvoir aux premiers frais de l'armée d'occupation, que nous étions forcés d'en solliciter la réduction. Le haut prix des subsistances et des fourrages suffisait à rendre impossible, avec l'effectif régulier de ces troupes, l'équilibre si laborieusement cherché de nos recettes et de nos dépenses.

Quelques jours après la présentation du budget de 1817, le duc de Richelieu n'avait-il pas même dû supplier les puissances étrangères de nous accorder un sursis de deux mois, pour acquitter les payements auxquels elles avaient droit aux mois de janvier et de février de cette année? A chaque instant aussi, je le remarquais il y a un instant, de nouvelles exigences particulières, que les représentants étrangers, surtout ceux d'Angleterre, sous l'influence du duc de Wellington, paraissaient peu disposés à diminuer, nous étaient adressées. Qui ne se rappelle à ce sujet la vive altercation survenue entre M. Canning et Mme de

Staël, dans le salon si recherché de celle-ci, dont les disgrâces impériales avaient encore rehaussé l'illustration? Comme alors chacun se prit d'admiration pour le brillant patriotisme de cette femme remarquable, qu'un jour Napoléon avait si brutalement rappelée aux devoirs de la mère de famille ! C'est néanmoins aux favorables instances du gouvernement anglais, ramené vers nous par l'empereur Alexandre, qu'ont cédé MM. Hope et Baring, en nous accordant, au mois de janvier 1817, les sommes nécessitées par nos engagements, après avoir été souvent sur le point de nous tout refuser.

J'ai entre les mains, dit M. Duvergier de Hauranne, en rendant compte de ces négociations (1), une correspondance du duc de Richelieu avec M. Corvetto, qui prouve à quel point la situation était critique et combien les ministres en étaient préoccupés. « Puisque nous ne pouvons faire mieux, écrivait le duc de Richelieu, il faudra bien en passer par là... S'il nous faut vivre au jour le jour et même si on les voit partir sans avoir rien conclu, nous verrons le prix factice de 60 francs (prix de la rente à ce moment) tomber bien bas. » Il n'en a rien été heureusement, et les puissances étrangères se sont bientôt prêtées volontairement, pour alléger nos charges, à réduire leurs troupes d'occupation de trente mille hommes.

Ce premier emprunt s'est fait à plusieurs reprises. Le ministre, autorisé à négocier 30 millions de rentes, traita, le 18 février, avec MM. Baring et Hope pour 9,090,909 francs de rentes, au prix de 55 francs, ou de

(1) V. *Histoire parlementaire en France*, t. IV, p. 99 et 100.

50 francs, les frais de commission et d'intérêt prélevés. Le 2 avril, les mêmes banquiers souscrivirent une nouvelle somme de 10 millions, au cours de 58 francs. Le 22 et le 30 juillet, 9 autres millions de rentes leur ont été livrés, au cours de 64 francs, ainsi qu'à MM. Laffite et Delessert, devenus leurs associés. Sur ces 9 derniers millions, 2 millions demeurèrent déposés à la Banque, comme garantie de nos payements aux gouvernements étrangers. Mais nos besoins étaient si pressants que ces 2 millions de rentes ont bientôt été remis également à MM. Baring et Hope, au prix de 64 fr. 50 c. Enfin les 1,288,000 fr. de rentes restant sur les 30 millions se sont vendus à la Bourse, par le ministère d'agents de change, au cours de 67 fr. 60 c. En somme le Trésor a retiré de ces diverses négociations 345 millions, soit 34 millions de plus qu'il n'en avait d'abord espéré.

Chose étrange, mais qu'expliquent trop malheureusement les animosités politiques, à peine ces emprunts, si péniblement obtenus des deux financiers qui pouvaient le mieux servir notre crédit par leurs vastes relations et leur grande honorabilité, étaient-ils realisés, qu'on les reprocha violemment, dans la France entière, au ministère. Ni les accusations les plus outrées, ni les plus grossières calomnies ne lui furent épargnées. Il avait de nouveau livré la France à l'étranger, et à quelles conditions! Il avait ignominieusement trafiqué de notre honneur et de nos intérêts! Casimir Périer lui-même, qui jouissait déjà d'un nom justement respecté dans le monde financier et politique, n'a pas craint de publier à cette époque une brochure où se retrouve chacune de ces tristes, de ces ignominieuses injures, que reproduisaient à l'envi des vingtaines de pamphlets et de journaux. « Le taux élevé de l'intérêt, déclarait-il doctement, presque indifférent quand ce sont les nationaux qui prêtent, devient, quand ce sont les étrangers, une véritable perte de substance. » Et quoi de plus facile, ajoutait-il, que de réduire nos besoins à 200 millions, lesquels seraient « très-promptement fournis par des capitalistes français? » Voilà les leçons d'économie financière et de sincérité politique qu'on donnait à la France, en taxant presque de trahison des hommes tels que le duc de Richelieu, dont nous ne reconnaîtrons jamais assez l'admirable, le dévoué patriotisme. Dans ces iniques accusations, au reste, la droite se distinguait à peine de la gauche; chaque parti semblait, aux enchères de ses outrages et de ses injustices, se disputer la popularité.

Cette explosion de haines n'avait cependant pas encore en lieu lors de la discussion du budget de 1817. Mais elle se préparait, on la pouvait pressentir, et cette discussion elle-même avait été précédée des débats irritants des lois sur la presse et sur les élections. Par suite, quelques ménagements qu'y mît le gouvernement, quelques sages avances qu'ait faites la commission de la Chambre, d'accord cette fois avec les ministres, les plus acerbes récriminations, les condamnations les plus passionnées s'y sont-elles fait entendre. A relire aujourd'hui ces débats, il semble déjà voir apparaître les premiers éclairs de l'orage de 1830.

La commission du budget de 1817 avait à peu près en tout approuvé le gouvernement dans ses demandes et ses économies. Elle maintenait les retenues précédemment votées sur les traitements officiels. Elle augmentait celles dont souffraient les pensions, qui, réunies aux demi-soldes, absorbaient plus du sixième du revenu public. Elle élevait plusieurs taxes, notamment la taxe des boissons, et en établissait une nouvelle sur les huiles. Elle ne se refusait qu'à prolonger le doublement des patentes et à soumettre les rentes publiques comprises dans les successions, aux mêmes droits que les rentes privées. D'autre part, elle opérait sur les divers services ministériels une réduction de 24 millions, dont 16 étaient prélevés sur le ministère de la guerre et 6 et demi sur celui de la marine. Les recettes ne fournissaient néanmoins que 758 millions pour des dépenses atteignant 1,062 millions. Le déficit était donc de 304 millions, et il se devait couvrir, comme les déficits prévus des années suivantes, par l'emprunt. Je n'ai pas besoin de rappeler que le prêt qu'on avait sollicité de 30 millions de rentes 5 pour 100, n'avait pas d'autre affectation.

Mais ce qui souleva le plus de passion, ce qui mit le plus en présence les partis dans la discussion du budget de 1817, ce sont encore les questions de l'arriéré et de l'aliénation des biens communaux ou domaniaux. A chaque séance, le respect des traditions, l'importance des forêts, le mépris de la Révolution ou la haine de l'Empire, l'honneur et la sainteté de la religion étaient les thèmes favoris des plus extravagantes variations. N'était tant d'acrimonie à l'encontre d'un passé tout récent, comme tant d'inopportun dévouement à l'Église, on se serait cru volontiers au temps chanté par Virgile, où les hommes paraissaient les produits privilégiés des arbres.

Gens virum truncis et duro robore nata.

Ce que M. de Bonald disait à la Chambre des députés, M. de Chateaubriand le répétait, aux applaudissements de la plupart de ses collègues, à la Chambre des pairs. « On voulait, s'écriait-il, que la Gaule perdît, avec ses forêts, la source de ses fleuves... Trop heureux alors si quelques-unes de nos montagnes gardent pour la postérité une douzaine de ces chênes, antique honneur de notre patrie, comme le Liban montre ses dix-neuf cèdres restés debout sur son sommet..... Quand la loi sera passée, le sacrifice sera consommé; le miraculeux édifice de tant de siècles sera détruit. On m'a montré au pied de la montagne de Sion quelques grosses pierres; c'est tout ce qui reste du temple de Jérusalem. » Combien Paul-Louis Courrier avait-il raison, quelques années plus tard, d'admirer l'éloquence parlementaire !

Quoique d'autres orateurs, non moins écoutés, assimilassent le droit des premiers propriétaires des forêts a celui du roi sur la couronne de France, une transaction, successivement adoptée par les deux Chambres, intervint pour remettre provisoirement toutes les forêts à la Caisse d'amortissement. On réserva seulement 4 millions de leur revenu, afin de les consacrer à l'assistance du clergé. Par la même transaction, le règlement définitif des bois domaniaux était renvoyé à une loi subséquente, et la Caisse d'amortissement recevait d'autres revenus publics : l'enregistrement, le timbre, la poste, la loterie, une somme de 156 millions. C'est que l'amortissement était resté pour nous la panacée naguère rêvée par le docteur Price. Qui n'ignorait encore chacun des pauvres résultats qu'il avait produits en Angleterre, où l'on allait bientôt y renoncer? Dans l'enthousiaste mirage des intérêts composés, aurait-on imaginé que pendant les quatre années suivantes, il ne parviendrait à racheter que 160 millions de notre dette, alors qu'elle s'augmenterait d'un milliard 100 millions?

A l'égard de l'arriéré, les colères de la droite étaient d'autant plus vives que la Commission du budget, présidée par le baron Louis, avait presque rendu le ministre de la guerre responsable du déficit de 1816. Ce ministre avait en effet trouvé tout simple d'excéder ses crédits de 36 millions pour cette seule année. Mais c'était, comme le ministre de la marine, l'un des favoris du *petit blanc*, l'un des chefs des *ultra*. Il en avait et les ambitions et les rancunes ; comment aurait-on consenti à scruter ses comptes? Les journaux étrangers ne venaient-ils pas en outre de publier que le premier emprunt concédé à MM. Hope et Baring, nous imposerait 9 1/2 0/0 d'intérêt, et rendrait l'État débiteur d'un capital presque double de celui qu'il recevait? Les clameurs, les injures, les accusations éclatèrent plus ardentes que jamais. Q'était-ce qu'une semblable imprévoyance? Quel châtiment méritait un pareil oubli de la France? M. de Villèle, dont il était dès lors facile de prévoir la brillante carrière, attaqua, comme les autres membres de son parti, toute l'administration des finances, à ce moment. Mais il avait l'esprit trop perspicace et trop élevé pour ne se faire que l'écho d'odieuses calomnies. Il demanda surtout que le projet d'emprunt fût soumis à une discussion approfondie, et qu'on empruntât seulement et publiquement 20 millions de rentes à 9 0/0 d'intérêt, sans aucune augmentation de capital. Peut-être la réduction à 20 millions des 30 demandés par le gouvernement, n'était-elle qu'un acte ordinaire d'opposition ; mais il y avait dans la seconde proposition de M. de Villèle, contraire à tout capital nominal, à tout intérêt dissimulé, la révélation d'un vrai, d'un remarquable financier. Si l'on avait toujours suivi ce conseil, notre dette ne dépasserait pas aujourd'hui 20 milliards, quand nous sommes si loin d'avoir reçu une pareille somme, bien que nous n'ayons pas dû payer un centime de moins d'intérêt. Nous aurions, à notre grand profit, précédé l'Angleterre et les États-Unis dans la sage et prévoyante gestion des finances publiques. Cependant M. de Villèle ne fut pas seulement combattu par les centres ; il le fut aussi par la gauche, principalement par M. Laffitte, qui siégeait sur les bancs extrêmes de ce côté de la Chambre, et qui se fit, dans cette discussion, l'un des plus ardents défenseurs du gouvernement.

Une telle assistance était singulièrement précieuse à M. Corvetto. Si zélé, si dévoué qu'il fût, il aurait été fort au-dessous de sa tâche, je n'ai plus à le montrer, s'il n'avait reçu de ses collègues de la Chambre et du ministère un constant appui dans ces débats, où l'éclat et l'autorité des Royer-Collard, des Lainé, des de Villèle se mêlaient aux plus tristes ignorances et aux passions les moins avouables. Une question constitutionnelle d'une grande importance, qui montre bien en quel milieu d'incertitude légale on vivait, s'y trouvait pareillement engagée. Je veux parler du règlement définitif du droit des Chambres par rapport au budget. Les sentiments du baron Louis, si hautement et si dignement exprimés en 1814, avaient rencontré de nombreux censeurs. Le rapporteur du budget de l'année précédente à la Chambre des pairs, M. Garnier, à qui l'étude d'Adam Smith (1) n'a jamais beaucoup profité, avait notamment refusé aux deux Chambres le pouvoir de déterminer les dépenses et de les contrôler.

C'est surtout à cause de ce refus que les rapporteurs du budget de 1817 à la Chambre des députés, puisqu'il y en avait un pour les recettes et un autre pour les dépenses, protestèrent avec tant d'insistance en faveur du souverain droit du parlement. Ils repoussèrent avec non moins de vivacité l'étrange prétention du gouvernement de faire voter pour cinq années les contributions indirectes. Mais ils le félicitaient fort justement aussi d'avoir remis à l'examen de la Chambre, en les rattachant avec une scrupuleuse exactitude aux évaluations des budgets des mêmes exercices, les comptes des années 1814 et 1815, les premiers qui, parmi nous, ont embrassé toutes les opérations ministérielles. Ils désiraient seulement voir ces comptes se compléter par la comparaison des dépenses et des cré-

(1) Le comte Garnier a publié de nombreuses annotations sur Adam Smith.

dits particuliers ouverts à chaque chapitre du budget. C'était réclamer en toute leur rigueur la spécialité des votes et le contrôle des dépenses, qui n'ont jamais été pratiqués que très-passagèrement dans notre pays. Les demandes de cette Commission contenaient réellement les garanties parlementaires les plus étendues et les plus solides.

Aussi bien, n'est-ce pas l'une des moindres curiosités de la discussion du budget de 1817, que la sorte de lutte, de course au libéralisme et à l'économie poursuivie, au milieu des passions les plus opposées, entre les divers partis. La droite surtout se montrait, à cet égard, pleine d'initiative et de résolution ; il ne s'agissait pas toujours des ministères de la guerre et de la marine. Comme elle s'indignait, par exemple, de la multiplicité des emplois, du nombre des taxes et de l'élévation des traitements! « L'université a ses tributs, nos grands fonctionnaires leurs magnifiques rétributions et le gouvernement du roi Joseph son traitement d'inactivité », s'ecriait l'un de ses membres. Un autre combattait l'impôt sur les huiles, « parce qu'il devait rendre, sous le roi très-chrétien, l'observation du carême presque impossible ». M. de Bonald, lui, mettait au service des idées financières de son parti, en y associant les plus singuliers enseignements philosophiques et historiques, son style prétentieux et suffisant. Il s'était réservé les questions du cadastre, du service volontaire des sujets, du don gratuit des impôts, « ce don, qui constituait le dernier état de la société en France avant la révolution, au moins pour une partie des citoyens ! » Il admirait par-dessus tout les contributions en nature, qu'il tenait pour la perfection fiscale. Et que l'on ne s'étonne pas trop d'une telle science; il n'est pas prouvé qu'on ne l'accueillît encore avec applaudissement, fût-elle exposée dans le même langage.

Toujours est-il que le budget de 1817, modifié par la transaction dont j'ai parlé, a convenablement assuré la marche des services publics. Il consacrait d'ailleurs les droits du parlement sur le choix des impôts, ainsi que sur le contrôle des dépenses. Il retirait la disposition des pensions militaires et des soldes de retraite au ministre de la guerre, qui en avait fait un si scandaleux abus, tout en diminuant ses crédits de 8 millions, et sanctionnait les différentes réductions proposées sur le ministère de la marine.

Après l'avoir voté, comme elle l'avait fait après avoir voté le budget de 1816, la Chambre rendit une loi de douane, qui, malgré les réclamations protectionnistes, a heureusement maintenu, sauf de très-légères modifications, le tarif établi déjà. Il sied presque uniquement, à l'occasion de cette loi, de regretter que M. de Villèle n'ait pu faire retirer à la douane le droit de rechercher sur notre territoire les produits étrangers, que lui avait reconnu la loi du 18 avril 1816.

Voici, dans ses principales divisions, le budget de 1817, véritable modèle des budgets subséquents.

Dépenses ordinaires.

Intérêt de la dette publique, y compris celui de l'arriéré..	113,400,000 fr.
Dotation de la Caisse d'amortissement et fonds de réserve.	43,600,000
A reporter,...............	157,000,000

LA CRISE DE 1814 ET DE 1815.

Report....................	157,000,000
Dette viagère..	13,400,000
Pensions civiles, militaires, ecclésiastiques et solde de retraites..	63,228,817
Liste du roi et de la famille royale......................	34,000,000
Clergé et établissements ecclésiastiques.................	29,100,000
Chambres des pairs et des députés.....................	2,680,000
Ministère de la justice.................................	17,600,000
Ministère des affaires étrangères.......................	6,500,000
Ministère de l'intérieur, dépenses départementales comprises...	62,233,500
Ministère des finances.................................	23,092,082
Ministère de la guerre, fonds des demi-soldes et secours aux réfugiés..	157,500,000
Ministère de la marine................................	44,000.000
Ministère de la police.................................	1,000,000
Intérêts des cautionnements et frais de négociation......	24,000,000
TOTAL..............	635,334,399 fr.

Dépenses extraordinaires.

Solde d'exercices antérieurs et remboursements divers....	124,915,859 fr.
Contribution de guerre................................	140,000,000
Frais de l'occupation étrangère.........................	160,000,000
Dépenses éventuelles..................................	6,000,000
TOTAL.............	430,915,859
Total des dépenses ordinaires et extraordinaires.........	1,066,250,258

Recettes.

Contributions directes, capital et centimes additionnels permanents...	331,339,550
Centimes additionnels temporaires sur les contributions directes..	25,209,117
Enregistrement, timbre et domaine.....................	140,000,000
Poste..	9,000,000
Loterie..	8,000,000
Douane..	40,000,000
Sel..	35,000,000
Boissons...	86,000,000
Tabacs...	34,000,000
Produits divers.......................................	3,400,000
Coupes de bois.......................................	16,400,000
A reporter..............	728,348,667

Report....................	728,348,667
Restes à recouvrer..........................	10,000,000
Abandon du roi sur la liste civile......................	5,000,000
Retenues sur les traitements et les pensions.............	14,200,000
TOTAL des recettes......	757,548,667 fr.

La comparaison de ce budget avec ceux des dernières années de la Restauration et ceux d'à présent, mis les uns et les autres en regard des ressources chargées d'y faire face, serait certainement l'une des plus intéressantes études qu'on se pût proposer. Elle suffirait pour convaincre et de l'excessif développement des pouvoirs publics, et de la prodigieuse extension de notre richesse, et de la nouvelle direction de notre activité depuis soixante ans. Car d'où proviendraient les perceptions publiques, sinon de l'agriculture, du négoce et des fabriques? Le travail et l'épargne, voilà l'œuvre privilégiée des populations, au sein des sociétés modernes, comme les bienfaisantes et uniques sources où puisent les trésoreries. C'est pourquoi l'on doit tant prendre soin de ne pas attenter, ou par erreur, ou par excès, à ces deux premiers éléments de la prospérité publique, en quelque circonstance qu'on se rencontre, à quelques besoins qu'on ait à faire face. Je ne citerai qu'une preuve de l'extraordinaire développement de notre production industrielle depuis 1815. Nous ne possédions pas alors beaucoup plus de machines à vapeur qu'en 1800, où nous en avions seulement 6, d'une force totale de 169 chevaux; nous en comptions 74, d'une force de 831 chevaux, en 1830, et nous en avions, en 1869, 32,814, d'une force de 880,378 chevaux.

Ces chiffres seuls ne rendent-ils pas compte des changements qui se sont opérés dans notre travail et notre richesse? Ils montrent bien, comme parlait Bacon, l'application de plus en plus progressive des forces physiques à la vie humaine, dont elles améliorent tant, il le remarquait aussi, les conditions matérielles, et, par suite, les conditions morales.

Dans deux remarquables écrits sur les charges que nous avons à supporter en ce moment, M. Michel Chevalier a justement indiqué quelles sont les plus sûres, les plus nécessaires exigences du développement industriel et fiscal des peuples. Qu'il me soit permis de les rappeler ici. L'étude financière d'aucune époque ne serait complète si l'on en méconnaissait assez l'importance pour les oublier. La première de ces exigences, c'est l'ordre, la sécurité. Le travail, à quelque objet qu'il s'applique en effet, s'arrête ou disparaît quand il n'a pas de lendemain assuré. Mais l'ordre véritable, l'ordre stable, au sein des sociétés présentes, il sied aussi de s'en souvenir, c'est celui qui ne détruit aucun droit légitime, qui repose sur l'assentiment public, qui n'altère nul caractère vital de la liberté. L'opposition que Tacite découvrait entre l'indépendance et l'autorité n'existe pas, je l'ai dit ailleurs, puisque les gouvernements libres se maintiennent quand les autres succombent. L'arbitraire n'engendre, de nos jours surtout, que l'inquiétude ou la sédition, et c'est un fait d'expérience, avant d'être un axiome économique, qu'il diminue infiniment la valeur du premier agent du travail et du seul agent de l'épargne; l'homme, en contrariant son activité, ses énergies, ses besoins de recherche, d'étude et de progrès. Comparez, à quelque époque que ce soit, la richesse des États libres et des États despotiques, et décidez.

John Stuart Mill écrivait dans l'un de ses plus beaux ouvrages : « Les lois oppressives de la pensée et de la discussion sont fatales à chaque progrès de l'ordre économique. Lorsque l'esprit humain, par la crainte de la loi ou de l'opinion, n'ose pas exercer librement ses facultés sur les sujets les plus importants, il tombe dans une torpeur générale et une imbécillité qui l'empêchent, quand elles atteignent un certain degré, de faire aucun progrès considérable, jusque dans les affaires communes de la vie (1). »

La seconde condition à remplir en vue du développement industriel des États, c'est l'Instruction des diverses classes sociales, en l'appropriant avec soin à leur destinée et à leurs besoins, sans imposer ni écoles spéciales ni enseignement officiel. Où le travail et l'épargne sont possibles, comment le savoir et la moralité de leur premier ou de leur seul agent, ainsi que je nommais précédemment l'homme, du meilleur des capitaux, selon le langage économique, ne seraient-ils pas ce qu'il importe le plus de réaliser? Que leur comparerait-on dans l'œuvre de la production et de l'accumulation des richesses?

Enfin les deux autres services qu'il se faut sans cesse appliquer à rendre en faveur d'une large production, c'est le perfectionnement des voies de communications et l'a-

(1) John Stuart Mill, *Principles of Political Economy.*

mélioration du crédit. Les voies de communications, que Macaulay rangeait, comme moyens de civilisation, après l'alphabet et l'imprimerie, comptent en premier lieu parmi les machines indispensables aux approvisionnements et aux débouchés. Elles figurent dans le plus nécessaire outillage des États, non-seulement même sous le rapport industriel, mais encore sous le rapport militaire et politique. Chaque pays est aujourd'hui si convaincu de leur importance, grâce aux divers bienfaits qu'il en a ressentis, qu'il suffit presque que les gouvernements n'y mettent plus obstacle pour qu'il s'en crée de toutes parts. A peine m'est-il besoin de remarquer qu'aux voies de communication se rattachent les ports et la navigation, dont la prospérité réclame avant tout également des franchises, de l'indépendance, et en ce qui les concerne eux-mêmes, et à l'égard des transactions qu'ils permettent ou qu'ils protégent. Car la liberté commerciale n'est pas moins profitable au delà des frontières qu'au sein des différents territoires.

C'est également l'indépendance, unie à la sécurité, qui, avec un bon système monétaire, importe le plus au crédit, cet agent si nouveau de la production et du négoce, qui met en œuvre toutes les ressources du présent, en sollicitant, en utilisant presque déjà celles de l'avenir. Où se rencontrerait effectivement, à d'autres conditions, de la confiance, et la confiance n'est-ce pas la base unique du crédit, le crédit tout entier à peu près?

Quel vaste et magnifique horizon s'offrirait à nos regards si, dans chacun de ses emplois, le travail restait libre et honoré, parmi des populations éclairées, morales, assistées de tous les aides nécessaires et jouissant de la paix publique. C'est là l'Océanide, l'*ultima Thule* que rêvent les économistes pour l'humanité, tout en s'attristant des retards si prolongés qu'elle éprouvera longtemps encore dans sa marche vers cet admirable et noble but.

S'il fallait un motif de plus d'espérer qu'elle s'en rapprochera sans cesse, ou de prévoir les obstacles qui ne cesseront de lui être opposés, il se trouverait aisément dans la comparaison des principaux éléments des budgets que j'étudie ici. L'unique progression des taxes indirectes et l'extrême accroissement des dettes publiques suffiraient même partout à révéler les progrès accomplis dans la production et l'aisance, comme les suites désastreuses des guerres et des révolutions. Ainsi nos impôts indirects, qui se mesurent toujours à l'aisance générale, étaient de 270 millions au commencement de la Restauration, de 570 millions à la monarchie de Juillet, de 820 millions au second empire, et dépassaient à la chute de ce dernier gouvernement, pour ne pas parler des aggravations démesurées de ces impôts depuis cinq ans, 1,270 millions. Mais aussi les arrérages de notre dette, qui n'étaient que de 63 millions à la fin du premier empire, de 162 millions à la fin de la Restauration, de 187 millions à la chute de la monarchie de Juillet, se sont élevés à 230 millions à l'avénement du second empire, à 263 millions en 1870, avec des capitaux remboursables à divers titres de 313 millions, et sont maintenant de près de 749 millions, avec une dette viagère de 119 millions et une annuité de 200 millions due à la Banque de France (1).

Nos budgets, considérés dans leurs principales divisions, donneraient encore la même confiance et les mêmes soucis. Certainement l'abolition de la loterie, les récentes et larges rétributions de l'instruction et des travaux publics, l'abaissement des droits de douane, sont de notables bienfaits. Comment le contester? Mais nierait-on par contre que l'incessante extension des dépenses militaires ou que la constante progression des crédits affectés aux fonctions que nous entretenons sans nécessité, ne soit une déplorable déperdition de force et de fortune? Pour ne pas revenir sur nos budgets de 1814 à 1817, je ne donnerai que quelques-uns des chiffres des budgets subséquents, qui montrent bien leur heureux ou leur fâcheux développement. Les crédits du ministère de la guerre ont été, par exemple, de 233 millions en 1830, de 349 millions en 1847, de 480 millions en 1874. Ceux du ministère de la marine ont été portés de 90 millions en 1830 à 130 millions en 1847 et à 154 en 1874. Le ministère de l'intérieur a pareillement augmenté ses dépenses, de 1830 à 1874, de 57 millions à 87 millions et demi; celui de la justice, de 19 millions à 33 millions; celui des cultes, de 36 millions à 53 millions; celui de l'instruction publique de 2,258,000 fr. à 36 millions; celui des travaux publics, de 54 millions à 127 millions. Seul le ministère des affaires étrangères n'a, durant cette période, élevé ses crédits que

(1) Cette annuité a été réduite à 150 millions pour cette année, mais doit être de 300 millions en 1877, puis revient ensuite à 150 millions.

de 2 millions, et celui des finances aurait un peu diminué les siens, s'il ne lui fallait pas imputer les frais de régie, qui étaient de 128 millions en 1830 et de 241 millions en 1874.

III

La crise financière des premières années de la Restauration ne s'est pas terminée au budget de 1817. Mais les rapports ministériels et parlementaires publiés sur le budget de 1818 laissent pour la première fois, depuis nos désastres, apparaître quelques heureuses éclaircies dans notre situation, chargée pourtant encore de tant d'obscurité et d'orages. L'emprunt s'était réalisé ; toutes les dépenses ordinaires et extraordinaires avaient été payées ou étaient assurées de l'être ; malgré l'excessive cherté des denrées et les secours fournis aux départements les plus atteints par l'invasion, le déficit était de 40 millions inférieur à ce qu'on avait prévu. L'un des rapporteurs du budget de 1818, M. Roy, n'en disait pas moins cependant : « Toutes les ressources sont épuisées et nous vous devons cette terrible vérité que si les charges extraordinaires qui pèsent sur la France n'ont pas leur terme dans le courant de cette année, il vous sera impossible d'établir le budget de 1819. » Mais il y avait là une teinte volontairement forcée, un accent intentionnellement effrayé, grâce au commun désir du gouvernement et de la commission du budget d'obtenir des puissances étrangères l'entière et définitive libération de notre territoire. L'occupation qu'elles nous imposaient était, en effet, autant qu'une douloureuse atteinte à notre dignité, une charge énorme pour nos finances, en raison notamment du haut prix des subsistances. L'ignore-t-on? la moyenne du prix de l'hectolitre de froment était de 36 fr. 18 c. en 1817 et de 34 fr. 65 c. en 1818, malgré la *commission* officielle *d'approvisionnement général*, ou plutôt à cause de cette commission, qui, comme toute institution semblable, n'a servi qu'à troubler le commerce et qu'à s'opposer aux importations.

C'est, d'autre part, pendant la discussion du budget de 1818 que le duc de Richelieu parvint à terminer la difficile négociation des liquidations particulières, qui pouvait seule, avec le payement de notre indemnité, faire espérer notre prompte libération. Sur la somme de 1 milliard 600 millions à laquelle montait l'ensemble des réclamations privées des étrangers, 30 millions avaient été rejetés comme inadmissibles et 180 millions avaient été payés sur le fonds de garantie. Nous restions par conséquent devoir 1 milliard 390 millions, dont notre gouvernement aurait voulu s'acquitter moyennant l'abandon seulement de 10 millions de rentes, en réduisant de moitié ou des deux tiers les créances mises à notre charge par les traités de 1814 et de 1815.

Pour justifier une pareille réduction, l'unique raison à invoquer était notre impossibilité de payer une plus forte somme, ainsi que les dangers politiques que pouvaient engendrer parmi nous de trop dures souffrances. Au lieu de 10 millions de rentes, nous nous sommes pourtant engagés à en livrer 16 millions et demi (1), dont 3 millions pour l'Angleterre, 1 million pour l'Espagne et 12 millions pour les autres États. C'était avoir déjà beaucoup obtenu, et nous l'avons encore dû à la bienveillante intervention de l'empereur Alexandre. En présentant toutefois aux Chambres le résultat de ces négociations, le gouvernement ne s'en tint pas à réclamer la somme stipulée dans le nouveau traité. Il demanda qu'il lui fût ouvert un crédit éventuel de 24 millions de rentes, afin de nous libérer entièrement, par le solde complet de notre indemnité de guerre. Ce que la Chambre sanctionna par un vote silencieux et presque unanime.

Les deux premiers emprunts, je n'ai plus à le dire, avaient été souscrits au prix de 55 et de 58 francs ; le dernier l'avait été à 64 francs. Au moment dont je parle, la rente était à 67 fr. Mais l'emprunt nécessité par le payement des créances particulières, réduit à 14 millions, en raison des 2 millions qui avaient été remis par anticipation à MM. Baring et Hope, au mois de mars précédent, ne s'est pas contracté comme ceux réalisés jusqu'alors. Il s'est émis par souscription publique. On craignait trop de voir renouveler les critiques de l'année qui venait de s'écouler, pour ne pas recourir à un autre mode d'emprunter. Plutôt que de les encourir, on préféra s'en remettre aux pratiques de l'ancienne monarchie, que les récentes négociations de l'Angleterre semblaient avoir à jamais condamnées, et que nous continuons cependant toujours à suivre, persuadés

---

(1) 16,400,000 fr. de rentes.

presque que nous venons de les inventer (1). Car ne nous refusons-nous pas encore à reconnaître que le public n'a ni la hardiesse ni l'habitude des importantes opérations, ni les relations sur les marchés financiers des grands banquiers, et que le défaut de chacune de ces choses se paye toujours cher? Nous répétons les erreurs socialistes contre les intermédiaires, et nous subissons les dures exigences de l'ignorance et de la pusillanimité, sans imaginer même que les banquiers savent les premiers profiter des souscriptions publiques.

L'emprunt fut ouvert du 20 au 30 mai. Chaque personne solvable pouvait se faire inscrire pour la somme qu'elle désirait, avec la faculté de se désister à la clôture de la souscription, si le prix de la rente était alors inférieur au prix d'émission, que le ministre ne devait faire connaître qu'au dernier moment. Très-rares d'abord, les souscripteurs ne tardèrent pas à se présenter en si grand nombre au Trésor, que leurs engagements ont dépassé plus de dix fois la somme demandée. Le taux d'émission était de 66 fr. 50, soit 1 fr. au-dessous du cours moyen de la rente pendant le mois de cette opération; mais quatre jours après la clôture de la souscription le cours de 74 francs se cotait à la Bourse.

Quant au second emprunt, négocié concurremment avec le précédent, il parut impossible, quelque désir qu'on en eût, de le remettre à une souscription publique. On s'adressa de nouveau à MM. Baring et Hope. Il fallait

(1) Le minimum des souscriptions était toutefois de 5,000 fr. de rentes. Les payements à effectuer étaient répartis en sept termes.

d'ailleurs compter avec les puissances étrangères, auxquelles était destiné cet emprunt et qui paraissaient peu disposées à recevoir de nouveaux prêteurs. Il s'est concédé au prix de 67 francs, avec réserve d'annulation si l'évacuation de notre territoire n'avait pas lieu. Quoique ce prix fût le plus élevé qu'on eût encore obtenu, il n'en souleva pas moins un *tolle* général. Continuer à livrer des rentes aux étrangers, et les leur livrer à 67 francs quand la Bourse avait atteint le cours de 74 francs et cotait celui de 70 francs ! Quelle inconcevable imprévoyance, quelle faute, quel crime peut-être ! Il s'agissait bien des exigences des gouvernements pour qui se recouvraient les fonds de cet emprunt ! Lequel d'entre eux pensait à MM. Baring et Hope ? Eût-on connu la lettre du duc de Wellington, où se lisent ces paroles : « Aucune des cours alliées ne trouverait des garanties suffisantes dans le crédit des maisons qui prétendent se substituer à MM. Baring et Hope (1), » que l'on n'aurait pas tenu sans doute un autre langage.

Il est tout à la fois permis de penser que le public n'aurait pas accepté, comme ces deux banquiers après la signature de leur traité, de ne prendre sur les 265 millions que 165 millions au cours de 67 francs et de porter les 100 millions restants à 74 francs. Par malheur, la rente tomba presque aussitôt à 68 francs et plus tard à 65 francs, grâce surtout à ce que beaucoup de souscripteurs de l'emprunt public étaient incapables de remplir leurs

---

(1) Cette lettre se trouve dans l'*Histoire parlementaire de la France*, de Duvergier de Hauranne, t. IV, p. 436.

engagements. Cela suffit pour faire annuler cette dernière et si heureuse convention. Par un nouvel arrangement, les rentes prises à 74 francs nous furent restituées et nous restèrent en dépôt. Les arrérages seuls en ont été payés jusqu'au mois de juin 1820 ; époque où le ministre des finances a remis en échange 100 millions de bons du Trésor, remboursables en neuf termes avant le 1er mars 1821. Mais cet arrangement même, qui nous a coûté 1,500,000 francs, s'est modifié par le protocole du traité d'Aix-la-Chapelle, rédigé un mois plus tard. Ce protocole, en effet, portait à un an et demi le délai primitivement fixé à neuf mois pour l'échéance des bons du Trésor, et permettait qu'une partie importante de notre payement fût faite en lettres de change tirées sur les places étrangères.

A l'occasion de l'emprunt de 245 millions, il sied également de remarquer que M. Laffitte, mieux inspiré que dans la discussion du budget de 1817, a beaucoup engagé le duc de Richelieu à se soumettre ostensiblement à un intérêt de 7 ou de 8 0/0, plutôt que de reconnaître recevoir une somme supérieure à celle qui était versée. C'est, on s'en souvient, ce qu'avait demandé M. de Villèle, et c'était d'autant plus méritoire à M. Laffitte qu'il avait offert à M. Baring de prendre une partie de l'emprunt. Le duc de Richelieu parut un moment enclin à suivre cet avis ; mais M. Baring, persuadé que nos affaires et notre crédit se rétabliraient promptement, le repoussa. L'usage d'accepter un taux nominal s'est ainsi continué au grand détriment de nos finances, et bien souvent, assure-t-on, le baron Louis s'est repenti, dans ses dernières années, de s'y être soumis.

En somme, abstraction faite des charges comprises dans les budgets ordinaires à titre de contributions de guerre, ainsi qu'à part les 9 millions de rentes inscrites pour faire face aux premières réclamations des puissances étrangères, notre libération a entraîné :

1° Une somme de 136 millions, en 1815, provenant, soit de l'emprunt forcé, soit de la vente de 3,500,000 francs de rentes qui appartenaient à la caisse d'amortissement ;

2° 6 millions de rentes aliénés, en 1816, pour 127 millions, auxquels se sont ajoutés ceux qu'a procurés l'augmentation des cautionnements, qui n'était qu'un nouvel emprunt forcé ;

3° 342 millions, en 1817, moyennant une autre aliénation de 30 millions de rentes ;

4° La somme produite par les deux emprunts de 1818, de 16 et de 24 millions de rentes, réduits, comme je l'ai dit, à 26 millions.

Le tableau suivant fera connaître exactement l'importance, le taux et le produit de ces différents emprunts (1).

Années.	Recettes.	Taux.	Capital réalisé.
1815	3,500,000	51,23	35,863,000
1816	6,000,000	57,26	69,763,000
1817	30,000,000	57,51	345,065,000
1818	14,000,000	66,50	197,909,000
1819	12,000,000	67,00	165,000,000
	65,500,000		813,600,000

(1) J'emprunte ce tableau à un travail de M. Cl. Juglar, publié dans le *Journal des Économistes*, août 1860, p. 266.

Ces emprunts, si rapprochés les uns des autres, ont doublé notre dette, quoiqu'ils ne nous aient procuré que 813 millions ; mais les charges de l'invasion étaient définitivement liquidées. Seul notre drapeau flottait de nouveau sur notre territoire. Une curieuse observation, c'est que le nombre des rentiers extrêmement restreint alors, puisqu'il n'était que de cent trente-sept mille, ne dépassait pas encore cent quatre-vingt-dix mille personnes en 1830 (1), à supposer même qu'il n'y eût qu'une inscription au nom de chaque titulaire. Il en est bien différemment aujourd'hui, puisque le nombre des inscriptions est de plus de quatre millions; mais aussi notre dette est-elle de plus de 20 milliards. Si, comme l'ont écrit de nombreux publicistes, les États avaient intérêt à s'endetter pour que leurs créanciers s'efforçassent de garantir leur stabilité, la France, qui de tous les pays est en ce moment le plus obéré, aurait incontestablement les plus solides assises ; ce qui n'est peut-être pas l'avis général.

Quoi qu'il en soit, notre grand-livre était fermé et le budget de 1819, le dernier dont je doive parler, a pu se présenter en équilibre, tout en permettant d'augmenter l'armée de quarante mille hommes. Dans ce budget, qui clôt réellement la crise financière de 1814 et de 1815, les recettes et les dépenses étaient arrêtées à 889,210,000 francs. La Chambre avait pourtant encore refusé la vente de cent vingt mille hectares de bois domaniaux, demandée par le gouvernement. Et, comme les précédents

(1) Un tableau publié dans le *Système financier de la France*, de M. d'Audiffret, prouve la vérité de ces chiffres.

budgets, celui-ci fut aussi suivi d'une loi de douane, qui marque, à ne s'y plus méprendre, les tendances protectionnistes de cette époque. Cette loi allait jusqu'à créer le détestable système de l'échelle mobile pour les blés, quelque gêne que nous imposât déjà la crise industrielle à laquelle nous étions en proie. Crise qui provenait et de la multiplicité de nos emprunts, et de l'excès de production qui accompagnait, comme il arrive toujours, les souffrances et les besoins des années calamiteuses que nous venions de traverser.

Cette crise était telle que l'encaisse de la Banque (1), élevé de 5 millions en 1814 à 118 millions en 1817, malgré nos taxes et nos emprunts, retomba à 34 millions en 1818, alors que l'escompte atteignait 615 millions, après avoir été, pour les années 1815 et 1816, de 84 et de 547 millions. De pareils chiffres d'escompte ne sauraient, du reste, faire illusion sur l'importance de notre mouvement commercial. Ils résultent en grande partie des demandes du Trésor; lequel, durant les années 1816, 1817, 1818, a fait escompter à la Banque, aux conditions communes, pour 97 millions, 118 millions et demi et 124 millions d'effets.

Cependant, la Banque a traversé la crise si dommageable de 1818 sans réclamer le cours forcé de ses billets. Inspirée de l'esprit de louable initiative et de juste confiance de M. Laffitte, elle s'est contentée, en maintenant à

---

(1) Cet encaisse était au commencement d'octobre de 59 millions; il atteignait à peine 37 millions le 29 du même mois; un peu plus tard il est tombé à 34 millions.

5 pour 100 son taux d'intérêt, de restreindre d'abord de 90 à 60, puis de 60 à 45 jours, le maximum de la durée des effets qu'elle escomptait. Cela lui suffit, et avant la fin de l'année l'échéance des billets était reportée à 90 jours, pour ne plus varier jusqu'en 1855. Deux banques indépendantes se sont même fondées parmi nous en 1818, l'une à Nantes, l'autre à Bordeaux, sans que la Banque de France y ait fait la moindre opposition. C'est d'autant plus remarquable que les opérations de crédit allaient encore beaucoup s'abaisser en 1819 et en 1820. Soit parce que les besoins de consommation avaient été satisfaits, soit parce qu'un ralentissement de production suit inévitablement d'importants emprunts, soit parce que l'industrie avait peine à se remettre de la crise qu'elle venait de subir, tout semblait alors s'arrêter, rester en suspens, presque s'anéantir.

Au mois de mai 1820, la Banque ne possédait plus que pour 15 millions de lettres de change. Si ses billets en circulation s'élevaient à ce moment à 164 millions, tandis que son encaisse en espèce atteignait 212 millions, c'est encore en partie à cause de l'escompte des bons du Trésor. Après en avoir fait accepter pour 24 millions, l'État lui en offrit pour 100 autres millions, — les 100 millions destinés à parfaire notre dernier payement aux gouvernements étrangers. Mais la Banque refusa d'en recevoir d'abord pour plus de 60 millions, tout en exigeant, comme garantie, des rentes au cours de 75 fr. 50. Plus tard seulement, cette opération s'est complétée, moyennant une garantie semblable, et ce n'est qu'après

1820 que l'industrie a repris sa marche ascendante.

Quant à la Banque elle-même, elle a sans doute, à cette époque comme toujours, rendu d'immenses services au négoce et au Trésor. Sa mesure, sa prudence, son autorité, la régularité de sa gestion, la confiance qu'elle inspire n'ont jamais été niées et ne pourraient l'être. Mais qui, connaissant l'histoire et les nécessités du crédit, se refuserait également à regretter ses énormes priviléges, devenus depuis 1848 un complet monopole? Dans toutes les sphères industrielles, le moteur par excellence du travail et des échanges, la cause déterminante du progrès et de la sécurité, n'est-ce pas la liberté, qui seule s'accommode aux divers intérêts et satisfait à chaque exigence? Chez quel autre peuple a-t-on une pareille organisation du crédit? Quels maux a jamais causés l'indépendance appliquée aux services économiques des sociétés? Après toutes les expériences réalisées et tous les enseignements de la science, c'est vraiment trop d'ignorance que de conserver parmi nous les banques d'émission sous la plus arbitraire et la plus énervante réglementation.

Puisque je parle encore de la Banque de France, je montrerai, par ses propres comptes, à l'appui de ce que je disais précédemment, que notre situation n'était pas moins grave après notre première et notre seconde invasion qu'après la troisième. Ils prouvent même mieux la pénurie de nos ressources et l'étendue de nos besoins aux deux premières de ces époques qu'ils ne le font à présent, parce que la Banque était alors notre seule grande, notre seule véritable institution de crédit. Où en étaient, me faut-il le répéter ? le nombre et la hardiesse de nos capitaux, notre pratique des opérations financières, nos entreprises industrielles, de même que nos connaissances économiques et notre habitude des crises révolutionnaires ? Je joins d'ailleurs à ces comptes, en rappelant ce qui s'est passé pour l'escompte des bons du Trésor, ceux des dernières années de la Restauration, afin qu'on puisse assez justement apprécier nos progrès matériels sous ce premier gouvernement de notre ère laborieuse et parlementaire.

Non-seulement l'année 1819 a vu clore nos difficultés financières, survenues à la suite de nos invasions, mais elle ouvre l'une des plus belles périodes de notre histoire. La France semble alors se couronner d'une brillante auréole d'espoir, de franchises, d'illustration, de dignité. Les lois les plus libérales que nous ayons jamais eues se discutent en de magnifiques discours. Les lettres et les arts, resplendissant de jeunesse et de force, commencent pour notre pays l'un de ses plus grands âges littéraires et artistiques. L'industrie s'essaye du moins à verser sur toutes les classes ses dons inappréciables d'aisance et d'activité. Partout se révèle une merveilleuse efflorescence de nobles ambitions et de glorieux travaux. Combien sont coupables ceux qui se sont employés et ont réussi à changer en cruels ressentiments et en séditions criminelles ces nobles élans de pacifique grandeur et de mutuelle confiance ! Les gouvernants n'ont pas été malheureusement sans tort non plus à cet égard. Je ne doute pas, quant à moi, que leur insouciance trop

Années.	Capital millions.	Taux moyen de l'escompte.	Paris. Escompte au commerce Millions.	Paris. Portefeuille. *max. min.* Millions.	Paris. Circulation. *max. min.* Millions.	Paris. Avances aux particuliers.	Avances au Trésor.	Paris. Comptes courants. *max. min.* Millions.	Nombre des succursales.	Opérations des succursales.
1814	90	4.75	84.7	33 2	60 11	1.9	268.7	56 1	3	inconnues.
1815	90	5	203.6	43 13	71 17	6.4	62.5	52 11	3	—
1816	90	5	420.0	79 35	79 56	1.3	178.1	58 16	3	—
1817	90	5	547.5	101 66	96 69	2.5	200.4	74 28	3	—
1818	90	5	616.0	146 62	126 87	2.5	67.0	64 28	2	0
1819	90	5	387.4	119 27	135 80	3.8	216.3	78 40	0	0
1827	67.9	4	566.1	110 80	203 173	42.4	130.0	66 36	0	0
1828	67.9	4	407.2	102 41	214 180	25.8	146.2	73 41	0	0
1829	67.9	4	434.3	72 51	215 182	24.0	261.8	63 33	0	0

marquée des intérêts économiques, ces premiers intérêts des peuples modernes, ainsi que leur abusive extension de la centralisation administrative, ce fléau qui nous poursuit depuis le xviiie siècle en s'étendant chaque jour, ne soient de leur part la cause dominante de leur chute. Ils ont méconnu l'importance actuelle de l'industrie et de la richesse, autant que la nécessaire part d'influence — cause assurée d'ordre elle-même — qui revient aux populations dans la gestion de leurs affaires locales. Que de souffrances, de haines, de révoltes, auraient été prévenues, malgré toutes les violences et toutes les ignorances des partis, si nos différents gouvernements, en s'appliquant davantage à développer la prospérité sociale, s'étaient mieux souvenus de la maxime des physiocrates : Ne pas trop gouverner.

On doit à la Restauration, il est vrai, par rapport aux intérêts matériels, les canaux de 1821 et de 1822 ; mais leur construction et leur prix de revient lui font peu d'honneur. Du moins, nul autre gouvernement n'a-t-il montré, en notre pays, le même amour de la régularité, du contrôle, du bien public dans l'administration des finances. Son administration financière est un parfait modèle de bonnes finances, a dit l'un des adversaires les plus décidés de la monarchie, M. Louis Blanc. La Restauration se souvenait des difficultés et des tristes expédients de l'ancienne royauté dans ses derniers temps. Elle tenait, selon le langage de M. de Villèle, que l'origine de nos troubles venait de la plaie de nos finances, et elle a tout fait, en ménageant les contribuables, pour que ces expédients ne fussent plus nécessaires et que cette plaie ne se rouvrît pas.

C'était assurément une tâche difficile que de liquider, sans injustice ni spoliation, l'arriéré que laissaient après eux la révolution et l'empire. C'était une redoutable entreprise aussi, après deux invasions et sous le poids d'énormes engagements, que d'accomplir notre réorganisation politique, militaire, administrative, en remettant tout à l'examen des assemblées législatives du pays. C'est là l'une des plus grandes, des plus belles œuvres qu'ait jamais tentées un gouvernement, et la Restauration l'a dignement et heureusement réalisée, il serait temps de le reconnaître. Quelles qu'aient été ses erreurs, nul autre pouvoir n'a eu pour la France plus de respect ni de dévouement.

Durant ses quinze années d'existence, pour en revenir à l'objet de cette étude, 92 millions ont été retirés de nos impôts directs, et nos impôts indirects ont progressé de 212 millions, grâce presque uniquement à l'extension de notre aisance. De même, bien que, pour satisfaire aux charges qui lui sont incombées et dont elle n'était pas responsable, elle ait augmenté notre dette de 130 millions de rentes, cette dette a dépassé le pair, — taux que nous avons revu si rarement depuis, — dès le commencement de 1825. Pour elle, la restauration n'a vraiment créé que 8 millions et demi de rentes, à l'occasion des expéditions de Morée et d'Alger, après les avoir souscrites, dans ces deux occasions, au-dessus du pair. Et l'annulation des 3 millions et demi de rentes qui, a son avénement, ont fait retour à la couronne, sa conversion de rentes, qui a diminué l'intérêt de la dette de plus de 6 millions, et le jeu régulier de l'amortissement, qui a racheté, pendant ses quinze années, près de 54 millions de rentes, n'ont laissé à la charge de notre Grand-Livre, au mois de juillet 1830, que 162,784,795 fr. de rentes, au capital de 3 milliards 700 millions. Notre dette flottante, assise sur un gage de 70 millions fournis par l'Espagne, n'a jamais non plus dépassé 167 millions sous cette monarchie, dont le dernier budget était seulement encore de 982 millions.

Je n'ajouterai plus que quelques mots sur la conversion des rentes que je viens de rappeler, et sur l'indemnité accordée aux émigrés. L'une et l'autre de ces mesures sont postérieures aux années dont je m'occupe dans ce travail; mais elles comptent trop dans la gestion financière de la Restauration, pour que je les puisse passer sous un absolu silence.

C'est en 1824 que M. de Villèle s'est proposé d'alléger nos charges annuelles au moyen de la conversion de notre 5 p. 100 en rentes 3 p. 100, au cours de 75 fr. Cette conversion, présentée alors comme obligatoire, aurait produit une économie annuelle de 28 millions, en augmentant notablement à la vérité le capital de notre dette. Mais acceptée à grand'peine par la Chambre des députés, elle fut repoussée par la Chambre des pairs, aux bruyants applaudissements du parti de Monsieur et du parti libéral. M. de Villèle parvint seulement à réaliser cette mesure en 1825, en ne la proposant plus que comme facultative pour les rentiers, qui purent choisir ou du 4 1/2 au pair ou du 3 p. 100 à 74 fr., avec l'assurance de ne pouvoir pas être de nouveau réduits avant le mois de septembre 1835. Aussi la conversion, n'ayant porté que sur le quart des rentes que détenaient les particuliers, a-t-elle uniquement entraîné l'extinction de 6 millions 200,000 fr. de rentes.

Quant à l'indemnité des émigrés, quoiqu'elle ait trop justifié les craintes qu'elle inspirait dix ans plus tôt au duc de Richelieu, elle n'en est pas moins l'un des actes les plus honorables et les plus bienfaisants de cette époque. Seule elle a permis aux acquéreurs des biens nationaux de s'en regarder comme propriétaires définitifs et a fait entrer ces biens dans le courant régulier des transactions et des améliorations agricoles. Quel emploi plus profitable auraient pu recevoir les 25,995,310 francs de rentes 3 p. 100 qui ont eu cette destination ? Lorsque M. de Villèle a réalisé, par la loi du 27 avril 1825, cette juste, cette nécessaire réparation, peu de temps après avoir vu rejeter sa première demande de conversion, il s'est une fois de plus montré un très-remarquable ministre, un esprit vraiment supérieur.

Malheureusement les rentes créées pour indemniser les émigrés, comme une partie de celles créées pour la conversion du 5 p. 100 étaient, je viens de le dire, des rentes 3 p. 100. On avait voulu diminuer autant que possible les charges annuelles du budget, et restituer, en apparence du moins, aux personnes ou aux familles spoliées ce qu'elles avaient perdu, en assimilant la rente qu'on leur remettait à leur ancien revenu. Mais c'était sacrifier l'avenir au présent. Le 3 p. 100 est constamment resté parmi nous trop éloigné du pair (1), pour qu'il n'y ait pas eu, dans toutes les circonstances où l'on y a recouru, grave préjudice à créer ou à accroître ce fonds.

(1) 100 francs.

CHAPITRE III

LA CRISE DE 1848

Sommaire. — I. *Situation du Trésor au 24 février* 1848. — Administration financière des dernières années de la monarchie de 1830. — Rapport de M. Garnier-Pagès. — Premières mesures financières du gouvernement provisoire.
II. *Mesures de crédit.* — Décrets sur les caisses d'épargne et les bons du Trésor. — Emprunt à la Banque de France. — Mesures prises ou tentées à l'égard des tontines, des chemins de fer et des assurances. — Cours forcé des billets de banque. — Réunion des banques départementales à la Banque de France. — Nouveaux emprunts. — Comptoirs d'escompte. — Magasins publics. — Excès commis contre la caisse d'amortissement.
III. *Mesures d'impôt.* — Impôt des 45 centimes. — Impôt sur les capitaux. — Théories fiscales du gouvernement. — Impôt progressif. — Impôt du revenu. — Impôts sur les successions, les donations et les biens de mainmorte. — Dépenses exagérées.
IV. *Budgets de* 1848 *et de* 1849. — Plan financier du ministre des finances. — Les budgets successifs de 1848. — Budget de 1849. — Dépenses à prévoir. — Déficits laissés par 1848 et 1849.

I

SITUATION DU TRÉSOR AU 24 FÉVRIER 1848

Les finances sont l'embarras constant des gouvernements qui se perdent ou qui se fondent. Ceux-là dissipent leurs ressources ; ceux-ci se voient privés des secours qui paraissaient le plus assurés et dont ils auraient le plus pressant besoin. Ce qui importe donc surtout à l'État qui sort d'une révolution, c'est de rencontrer un ministre des finances qui sache alimenter le Trésor, sans épuiser le pays. Mais le génie est rare; il existe peu de barons Louis. Toutefois le ministre incapable qui ne s'entoure pas alors d'hommes ayant le savoir et l'expérience qui lui manquent, est impardonnable. En face d'immenses périls, il place les suggestions de son amour-propre au-dessus des intérêts de sa patrie.

Durant les dernières années de la monarchie de 1830, nos finances avaient été mal administrées. De regrettables expédients avaient pris la place d'utiles et de prévoyantes mesures. Il semble que, à l'opposé de la restauration, ce gouvernement cherchât à s'autoriser près du pays des difficultés du Trésor. Il avait développé le budget de façon exagerée et avait sans cesse accru la dette flottante, sans souci des graves périls qui devaient en provenir, à la première commotion politique. Il ne faut pas l'oublier, notre richesse était loin d'avoir l'importance qu'elle a gagnée de nos jours, quoique les dix-sept ans de cette monarchie forment, à tout prendre, l'une des époques les plus prospères, étant l'une des plus paisibles, de notre histoire.

Le budget avait été porté à 1,500 millions, et malgré les 800 millions de ressources extraordinaires, obtenues de l'accroissement des contributions indirectes ou des réserves de l'amortissement, dans les huit dernières années, la dette flottante s'élevait, le 24 février 1848, à 959,067,921 francs. Cette situation était grave; mais elle ne pouvait en rien paraître désespérée, réellement inquiétante même. Dire, ainsi que M. Garnier-Pagès, au nom du gouvernement provisoire de 1848, dont il était l'un des membres, que le maintien de la royauté de juillet aurait rendu la banqueroute inévitable, c'était tromper sciemment le pays ou peu estimer la France.

Comment imaginer d'ailleurs qu'une révolution comme celle du 24 février, qui jetait partout tant d'incertitude et d'effroi, pouvait diminuer un pareil danger? Quelle révolution a jamais enrichi un État? Le premier rapport de M. Garnier-Pagès sur la situation du Trésor, en date du 9 mars 1848, était fort impropre lui-même à relever la confiance. Sans les violentes commotions qu'a subies presque aussitôt le continent tout entier, on se serait encore mieux aperçu de l'imprudence d'une semblable publication, où les institutions monarchiques étaient si violemment, si outrageusement calomniées.

M. Garnier-Pagès accusait le gouvernement déchu d'avoir dépensé, pendant les deux cent soixante-huit derniers jours de son existence, c'est-à-dire du 30 avril 1847 au 24 février 1848, 1,100,000 francs par jour au delà de ses ressources ordinaires. Cet excédant n'était en réalité que de 760,000 francs. M. Garnier-Pagès n'avait pas tenu compte de la différence du solde en caisse aux deux époques (1). La dette publique était également exagérée de plus de 200 millions dans ce rapport, de même que les crédits affectés aux travaux publics y étaient diminués de près de moitié (2).

---

(1) Au 30 avril 1847, le solde en caisse n'était que de 47 millions, tandis qu'au 24 février 1848 le Trésor possédait en numéraire 155 millions : différence 88 millions. Ce qui réduit à 206 millions la somme portée à 294 millions par M. Garnier-Pagès.

(2) V. *Observations sur l'administration des finances pendant le gouvernement de Juillet,* par M. Lacave-Laplagne.

On n'y trouvait d'autre part comprises, dans le montant de la dette flottante, évaluée seulement à 872 millions — ce qui constituait une nouvelle erreur, — ni les rentes 5 et 3 p. 100, ni les actions des quatre et trois canaux qui appartenaient aux caisses d'épargne. Ces valeurs étaient difficilement réalisables, il est vrai, dans la crise où l'on se trouvait; mais elles n'en existaient pas moins. Enfin ce rapport ne faisait connaître, par un procédé au moins étrange, que le passif; il ne disait rien de l'actif du Trésor. Or, cet actif se composait :

1° Du solde en numéraire, déposé tant au Trésor qu'à la Banque de France, s'élevant à 135 millions de francs;

2° Des valeurs en portefeuille, dont le montant était de 55 millions.

Ainsi 959,067,921 francs à payer, et 135 millions de francs en caisse, avec une recette future de 55 millions, tel était le bilan de la monarchie de Juillet, la véritable situation du Trésor à la révolution de 1848.

Quant au budget ordinaire en cours d'exercice, il avait dès l'origine laissé entrevoir un déficit de 48 millions, qui probablement aurait été dépassé. Le budget extraordinaire, qui comprenait les travaux publics de tout genre et les approvisionnements spéciaux de la marine, n'avait, de son côté, pour toutes ressources, qu'une vingtaine de millions, à recevoir des compagnies de chemins de fer, ainsi que les termes de l'emprunt de 250 millions négocié, le 10 novembre 1847, à son profit, et dont 83 millions avaient été déjà payés. La situation, sous ce rapport encore, n'était pas brillante; c'est incontestable. Pouvait-on même continuer à compter sur les rentrées du dernier emprunt, qui auraient été si nécessaires, après la révolution, pour parer aux diminutions inévitables de l'impôt?

Afin de surmonter de pareilles difficultés, il était indispensable d'unir beaucoup de savoir et de mesure à beaucoup de décision. Par malheur, le gouvernement provisoire, ou plutôt les hommes de ce gouvernement, chargés de nos finances, n'ont montré qu'un défaut absolu de connaissances et de volonté. Tout a été remis à la plus inconcevable mobilité, aux prétentions les plus déraisonnables et les plus contraires, aux plus soudaines et aux plus téméraires tentatives. Pas un jour ne se passait sans détruire ce que la veille avait créé. Les contradictions ne se comptaient plus entre les propositions, les rapports, les instructions, les décrets. On aurait dit un gouvernement en détresse poussé, par tous les vents, au milieu de tous les écueils. L'emprunt, l'impôt, les ventes domaniales, les dons volontaires, ont tour à tour été essayés, ordonnés, abandonnés et repris. On augmentait les impositions qu'on venait de déclarer exagérées; on accomplissait une banqueroute, en accusant de malhonnêteté la monarchie et en glorifiant la prospérité de la république; on ouvrait des emprunts qui ne pouvaient être souscrits; on levait de nouvelles taxes, purement arbitraires, en supprimant celles que le public était le mieux accoutumé d'acquitter, et qu'un vote parlementaire avait régulièrement établies. Quels considérants tout ensemble précédaient chaque projet législatif! Je ne sache pas un système, une idée financière qu'on n'y ait soutenue.

A l'exemple d'un expédient inutilement tenté en 1830, un emprunt national de 100 millions, en rentes 5 p. 100 au pair, a dès le principe été ouvert pendant un mois seulement. Le 5 p. 100 ne valait cependant alors que 60 francs à la Bourse. Aussi cette mesure, qui n'avait pas produit au delà de 21 millions en 1830, a-t-elle valu seulement au Trésor, en 1848, de recevoir les bons qu'il avait émis, mais qu'il ne remboursait plus, et qu'on trouvait ainsi, moyennant une perte de 40 p. 100, à convertir en un titre transmissible. A peine cet emprunt a-t-il rapporté 10,000 francs en argent à Paris. Tout à la fois, le gouvernement faisait porter à la Monnaie l'argenterie, les lingots et les bijoux trouvés dans les résidences royales, quelle qu'en fût l'origine. Il mettait en vente, ainsi que les diamants de la couronne, bien qu'il dût savoir que chacun s'empressait de réaliser ou de dissimuler ses capitaux, les domaines de la liste civile, dont le roi n'était qu'usufruitier : Versailles ou Fontainebleau ! Il offrait enfin à l'adjudication des bois ordinaires de l'État, jusqu'à concurrence de 100 millions. Néanmoins, comme si ces ventes devaient rencontrer trop de facilités, il ne cessait de faire attaquer par ses organes les plus autorisés, par l'un même de ses membres le plus en vue, au club qu'il avait organisé dans l'ancienne chambre des Pairs, le principe et le droit de propriété ! Il m'est inutile d'ajouter que ces diverses ventes n'ont pas eu plus de succès que les souscriptions à l'emprunt national.

Ces quatre mesures : l'emprunt, la remise de l'argenterie et des bijoux à la monnaie, la vente des diamants, l'adjudication des biens de la liste civile et des forêts du domaine, forment le plan financier que M. Garnier-Pagès fit décréter par le gouvernement provisoire. Il devait, à son dire, assurer tous les services de l'État ; mais le Trésor n'en a guère retiré que le million provenant de la refonte de l'argenterie de la couronne. C'était au plus la douzième partie de la surcharge imposée à la caisse des retraites, par la désorganisation des diverses branches de l'administration. Car, pour satisfaire les convoitises du parti triomphant, les droits les plus légitimes étaient autant sacrifiés que les nécessités publiques. Rien pour le pays ou la justice, tout pour une faction, telle sera constamment la devise des révolutions.

Ce n'est pas ainsi qu'avait agi la restauration, l'on s'en souvient, lors de la crise que je décrivais dans mon précédent chapitre. En face de l'arriéré de l'empire et des besoins que créait l'invasion, les mesures les mieux conçues étaient présentées aux chambres, et quand le successeur du baron Louis doutait de son autorité ou hésitait sur ce qu'il convenait de faire, il s'entourait d'une commission où siégeaient, sans distinction d'opinion ni d'antécédents, sous la présidence du duc de Lévis, le marquis Garnier, Lafitte, Duvergier de Hauranne, Portal, Ternaux, Morgan, du Belloy, Olivier et le duc de Gaëte, la veille encore ministre de l'empereur. Toutes les charges ont alors été acquittées, tous les droits ont été respectés, « en fondant notre crédit futur, » comme le disait M. de Chabrol, dans son beau rapport au roi sur l'administration des finances, du 15 mars 1830. Mais si le baron Louis a été le premier ministre des finances de la restauration, M. Garnier-Pagès l'a été de notre seconde république.

Ce n'est pas pourtant que le succès ou la ruine des finances d'un État provienne, ou puisse provenir du seul ministre qui les dirige. Un ministre des finances ne dispose pas du pouvoir tout entier, et, de quelque génie qu'il soit doué, ses efforts resteront inévitablement stériles s'il ne trouve près de lui qu'une lâche faiblesse ou une coupable audace. Il lui revient d'apprécier avec justesse les ressources et les besoins publics, de respecter les bases du crédit et de puiser de la façon la moins dommageable dans la fortune du pays, pour satisfaire aux exigences qu'il rencontre. Mais c'est de ses collègues qu'il dépend principalement que les sources de la richesse continuent à couler ou se tarissent : il ne saurait seul assurer l'ordre et garantir le travail. M. Garnier-Pagès aurait eu tous les mérites qui lui manquaient, qu'un discours du Luxembourg, prononcé par M. Louis Blanc, ou qu'un bulletin de la rue de Grenelle, signé de M. Ledru-Rollin, les aurait annulés. Tout pays où règne le désordre, d'où la légalité disparaît, où l'effroi se répand, n'aura jamais de finances florissantes, passables même. Seulement, rien n'excuse le ministre chargé des intérêts du Trésor de n'en pas exposer franchement la situation, et de conserver ses fonctions quand il est incapable de les remplir de façon profitable.

II

LES MESURES DE CRÉDIT

Le premier devoir d'un gouvernement, ancien ou nouveau, sera partout d'accomplir les engagements pris. On ne contracte pas avec tel ou tel ministère, tel ou tel pouvoir; on contracte avec l'État, qui ne meurt ni ne change. Le respect des engagements n'est pas d'ailleurs une simple obligation morale, c'est encore une nécessité politique. Le crédit repose tout entier sur la confiance; la moindre atteinte le détruit, le doute l'ébranle, et quel gouvernement n'en a besoin? Peut-on même espérer quelque crédit privé, l'âme, le nerf de l'industrie, où le crédit public a cessé d'exister? Imaginer qu'on puisse dire impunément aux créanciers du Trésor, en leur montrant une caisse vide, ou prétendue vide, comme l'a fait M. Garnier-Pagès, dans son rapport du 9 mars 1848 : « Voilà le gage que vous laisse le gouvernement en qui vous aviez placé votre confiance; reprenez-le, » c'est croire qu'un État peut être sans nouveaux besoins, comme sans foi et sans honneur. Une dette effacée de la sorte liquide aisément le passé; ce n'est pas douteux; mais que devient alors toute ressource future? Certains vents dessèchent plus vite encore les germes nécessaires, qu'ils ne renversent de gênants obstacles. M. Lafitte répétait très-justement à Louis XVIII, en 1816, ce qu'avait dit aux chambres de 1814 le baron Louis : « Le payement intégral de l'arriéré est un gage de retour aux principes de loyauté qui sont le fondement de tout crédit; c'est une garantie qui annoncera la volonté de maintenir toutes les obligations qu'on se propose de contracter..... Il faut se résigner à être esclave de ses promesses ou il faut renoncer à tout système de crédit. »

La république devait reconnaître chaque dette de la monarchie, sans hésitation ni restriction; il n'en a rien été. Le 7 mars, le gouvernement provisoire avait déclaré que le Trésor tiendrait tous ses engagements, et, après avoir reconnu que des diverses propriétés la plus inviolable, c'est l'épargne du pauvre, il avait porté à 5 pour 100 l'intérêt des dépôts faits aux caisses d'épargne. Mais le 9 du même mois, en offrant, comme je viens de le rappeler, une caisse vide en garantie des dettes contractées, il convertissait les dépôts des caisses d'épargne qui dépassaient 100 francs, soit en bons du Trésor à quatre ou six mois d'échéance, soit en rentes 5 pour 100 au pair, alors que ces bons ne se pouvaient plus transmettre, et que les rentes perdaient 40 pour 100. De même, quoique le décret du 9 mars affirmât que le service des bons du Trésor était assuré, sept jours plus tard un autre décret obligeait les détenteurs de ces bons, qui ne consentaient pas à les renouveler à six mois d'échéance, à les échanger contre des rentes 5 pour 100 au pair, lesquelles ne perdaient plus seulement 40, mais 48 pour 100.

L'effet de pareilles mesures, pures spoliations, évidentes banqueroutes, ne se pouvait faire attendre. Toute propriété sembla dès lors mise en question, et comment aurait-on encore douté que le complet oubli du droit, de l'équité ne s'unît, au sein du gouvernement, à l'extrême incapacité ?

On frappait par ces deux mesures les grands et les petits capitalistes. Le dépôt à la caisse d'épargne, c'est l'économie sur le salaire; chaque obole dont il se compose, renferme des jours, des semaines de labeur et de privation. C'est tout à la fois un capital qui commence, un héritage qui se forme, principe assuré d'émancipation pour le travail et d'ordre pour la société. Jamais on ne respectera, on n'honorera trop le plus mince de ces dépôts; ils portent en eux toute une transformation sociale. Le 24 février 1848, le peuple possédait aux caisses d'épargne une somme de 356 millions (1); il y avait certainement là plus d'indépendance véritable, de dignité, de bonheur que ne peuvent en donner bien des constitutions.

La loi de 1845, qui fixait à 1,500 francs le *maximum* des dépôts, et que d'autres, plus restrictives, ont suivie, ne se légitimait que par les dangers qu'impose au Trésor, sous la législation de nos caisses d'épargne, l'accumulation de semblables sommes, toujours exigibles. La suspension de leur remboursement ou leur conversion en rentes, cette banqueroute de 40 pour 100 imposée à des familles dont c'était toute la fortune et qui allaient se trouver sans ouvrage, était pourtant accomplie par un gouvernement qui se disait tout populaire. Et quelles craintes en devaient provenir, quelles charges nouvelles se créait-on de la sorte! Car la confiscation des dépôts des caisses d'épargne

(1) 356,203,000 fr., dont 30,397,000 pour Paris.

amenait nécessairement l'ouverture des ateliers nationaux : comment laisser les masses ouvrières sans moyens d'existence? La spoliation du ministère des finances grevait lourdement le ministère des travaux publics.

Quant aux bons du Trésor, dont le montant, au 24 février, était de 329,886,000 francs, ils ne présentaient pas sans doute les mêmes caractères que les livrets des caisses d'épargne. Mais qu'était-ce cependant? Ne constituent-ils pas toujours une portion du capital circulant, qui attend un emploi, ou pour participer à la production, ou pour développer la consommation ? Par suite de la facilité qu'on trouve à les escompter, ils représentent un placement provisoire que le négoce, la banque surtout, donne à ses réserves disponibles, afin de n'en pas perdre l'intérêt. Ils garantissent donc, dans une certaine mesure, les engagements commerciaux auxquels ils doivent servir de voies et moyens. Si frapper ceux qui les détiennent, en arrêter la circulation, c'est atteindre les riches, comme on le prétendait, c'est également placer le commerce dans l'impossibilité de faire face à ses obligations, et, par là, préjudicier encore beaucoup aux ouvriers, aux salariés, qui ne sauraient supporter, sans d'excessives souffrances, la stagnation des affaires. On peut dire des détenteurs des bons du Trésor ce que Mirabeau disait des porteurs de rentes : si ce sont des riches, ces riches sont des agents de la circulation, et si elle s'arrête dans leurs mains, la pénurie atteint une foule d'individus qui ne peuvent être privés de rien, sans sacrifier de leur plus étroit nécessaire.

Sous quelque forme que ce soit, le capital est le grand ressort du travail ; il le rend seul vraiment productif et largement rétribué. Lorsqu'on lui nuit, en haine des riches, on atteint ces derniers sans doute, mais on atteint davantage encore les pauvres. On arrache l'arbre pour détruire le fruit. La propriété d'ailleurs ne doit-elle pas toujours rester inviolable, sacrée, et qu'est-ce, je le répète, qu'un bon du Trésor, sinon la représentation d'une créance, d'une véritable propriété? Il fallait, soit les rembourser, soit offrir 6, 7, 8 p. 100 d'intérêt aux porteurs de ces bons, moyennant un renouvellement à longue échéance, ainsi qu'il fallait rembourser les dépôts des caisses d'épargne ou les échanger contre des rentes au cours du jour, s'il y avait absolue impossibilité de les solder. C'était le seul moyen de maintenir la dignité, l'honneur du Trésor, et de parer à l'embarras le plus sérieux qu'eût laissé la monarchie.

Cet embarras n'était pas, après tout, de nature à effrayer un gouvernement honnête et doué de quelque intelligence. Car, durant les dernières crises, les dépôts des caisses d'épargne avaient à peine diminué, et il avait suffi d'élever l'intérêt des bons du Trésor, pendant la disette de 1847, pour que les capitaux affluassent dans ses coffres, et permissent de subvenir avec toute facilité aux dépenses supplémentaires de l'armée et de la marine.

Il est encore plus vrai d'un gouvernement que d'un particulier, qu'il s'enrichit en payant ses dettes. Se priver de crédit, c'est pour lui se préparer d'immenses difficultés, s'enlever toute réelle puissance, toute durable ressource. Le gouvernement de 1848 s'est bientôt lui-même aperçu de la nécessité du crédit ; malgré ses récriminations à ce sujet contre la monarchie, il n'a pas tardé à en implorer le secours. Il a d'abord effectivement décidé que la caisse d'amortissement serait payée en bons du Trésor, au lieu de l'être en espèces. Mesure en réalité peu profitable, puisqu'elle ne diminuait la dette consolidée qu'en accroissant la dette flottante (1), déjà fort lourde pour nos finances. Il s'est aussi fait, peu de temps après, prêter 50 millions par la Banque de France, en retour encore de bons du Trésor, sorte de planche aux assignats entre ses mains.

Veut-on se rendre compte de l'importance du crédit dans nos sociétés industrielles, et de la nécessité d'en respecter les éléments ? A la suite de la double banqueroute faite aux déposants des caisses d'épargne et aux porteurs des bons du Trésor, la Bourse de Paris, fort éloignée pourtant de son importance actuelle, perdait 4 milliards (2) en six semaines.

(1) La caisse d'amortissement devait chercher à échanger les bons du Trésor qu'elle recevait contre des rentes consolidées.
(2) Les cours des principaux effets publics tombèrent de plus de moitié pendant le premier mois de la République.

	Cours de la fin de février.	Cours du 7 mars ouverture de la Bourse.	Cours les plus bas.
5 p. 100................	116.10	97.50	50. » (5 avril).
3 p. 100................	73.70	58. »	32.50 (5 avril).
Banque de France......	3180. »	2400. »	950. » (10 avril).
Chemin de fer de Paris à Orléans.............	1180. »	1000. »	385. » (7 avril).
Chemin de fer de Paris à Rouen	863.75	550. »	275. » (5 avril).
Chemin de fer de Marseille à Avignon......	532.50	315. »	155. » (4 avril).
Chemin de fer du Nord.	536.25	390. »	302.50 (6 avril).
Chemin de fer de Paris à Lyon..............	385. »	300. »	280. » (31 mars).

Le papier, qui, dans les transactions commerciales, était précédemment le seul numéraire employé, se voyait repoussé de la circulation. Comme dans l'enfance des sociétés, la monnaie métallique intervenait seule dans les échanges, quoiqu'elle tendît elle-même chaque jour à disparaître, sous l'empire de la crainte générale. Le travail était frappé d'une suspension presque absolue ; chaque usine encore ouverte produisait à peine ; le cours des denrées agricoles tombait au-dessous du prix de revient ; le commerce était anéanti ; l'édifice social tout entier était ébranlé jusqu'en ses fondements.

Depuis que l'industrie a pris un large développement, aucun peuple n'avait encore subi une semblable crise. Les politiques l'oublient trop — qu'il me soit permis d'insister sur cette pensée — le monde est désormais un atelier où la richesse est devenue, en même temps qu'un moyen de bien-être, le premier élément de puissance et la meilleure garantie des droits à la conquête desquels semble destinée la vie. La voie qui y conduit est la voie même de la civilisation. C'est par son long travail et ses pénibles épargnes de tout le moyen âge que la bourgeoisie a gagné son affranchissement, proclamé en 89. Les classes qui la suivent ne sauraient agir d'autre sorte. Quoi qu'on imagine ou qu'on fasse, un peuple pauvre vivra toujours sous le despotisme ou dans l'anarchie, qui n'est que le pire des despotismes. Comment aurait-il les pensées, les intérêts, les sentiments exigés pour la liberté, même pour l'égalité ? Tout principe, tout système, tout droit a des conditions matérielles, sans lesquelles il ne se réalise ni ne se maintient jamais.

Rien n'est facile comme de couvrir les murailles des devises les plus pompeuses. L'impudence et le mensonge y suffisent; mais à quoi cela sert-il? On a souvent admiré les masses populaires de notre première révolution d'avoir réclamé des franchises, sans se soucier de leur dénûment. Peut-être une telle ardeur aurait-elle été louable, semblerait-elle sublime s'il ne s'y était mêlé tant d'excès et de violence; mais elle était insensée. Est-ce d'ailleurs la liberté qu'a procurée la révolution? Il est un côté de cette époque qu'aucun historien n'a traité jusqu'ici, bien qu'il ait une immense importance : son côté économique. On en a rejeté les scandaleuses ignominies, les crimes affreux sur l'ignorance du peuple, et l'on n'a pas vu que nulle instruction n'était possible au milieu d'une pareille misère. L'envie, la division, la haine, l'abjecte brutalité seront toujours les compagnes du dénûment.

Au milieu du travail, il faut être aveugle pour ne le pas voir, de nouvelles populations montent sans cesse les degrés de l'aisance et de la dignité morale, et l'ordre est assuré. Encore une fois, les intérêts matériels sont les grandes voies des progrès politiques et des perfectionnements moraux. On aurait surtout dû se rappeler, après le 24 février 1848, ces paroles qu'en 1597 Lafférnas de Humont adressait au roi, en lui présentant son projet de règlement pour *dresser les manufactures :* « Il est besoin de faire travailler les manufactures et ouvrages pour remettre les pauvres villes et villages ruinés; ce sera avoir trouvé la pierre philosophale. » En face d'une industrie florissante, on ne s'est au contraire appliqué qu'à la détruire. Au peuple surexcité par les plus viles flatteries, lancé au courant des utopies les plus folles, on offrait, quand toute demande faisait défaut, et comme si l'effroi n'était pas assez général, le *droit au travail!* cette base incontestée du communisme. Un membre même du gouvernement, au comble de l'ignorance ou de l'orgueil, prenait soin de s'écrier à la tribune du Luxembourg : C'est une société qui s'en va! Aussi, bien que chaque jour les proclamations officielles répétassent que la révolution était faite pour le peuple, pour les ouvriers, — on ne se souvenait plus de la nation française, — leur a-t-il fallu, pour continuer à vivre beaucoup plus mal qu'auparavant, s'abaisser aux secours nécessairement très-restreints et toujours très-fâcheux de l'aumône publique.

Ils ne pouvaient plus penser à économiser. Pendant les quatre premiers mois de 1848, les versements aux caisses d'épargne ont diminué, comparativement aux mois correspondants de 1847, dure année de disette néanmoins, de 20 millions. La caisse d'épargne de Paris, à laquelle seule s'étaient versés 8 millions durant les huit premières semaines de 1848, n'a plus ensuite rien reçu. M. Delessert pouvait dire que cette admirable institution avait cessé d'exister. Bien plus, les denrées nécessaires, indispensables à la vie, trouvaient à peine à se vendre ; les produits de l'impôt du sel se sont affaiblis de 7 millions dans l'année 1848. Quels enseignements, si l'on savait les comprendre ! Et nommerait-on un nouveau droit, une nouvelle franchise obtenue alors, à part le vote universel, auquel nous étions si peu préparés et qui devait si promptement mettre fin à la République ?

M. Goudchaux, appelé pour quelques jours au ministère des finances, bientôt après la révolution du 24 février, crut maîtriser la crise en montrant sa propre et absolue confiance. Il se faisait assez illusion sur la situation financière, pour devancer le payement des engagements du Trésor, au lieu de s'appliquer à lui créer des ressources. Du moins a-t-il tenté le premier de relever le crédit de l'Etat, lors de sa rentrée aux affaires, vers la fin de juin 1848. Il proposa alors à l'Assemblée nationale, en annulant les décrets du gouvernement provisoire, de décider (1) que les livrets des caisses d'épargne seraient remboursés en rentes 5 p. 100 à 80 francs, et que les bons du Trésor le seraient en rentes 3 p. 100 à 55 francs. Mais ce n'était encore là que réparer une banqueroute excessive par une moindre banqueroute, puisque le 3 p. 100 n'était, au moment de cette loi, qu'à 50 fr. 50 c. et que le 5 p. 100 atteignait juste 80 francs : cours qui s'abaissèrent de nouveau l'un et l'autre presque aussitôt. M. Goudchaux avait grande raison plus tard d'appeler *malheureux* le jour où il avait fait adopter une pareille mesure.

La moindre réflexion l'aurait au surplus convaincu que l'émission de rentes représentant un capital de plus de 600 millions, promptement suivie surtout de deux autres emprunts : le premier de 177 millions, le second de 54 millions (2), devait infailliblement amener la dépré-

(1) Le 7 juillet 1848.
(2) Emprunt fait aux actionnaires du chemin de fer de Lyon. Décret du 17 août 1848. Cet emprunt a produit 54,273,500 francs.

ciation des différents fonds publics. Ce n'est pas le cours du 7 juillet qu'il aurait dû adopter pour la consolidation des valeurs qu'il était impossible de rembourser. Il fallait la régler sur des cours calculés de manière à donner aux porteurs des nouvelles rentes le temps d'obtenir la livraison de leurs titres, et de recouvrer, en les vendant, les sommes qu'ils avaient prêtées à l'État. Puisqu'on payait ses dettes contrairement à ses engagements, à ses propres stipulations, c'était le moins qu'on s'efforçât de se rapprocher autant qu'il se pouvait de l'équité, sans imposer d'autres dommages aux prêteurs.

Lorsque le baron Louis, qu'on ne peut trop rappeler, et dont l'invariable principe était « que la trésorerie nationale ne peut avoir du crédit qu'à la seule condition de payer les créanciers de l'État à leur complète satisfaction, » créa des reconnaissances de liquidation, pour solder l'arriéré qu'avait laissé l'empire, il prit soin, on s'en souvient, de stipuler qu'elles seraient payées au pair, soit en argent, soit en rentes au cours moyen des six mois précédant l'échéance de chaque reconnaissance (1).

Le 21 novembre 1848, un nouveau décret chercha à réparer l'injustice dont je parle. Il réduisit à 71 fr. 60 c., cours moyen de la rente 5 p. 100, du 7 juillet au 20 novembre, le prix de la rente que les déposants des caisses d'épargne devaient payer 80 francs, et à 46 fr. 40 c. le prix du 3 p. 100 que les porteurs des bons du Trésor de-

---

(1) Ces reconnaissances ont été remboursées en argent. — Chaque créancier pouvait choisir dans les six mois qui précédaient son échéance un cours à sa convenance, et vendre des rentes pour se couvrir, s'il le désirait.

vaient payer 55 francs. La somme de ces différences, dont l'intérêt remontait au 7 juillet, était aussi déclarée remboursable à compter du 1er janvier 1850. C'était une indispensable, mais tardive réparation, et il est fâcheux pour un gouvernement de payer ses dettes denier par denier, à la façon de l'avare de Molière. Du reste, il s'en faut que la réparation fût complète. Tant que ces inscriptions de rentes n'ont pas été délivrées, les détenteurs de livrets ou de bons n'ont pu les transmettre qu'en soldant les frais de leur acte de cession, et lequel de leurs acquéreurs aurait négligé de s'assurer contre la baisse qui pouvait survenir avant la remise des titres?

Le crédit reçut dans les premiers mois de la République, et coup sur coup, bien d'autres atteintes. Les fonds des tontines ont été confisqués; les chemins de fer ont officiellement été menacés de rachat par l'État; les compagnies d'assurances le furent de destruction; les billets de la Banque de France et des banques départementales reçurent cours forcé. Enfin, pour ne pas trop prolonger cette énumération, les fonds de la caisse d'amortissement ont été détournés de leur destination, et ceux des communes et des établissements publics sont devenus la propriété du Trésor.

Le pays s'est peu préoccupé de la première de ces mesures. Les opérations des tontines ne sont jamais entrées dans nos mœurs; à peine le nom en est-il encore connu hors de Paris. En Angleterre, un pareil décret aurait mis la nation entière en émoi; nous l'avons laissé passer sans souci. Mais si la masse de la population se montrait aussi indifférente à l'égard des tontines, il en était autrement des gens de finance. De quelque manière qu'ils jugeassent ces établissements, ils voyaient avec raison dans la mesure qui les atteignait des dépôts confisqués, une propriété méconnue, des droits violés. Et l'alarme chez les financiers, n'est-ce pas toujours le resserrement des capitaux, de sérieux obstacles mis au travail? Le gouvernement lui-même n'a pas tardé à reconnaître devant l'Assemblée nationale l'inhabileté et l'injustice d'une telle confiscation, qui ne produisit pas la moitié de ce qu'on en avait attendu. Mais il ne l'a reconnue, semblant toujours marchander avec l'équité, qu'en proposant de rembourser les fonds qu'il s'était attribués, en rentes 5 p. 100, au cours de 80 francs, comme primitivement les livrets des caisses d'épargne, bien que le cours du jour de cette proposition (1) fût inférieur à ce chiffre.

Il est résulté de cette mesure une nouvelle inscription de 210,000 francs de rentes, au capital de 4,200,000 francs. C'est en outre, en vertu du même décret, que les fonds des communes et des établissements publics versés au Trésor, ont été, eux aussi, restitués en rentes, au cours moyen de la Bourse qui a suivi l'arrivée au Trésor de la demande de remboursement des communes ou de ces établissements. Après avoir battu monnaie avec les bons du Trésor, on battait, on le voit, monnaie avec la rente.

Quant au projet de racheter les chemins de fer, il n'en a pas été comme de la spoliation des tontines. Tout le

(1) Le 11 juillet 1848.

monde a compris cette menace, en y découvrant un pas hardi vers la réalisation des idées socialistes, si chères aux gouvernants d'alors. Les chemins de fer constituent effectivement pour les compagnies une propriété, qui n'est pas seulement reconnue par une loi générale, qui l'est aussi par des contrats particuliers. Contrats et loi qui ont fixé le temps et le mode de leur rachat; or, ce temps n'était pas arrivé, de même que ce mode n'était pas suivi. Cependant, un principe sans lequel la société ne serait qu'une arène livrée à tous les hasards, un jeu où le gain ne reviendrait qu'à la force ou à la ruse, c'est qu'un contrat ne se peut annuler qu'au moyen d'un autre contrat, consenti par les mêmes parties. Il serait trop commode qu'un acte législatif abolît des droits précédemment reconnus, devenus la cause de nouvelles transactions, d'engagements de toute sorte. La plus simple raison, l'équité la moins douteuse sont encore différentes du pillage.

Sans doute, l'État se peut emparer de certaines propriétés particulières, moyennant indemnité et après que l'utilité publique des travaux qui rendent cette expropriation nécessaire a été décrétée. Mais des formes spéciales sont indiquées pour cela, et il n'est possible d'admettre l'utilité publique que pour des travaux ou des entreprises que l'État ou une fraction de l'État seule est capable d'accomplir. Que deviendrait autrement le droit d'acquisition ou de propriété? Quelle garantie subsisterait contre la confiscation? Au nom du salut public, on décimait autrefois les populations, il ne vaudrait pas mieux les dépouiller maintenant, au nom de l'utilité publique.

N'est-ce pas aux gouvernements qu'il revient surtout d'accoutumer les nations au respect des droits, à la sainteté des obligations?

Quels étranges motifs invoquait d'ailleurs le ministre des finances à l'appui du projet de rachat des chemins de fer! Il affirmait, par exemple, que la monarchie de juillet avait cherché dans la confection et l'exploitation de ces chemins par des compagnies, l'occasion de s'entourer d'une complaisante aristocratie. C'était sa première découverte, qu'il ne révélait pas sans certaine satisfaction, mêlée d'horreur pour tant de machiavélisme. Sa juste perspicacité allait heureusement nous préserver de retomber, grâce aux chemins de fer, sous le régime féodal! Qu'importait que le projet de loi de ces chemins, soumis aux Chambres par le gouvernement, en 1838, eût été soutenu, comme rapporteur de la commission parlementaire nommée à cet effet, par M. Arago, l'un des membres du gouvernement provisoire de 1848, et par toute l'opposition d'alors? Que faisait que la plus opulente des compagnies eût révélé peu auparavant la division de ses actions, et eût montré jusqu'à quelle limite elle était parvenue? Le ministre ignorait apparemment que huit années d'existence pour la compagnie d'Orléans et quatre années pour la Compagnie du Centre, réunies aujourd'hui, avaient amené leurs actions à un tel point de division, que les cinq dixièmes de leurs actionnaires ne possédaient pas dix actions, et que le vingtième seulement des actionnaires du centre, comme le quarantième de ceux d'Orléans, possédaient plus de deux cents actions. Parler d'une aristocratie en France, sous notre Code civil, et d'une aristocratie constituée par la richesse mobilière ! En vérité, les singulières théories sur l'enseignement du ministre de l'instruction publique de ce moment, M. Carnot, ne manquaient pas tout à fait d'à-propos, grâce à ses collègues.

Un autre argument du ministre des finances contre les compagnies de chemins de fer, c'était la crainte de la funeste servilité de leurs administrateurs et de leurs agents, à l'égard du pouvoir. C'est pour cela qu'il les voulait remplacer par des fonctionnaires ! Il rentrait au surplus dans la tradition républicaine de la fin du dernier siècle, en faisant appel, comme ministre, à la commune défiance du gouvernement. Mais, au siècle dernier, on ne voyait pas le peuple américain et le peuple suisse tout entiers tenir les sociétés industrielles pour des éléments incontestables d'égalité et de liberté. On ne les voyait pas considérer comme le propre d'un État libre de ne se jamais attribuer que les fonctions qu'il peut seul remplir. La vérité, que ne soupçonnait aucun membre du gouvernement, c'est que l'association des capitaux est la forme démocratique du travail, comme la concurrence est la forme matérielle de la liberté.

Convenait-il en outre, à ce moment surtout, de méconnaître que des étrangers, sur la foi de la parole et de la signature de la France, avaient confié leur fortune à nos compagnies de chemins de fer, en augmentant les ressources et la puissance de notre pays ? C'était réellement le comble de l'imprudence d'entreprendre contre eux cette croisade spoliatrice en de pareilles circonstances. Le ministre aurait au moins dû prouver que les aptitudes industrielles des compagnies étaient inférieures à celles de l'État, malgré les expériences déjà faites ; et ses autres discussions font regretter celle-ci. Quels arguments il aurait invoqués pour convaincre que l'industrie progresse surtout en dehors de l'intérêt privé, qui, selon J.-B. Say, donne de l'esprit aux plus simples ! Par quels heureux procédés il aurait révélé chez les fonctionnaires les connaissances et les mœurs du travail, qui leur manquent si complétement ! Nous possédons sans doute le corps d'ingénieurs le plus savant du monde, et nous sommes le plus arriéré des grands pays industriels pour toutes les voies de communication, quelle que soit l'énormité des sommes que nous y ayons appliquées. Si, comme l'affirmait le ministre des finances, le régime républicain interdit l'existence des grandes compagnies, la république reviendrait bien cher et aurait une bien pauvre production. Qui ne rapporte à l'abusive intervention de l'État le peu de développement de nos chemins de fer, et leur mauvaise organisation ?

Mais le plus surprenant, c'est que le rachat des chemins de fer était proposé comme une ressource financière, comme un avantageux expédient de trésorerie. Il aurait, il est vrai, fallu constituer, d'après le projet du gouvernement, 22,300,000 francs de rentes 5 p. 100, afin d'indemniser les compagnies des capitaux qu'elles avaient dépensés, et trouver 935 autres millions pour exécuter les travaux qui restaient à faire sur les lignes concédées.

Mais cela, semble-t-il, ne pouvait arrêter, quelque embarras qu'on éprouvât dès lors à fournir les 331 millions qu'on devait, d'après les promesses faites, aux compagnies. Charger les finances d'aussi lourdes dettes, c'était, il sied de l'avouer, un singulier moyen d'en améliorer la situation. Peut-être toutefois se réservait-on d'agir envers les compagnies, pour ce qu'on leur devrait après leur expropriation, comme le faisait le projet de budget, présenté un peu plus tard, à l'égard de leur encaisse, s'élevant à 45 millions, et de tout leur matériel. Ce projet proposait tout simplement, en effet, de s'en emparer, quels que fussent les contrats existants. On y lisait en outre, à l'appui de l'expropriation générale des chemins de fer, sur laquelle il revenait, que le moment en était opportun, attendu que les compagnies allaient commencer à faire de bonnes affaires. Pouvait-on être plus franc ou plus naïf? Et ç'aurait été une bonne affaire, c'est incontestable, si le calcul du ministre était exact. Car, moyennant 22 millions de rentes remis aux compagnies, on aurait retiré, dès la première année, 15 millions de l'exploitation des chemins de fer.

A ne considérer que les revenus acquis, on accordait moins de moitié de ce qu'il aurait fallu à la compagnie du Nord, et un peu plus de moitié seulement à la compagnie d'Orléans (1). Honnête entente du crédit, des engagements, de l'honneur de la France! Le directoire a fait la banqueroute des deux tiers; c'était à peu près le même expédient financier qui reparaissait.

(1) V. les rapports présentés à cette époque au nom des compagnies du Nord, d'Orléans et de Tours à Nantes.

Bientôt après le vote de l'Assemblée nationale qui avec grande raison a repoussé cette indigne, cette monstrueuse spoliation, l'État a repris le chemin de Lyon, moyennant 7 fr. 50 c. par action libérée de 250 francs. Mais la compagnie de Lyon, si prospère maintenant, était alors à bout de ressources. Sa mise en régie paraissait indispensable ; ce qui doit singulièrement rassurer sur l'avenir des petites compagnies de chemins de fer, qui font en ce moment de très-médiocres bénéfices. Il est résulté de cette opération une nouvelle émission de 10 millions de rentes 5 p. 100, au capital de 200 millions. Y avait-il pourtant urgence à cette mise en régie? J'avoue, pour moi, que j'aurais préféré qu'on s'en tînt à faire des avances à la compagnie de Lyon, en la laissant subsister. L'État, je le répète, n'est pas fait pour l'industrie.

L'expropriation des compagnies d'assurance contre l'incendie, qui venait, dans les projets du gouvernement, après celle des chemins de fer et qui s'y rattachait, était de nouveau une application des doctrines communistes, que professait, sans trop s'en rendre compte, ce gouvernement. Le ministre des finances de ce moment, M. Duclerc, peu connu en dehors du monde républicain, inscrivait de ce chef 5 millions à l'augmentation des recettes du budget. Il était convaincu que chacun allait devenir plus prévoyant, s'assurer à l'État, plein de confiance envers lui, quand ses promesses ou ses obligations se remplissaient de telle sorte. Par bonheur encore, le projet d'expropriation des assurances est allé rejoindre, grâce à la chambre, celui du rachat des chemins de fer.

Mais les mesures de crédit les plus graves qui aient été prises à la suite de la révolution de 1848, se rapportent aux banques. On comprend aisément les embarras de la Banque de France à cette époque. Comment son encaisse métallique n'aurait-il pas chaque jour diminué par le retrait des dépôts, tant du fait du pouvoir que de celui des particuliers? Du 26 février au 15 mars 1848, le trésor seul ne retira-t-il pas des coffres de la Banque 77 millions? Quelles difficultés s'imposaient, d'autre part, à ses recettes, tandis que ses billets se présentaient en foule au remboursement! Cinq bureaux ne suffisaient plus en dernier lieu à les recevoir; le 15 mars, elle eut à payer 10 millions. Elle restait cependant le seul établissement de crédit fonctionnant à Paris, je pourrais dire en France, tous les autres ayant croulé. Une mesure extraordinaire devenait à son égard indispensable.

Pour se guider, le gouvernement avait à choisir entre de nombreux exemples. Je n'ai plus à revenir sur la plus célèbre crise qu'aient subie les banques, celle de 1797 en Angleterre, due aux bruits d'invasion et aux emprunts multipliés du trésor. On se souvient qu'un ordre du conseil, sur la demande de la Banque d'Angleterre elle-même, suspendit alors ses payements en espèces, comme il en avait été pour la caisse d'escompte de Paris douze années auparavant, par suite aussi des prêts exagérés qu'elle avait faits à l'État. Pitt n'eut qu'à imiter Calonne. Néanmoins, de 1797 à 1822 époque de la reprise des payements en numéraire, décidée par Robert Peel en 1819, les billets de la Banque d'Angleterre, reçus par tous les négociants et toutes les caisses publiques, ont circulé presque avec autant de facilité qu'auparavant. Leur dépréciation n'a commencé qu'après qu'on les eut par trop multipliés, et encore n'atteignit-elle 30 p. 100 qu'un seul instant.

En 1825, la Banque d'Angleterre employa pareillement toutes ses ressources avant de renoncer à ses payements. Un certain samedi, rapporte lord Ashburton, il ne restait absolument rien dans sa caisse. Lord Liverpool et M. Huskisson, tous deux ministres, refusèrent cependant d'autoriser le cours forcé de ses billets, que sollicitait la Banque. Le gouvernement résolut de remettre en usage un droit qu'elle avait depuis 1797, mais dont elle n'usait plus, celui d'émettre des billets d'une livre sterling. En moins d'un mois, ces billets accrurent sans inconvénient de plus de 200 millions de francs la masse du papier en circulation. Le commerce, dès lors suffisamment pourvu, fut rassuré, les métaux précieux, repoussés du courant des affaires par ces billets, affluèrent à la Banque, et la Banque fut sauvée. Avant 1826, la circulation fiduciaire était rentrée dans ses précédentes limites ; elle n'était plus que de 19,951,000 livres sterling.

La Banque de France pouvait elle-même offrir plus d'un exemple de situation exceptionnelle et d'extraordinaires mesures. Pour citer également deux précédents à son égard, le 23 septembre 1805, elle n'avait plus qu'un encaisse de 1,185,000 francs, alors que la quantité de ses billets était énorme et que la crainte régnait partout. On décida seulement néanmoins qu'elle n'échangerait ses billets que pour 500,000 francs par jour. La restriction a commencé en octobre, la Banque s'est efforcée de diminuer la masse de son papier, tout en se procurant de l'argent, et le 25 février 1806 les remboursements purent redevenir illimités. Le même expédient fut avec autant de succès employé du 18 janvier au 14 avril 1814. Sans doute, un remboursement de 500 francs par jour est bien faible; mais il suffit pour faire que le billet de Banque ne se change pas en papier-monnaie. Il y avait là, du reste, comme un souvenir de ce qu'avait fait la Banque d'Angleterre en 1745, lorsque l'armée du prétendant était déjà à Derby. En présence de demandes considérables, cette banque avait imaginé d'opérer tous ses payements en pièces d'un shilling et d'un demi-shilling, afin aussi de gagner du temps.

Aucun de ces exemples n'a servi au gouvernement provisoire de 1848, non plus qu'au conseil de la Banque. Le 15 mars de cette année, pour la première fois depuis sa réorganisation, qui date de 1806, on l'a dispensée, sur sa demande, de rembourser ses billets, en leur donnant cours forcé jusque dans les transactions particulières. Une telle mesure n'était vraiment pas encore indispensable. On a eu raison de le dire, la Banque a capitulé à la première sommation. Elle possédait à ce moment 60 millions d'espèces, ou le quart environ de sa circulation en billets, qui ne dépassait pas 264 millions; son encaisse dans les départements était aussi suffisamment élevé. Mais le cours si fâcheux des événements a montré que la suspension des payements serait bientôt devenue inévitable. La Banque s'est trop tôt effrayée ; mais l'incapacité du gouvernement, les ruines accumulées de l'industrie et du commerce l'ont pleinement justifiée.

Il le faut reconnaître, le cours forcé est une mesure de plein arbitraire, toute révolutionnaire. Pour peu que ce soit possible, l'État n'a pas le droit d'imposer dans les transactions privées l'usage d'une monnaie fictive, de pure convention, lors notamment qu'il en détruit la garantie, laquelle réside uniquement dans la faculté de l'échanger contre le numéraire métallique. C'était, dès le premier jour, revenir aux assignats, nous ramener au plus mauvais temps de la révolution. Où s'arrêter, au reste, sur la voie du papier-monnaie ? Avec des chiffons, on croit faire de l'or ; mais c'est de l'or déprécié dès qu'il apparaît. On est entraîné à en émettre chaque jour davantage, parce qu'il baisse de valeur, et plus on en émet, plus sa valeur s'amoindrit. Où il ne faut qu'une pièce, quand il y en a deux, elles ne valent que ce qu'aurait valu une seule de ces pièces, écrivait il y a longtemps l'un des plus grands économistes anglais. Que valaient, par exemple, nos 45 milliards et demi d'assignats ? Grâce à eux, J. B. Say voyait vendre 600 francs une livre de beurre. En 1848, le rouble de papier était tombé de 100 copecks à 25 en Russie, de même que le florin de papier ne représentait, en Autriche, que la treizième partie du florin d'argent.

Rien ne saurait empêcher de pareilles dépréciations, ni les lois qu'on promulgue, ni les gages qu'on offre. On sait de quelle inutilité ont été, pour s'y opposer, les décrets de la convention et la garantie des biens du clergé et des émigrés. Comment, tout à la fois, en présence d'un papier-monnaie trop multiplié, le capital circulant, ne remplissant plus ses fonctions, tarderait-il à s'exporter ? Et serait-ce durant les crises qu'il sied de se défaire des métaux précieux, seules choses qui conservent leur valeur en de telles circonstances, et soient reçues comme agents d'échange sur tous les marchés ? Il n'y a plus de transactions qu'au comptant, les rapports de propriétaires et de fermiers, de créanciers et de débiteurs sont complétement troublés, la fortune de chacun est compromise, quand l'étalon destiné autant qu'il se peut à mesurer les valeurs, est soumis à des fluctuations incessantes et considérables. Le gouvernement même ressent bientôt les dangers d'un tel état de choses, puisqu'il n'a plus pour faire face à ses dépenses, qui restent les mêmes, que des billets avilis. Étudiez, pour vous convaincre de ces vérités, l'histoire du papier-monnaie, soit en France sous Law et durant la révolution, soit aux États-Unis pendant la guerre de l'indépendance, en 1815, ou depuis la guerre de sécession, soit en Autriche en 1809 et de nos jours, ou en Suède, en Russie, au Brésil, à Buenos-Ayres. Elle est partout la même. Il n'y a que l'Angleterre, de 1797 à 1822, et la France, après 1848 et 1870, auxquelles le papier-monnaie ait médiocrement nui, parce qu'il y a été retenu dans d'étroites limites, que les Banques chargées de l'émettre y inspiraient toute confiance, et qu'une industrie très-développée y avait habitué à l'usage du papier.

Aussi n'est-ce pas l'un des signes les moins frappants

du désordre des idées et de notre ignorance économique, que d'avoir vu, à la fin de l'été de 1848, après le décret sur la Banque de France et à son exemple, un comité de l'Assemblée nationale proposer une émission de papier-monnaie de 2 milliards, sous forme de bons hypothécaires (1). Autant le but était insensé, autant les données sur lesquelles on s'appuyait étaient erronées. On voulait venir au secours de la propriété foncière, accablée sous une dette hypothécaire qu'on estimait à 12 milliards 544 millions (2), et dont l'intérêt absorbait presque la moitié du revenu, et l'on ne réformait d'aucune façon notre détestable législation hypothécaire, d'où provenait le mal! On invoquait les souffrances des petits propriétaires, et l'on ne proposait de prêter qu'à ceux qui pourraient fournir une première hypothèque, c'est-à-dire, seulement aux personnes aisées! Enfin on s'autorisait de l'exemple de la Pologne et de la Prusse, où circulaient, grâce à l'excellence des lois civiles, des lettres de gage négociables par endossement, et remboursables comme le sont maintenant nos obligations du crédit foncier, et l'on demandait d'émettre des billets à cours forcé non remboursables! En apportant à la tribune un projet si mal conçu, le rapporteur du comité parlementaire qui le présentait, s'écriait pourtant : « Nous avons trouvé des mines d'or ! » Hélas! on n'avait trouvé que le papier-monnaie, la pire des fausses monnaies, étant celle qui a le moins de valeur intrinsèque.

(1) Ayant cours forcé et produisant un intérêt de 3 1/2 au profit du Trésor.
(2) Chiffre du ministre des finances, d'après le relevé fait à l'occasion du projet de loi sur l'impôt des créances hypothécaires.

Je ne sais si c'est pour y préparer que l'un des fondateurs de la République glorifiait, quelques jours avant la discussion de ce projet, le génie de Cambon, en proclamant la beauté du gouvernement par expédients! Cambon du moins, au milieu de l'ignorance et de l'inexpérience générales, avait dû pourvoir aux nécessités de la guerre intérieure et extérieure, quand toute ressource faisait défaut.

Aussi bien, l'idée des bons hypothécaires, à cours forcé, n'était-elle pas neuve. C'est autorisé de ce papier que le comité de législation de 1793 assurait que « les Français devenus libres et opulents pourraient dicter des lois au monde. » Plus tard, quand les assignats n'ont plus eu de cours, on émit encore des cédules hypothécaires, et ces cédules se virent frappées de discrédit avant même de sortir des presses nationales. Qu'importe une hypothèque à qui a besoin d'argent, cette seule « marchandise divisible au point de se proportionner à toute espèce d'achat, et qui convient infailliblement au possesseur de la marchandise qui vous est actuellement nécessaire, » selon la juste pensée d'un économiste illustre? Il n'y a que les gens qui font leurs embarras comme s'ils étaient de bons citoyens, disait Dupont de Nemours, à propos des assignats, qui se puissent étonner que l'État ne se fasse pas prêteur quand ses caisses sont vides. Mais ce qui était nouveau dans le projet de 1848, c'était de faire tout à la fois la fortune de la propriété foncière et du Trésor. On prêtait à l'une du papier, moyennant 3 1/2 p. 100, ce qui semblait un par cadeau, et ces 3 1/2 p. 100 rentraient au

Trésor contre des billets qui ne lui coûtaient rien ! On ne pouvait être plus ingénieux. Pourquoi seulement, armé d'une si précieuse découverte, s'arrêtait-on à un prêt de 2 milliards ?

Je le répète, tant il importe de se préserver de fâcheuse méprise à cet égard, les billets de la Banque de France n'ont conservé dans le commerce à peu près toute leur valeur pendant la crise de 1848, que parce que la quantité en est restée assez restreinte pour ne jamais excéder les besoins de la circulation. Ils n'ont pas dépassé 240 ou 260 millions à Paris, et, en province, les comptoirs de la Banque n'en ont pas émis plus de 9 ou 10 millions. Les banques départementales sont, de leur côté, restées dans une limite d'environ 200 millions, jusqu'à leur réunion à la Banque de France. Époque où le législateur a lui-même fixé à 450 millions l'émission totale du papier circulant, en décidant qu'aucun billet ne serait inférieur à 100 francs. Tout péril sérieux a disparu de la sorte. Mais combien l'amoindrissement des affaires, la cessation absolue des transactions, la frayeur universelle auraient rendu dangereux le moindre excès d'émission des billets, devenus monnaie légale !

On peut juger du vide qui s'était fait dans la circulation des valeurs commerciales, ou dans la production et les échanges, en songeant que la Banque de France, seul établissement ayant continué l'escompte, avait vu la moyenne de son portefeuille s'abaisser, en 1848, de plus de 30 p. 100 par rapport à 1847. A Paris, il était descendu de 125 millions au-dessous de la moyenne de cette dernière année, qui n'avait pas dépassé 177 millions. Les lettres de change, les traites, les billets à ordre, les actions industrielles, les obligations hypothécaires, les titres de rentes, les bons du Trésor avaient été frappés de dépréciation ou d'anéantissement. Il n'y a plus de marché pour les uns, il n'y a plus d'escompte pour les autres, disait Léon Faucher. Et il y avait là la perte de plusieurs milliards pour notre richesse nationale, comme la preuve d'un affaiblissement extrême dans nos forces productives.

C'est grâce à ce ralentissement des escomptes que la Banque a pu disposer, au profit du Trésor, d'une masse aussi considérable de billets; possibilité dont le Trésor, on ne l'ignore pas, a largement usé. C'a d'abord été l'emprunt de 50 millions, dont j'ai parlé précédemment, consenti contre des bons du Trésor ; puis un autre, de 30 millions, contracté sur dépôt d'inscriptions de rentes ; enfin un troisième, de 150 millions, a pareillement été souscrit sur gage spécial, dans le mois de juillet 1848. On se serait cru aux emprunts de Necker à la caisse d'escompte, ou à l'administration financière du gouvernement autrichien durant les guerres de l'empire, dont l'effet a de même été le papier-monnaie. Ces trois emprunts successifs ne nous ont pas valu un pareil papier, parce que nous l'avions déjà; mais ils ont apporté plus tard de graves obstacles à ce que la Banque reprît ses payements en espèces. Ils ont tout ensemble beaucoup rattaché la Banque au gouvernement, dont elle dépendait déjà trop auparavant. Si M. Laffite avait encore vécu, il aurait vu ses craintes singulièrement justifiées.

L'emprunt de 150 millions, qui se devait solder, par moitié, en 1848 et en 1849, était souscrit, moyennant un intérêt de 4 p. 100, sur un gage composé : 1° de 75 millions en titres de rentes appartenant à la caisse d'amortissement (1), et 2° de forêts domaniales estimées également à 75 millions. Pour la première moitié de l'emprunt, la Banque avait stipulé son remboursement par le Trésor en 1850 ; pour la seconde moitié, elle devait recouvrer elle-même le prix des forêts qui lui avaient été concédées, après les avoir fait vendre, sous la condition que la perte qu'elle pourrait subir, en cas de fâcheuse aliénation, serait réparée par l'État. Par contre, l'État s'était réservé de recevoir le surplus des 75 millions, si cette aliénation produisait davantage.

Quelques personnes ont trouvé ces garanties exagérées ; mais en quoi dépassaient-elles les exigences imposées par les circonstances ? Je n'ai plus à le redire, la Banque était à ce moment l'établissement sur lequel reposait en entier le crédit industriel de la France. Elle ne pouvait pas oublier qu'il lui fallait se préserver de toute atteinte, de tout danger, de tout soupçon. L'État lui-même était intéressé à sa pleine sécurité.

Je ne discuterai pas longuement la transformation des banques départementales en comptoirs de la Banque de France, opérée aussi par simple décret, et qui fait partie de ces mesures de centralisation, d'absorption par l'État ou par les institutions de l'État de toute force

(1) Ces titres ont été livrés pour les quatre cinquièmes de leur valeur seulement, conformément à l'ordonnance du 15 juin 1834.

indépendante, si chères aux chefs révolutionnaires de 1848. Après le cours forcé donné aux billets, on pouvait d'ailleurs aisément prévoir qu'il en serait ainsi. Il aurait pourtant mieux valu maintenir les banques départementales, en établissant entre elles et la Banque de France des relations plus intimes. Mais, au nom de la liberté, ne fallait-il pas sans cesse étendre les prérogatives du pouvoir ? Et, à ce sujet comme à tout autre, qu'importaient les enseignements de la science et de l'expérience ?

C'est au surplus une idée toujours fort répandue parmi nous que l'État doit diriger le crédit et organiser les institutions qu'il engendre. Prêts à toute sédition, nous savons si peu nous passer de tutelle! Je ne saurais, à propos de la crise de 1848, entreprendre d'exposer la véritable doctrine économique du crédit, qui n'est autre que la doctrine économique du travail et de l'échange. Je dirai seulement que les banques qui ont rendu le plus de services et présenté le plus de sécurité, soit en Europe, soit dans le Nouveau Monde, sont les banques les moins soumises à la réglementation et au monopole. A l'État revient le droit de battre monnaie, parce qu'il faut, autant qu'il est possible de l'obtenir, un étalon des valeurs toujours uniforme. Mais le papier est loin de remplir le rôle de la monnaie métallique. Quel qu'il soit, un billet n'est qu'une obligation, l'aveu d'une dette, tandis que la monnaie est une valeur réelle, une véritable marchandise.

En même temps que le gouvernement provisoire réunissait les banques départementales à la banque centrale, il créait, sous l'empire des mêmes pensées, deux autres sortes d'établissements de crédit, destinés : les premiers, à faciliter l'escompte des valeurs commerciales ; les seconds, à faire des avances sur dépôt de marchandises.

Les comptoirs d'escompte, simple répétition de ce qui s'était fait en 1830, avaient pour but principal de donner aux effets de commerce, la troisième signature nécessaire pour qu'ils fussent reçus à la Banque. Leur capital a été fourni par le commerce, les villes où ils se sont établis et le gouvernement. Mais bien qu'un crédit de 66 millions eût été ouvert en ce dessein au ministre des finances, sur le produit de l'impôt des 45 centimes, ces comptoirs n'avaient encore reçu, au commencement de juin 1848, que 7,378,000 francs, dont 4,475,000 francs sur l'impôt dont je viens de parler. Dix-huit mois plus tard, ces versements étaient seulement de 8,600,000 francs. En ce même mois de juin 1848, les 57 comptoirs existant, au capital nominatif de 120 millions, n'avaient non plus obtenu que 23 millions de leurs souscripteurs, tant les différentes ressources du pays étaient épuisées. Par suite, leurs services ont-ils été très-restreints, en comparaison des besoins éprouvés par le négoce et l'industrie (1). Au milieu de l'effroyable tempête, c'était à peine un faible cordage jeté au bâtiment qui sombrait. Les comptoirs d'escompte n'ont en réalité servi qu'à rendre

---

(1) **D'après** un rapport du directeur du comptoir d'escompte de Paris, du 31 août 1848, le capital de ce comptoir s'élevait à un peu plus de 4 millions, dont 2 millions avaient été fournis par le Trésor. La somme des effets escomptés pendant le semestre échéant à cette date était de 93 millions.

un peu plus facile la liquidation des affaires; ils n'en ont point assuré la reprise. Lorsqu'en 1830 l'on établissait un comptoir d'escompte à Paris, on secourait du moins aussi les premières maisons de banque, en relations déjà suivies avec le commerce. Loin d'offrir un semblable secours en 1848, l'on ne cessait d'incriminer les banquiers, qu'on traitait de nuisibles intermédiaires, d'odieux accapareurs. Il fallait surtout en entendre parler au Luxembourg, où l'on enseignait au nom du gouvernement, que le travail n'a nul besoin de l'assistance du capital !

Quant aux magasins publics créés, *sous* la *direction du ministre des finances*, pour le dépôt des marchandises, contre des récépissés transmissibles par endossement (1), ils ont alors, je crois, été plus nuisibles qu'utiles au commerce. Certainement, des entrepôts où se délivrent des reconnaissances négociables comme les lettres de change, en retour des marchandises qu'on y apporte, sont profitables. Les docks d'Angleterre le montraient alors déjà suffisamment. Mais la meilleure institution mal organisée produit de détestables effets, et c'est ce qui est arrivé. En ouvrant des entrepôts aux négociants pour les marchandises qu'ils avaient emmagasinées auparavant, qu'a-t-on fait ? On a frustré leurs créanciers du gage sur lequel ils comptaient et que la loi leur reconnaissait. On a par suite ouvert une porte à la fraude et à

---

(1) Ils transféraient la propriété de la marchandise, en l'engageant à titre de nantissement pour des avances de fonds. — Ces récépissés étaient admissibles au comptoir d'escompte et à la Banque de France.

la spoliation, et permettre de détruire ou de fausser des engagements pris, n'est-ce pas toujours rendre impossible d'en prendre de nouveaux? Quelles pertes éprouvées par les créanciers ne retombent aussitôt sur les débiteurs?

Les magasins de dépôt, véritables monts de piété industriels, avaient encore d'autres inconvénients. Les marchandises qu'on y recevait n'en pouvaient être retirées que contre des espèces. Avant que leurs propriétaires les vendissent, il fallait par conséquent qu'ils fussent en mesure de rembourser leur dette. Or, les fonds avancés par les comptoirs d'escompte aux négociants ou aux propriétaires, étaient évidemment absorbés par des dettes antérieures; car pourquoi se seraient-ils autrement adressés aux magasins publics? Les prix d'estimation attribués aux marchandises déposées n'étaient-ils pas des prix d'extrême détresse, d'absolue nécessité? Les déposants ne pouvaient réellement pas se liquider envers leurs créanciers ni envers les comptoirs, aux époques d'échéance. En outre, le renouvellement des dépôts étant interdit, la vente des marchandises se devait opérer à l'époque fixée, quel qu'en fût le cours, au profit du comptoir qui avait fait le prêt. De là, la ruine des déposants et l'impossibilité pour leurs concurrents d'aliéner convenablement les produits qu'ils détenaient. Voilà où l'on arrive lorsqu'on n'a, pour se guider, ni savoir ni expérience.

Il aurait été beaucoup plus avantageux, en imitant ce qui se faisait en Angleterre et ce qui commençait, je le crois, à se faire en Allemagne, d'autoriser simplement les marchands à ouvrir des ventes publiques, selon qu'il leur aurait convenu, quant au lieu, au moment et aux conditions. Mais ce n'aurait pas été l'occasion d'un décret d'apparat, et cela n'aurait pas étendu les attributions industrielles de l'État.

Après avoir rappelé les mesures prises à l'égard de la Banque de France et des autres institutions du crédit, je dois, en revenant aux emprunts, mentionner celui de 177 millions, le premier emprunt public contracté, en vertu de la loi du 24 juillet 1848. Le ministre des finances qui l'a proposé, M. Goudchaux, présentait en même temps à l'Assemblée nationale un exposé de la situation financière de la France. Il y estimait le déficit de l'exercice 1848 à 250 millions, sans découvrir, pour faire face à cet excédant de dépenses, d'autre ressource que les 150 millions demandés à la Banque, dont la moitié seulement était payable cette année-là. Grâce à la détresse générale, il n'était pas possible effectivement de songer à un accroissement d'impôt. J'écrivais moi-même peu de temps auparavant : « Il n'y a pas de remède à une situation aussi désastreuse en dehors du crédit. Il est le réparateur des grands maux, autant que le levier des grandes entreprises. Avec le crédit, l'Angleterre a pu tenir tête à la Révolution et à Napoléon, les vaincre, les dominer ; mais il ne se montre qu'où règne la confiance. Il faut en conséquence se préparer, par une administration digne, habile et décidée, par l'affermissement de l'ordre et le respect des engagements, à l'emprunt. Ranimez la sécurité, en offrant un intérêt assez fort aux capitaux pour tenter ceux mêmes de l'étranger, et vous serez maîtres du présent. Les financiers du gouvernement provisoire, dont l'assurance n'a d'égale que l'ignorance, appellent cela passer sous les *fourches caudines des capitalistes*. Soit ; mais il s'y faut résigner, si l'on ne veut jeter la France au gouffre sans fond de la misère. Il n'y a pas de milieu, ou l'emprunt ou la banqueroute. Le choix est au gouvernement, et la reprise si subite des cours, dès qu'il a été permis de compter un peu sur la bonne volonté du pouvoir, est la meilleure preuve qu'un emprunt serait possible. »

Une exceptionnelle facilité se présentait alors, du reste, pour l'emprunt. Sur celui de 250 milions souscrit en 1847, il n'avait été versé que 83 millions. 167 millions restaient dus, et l'avance du dixième de garantie déposé par les souscripteurs les devait faire aisément consentir à reprendre leurs versements. Le nouvel emprunt fait en 5 p. 100 s'est en effet, à part 10 millions, adjugé aux souscripteurs de celui de 1847, pour ce qu'ils restaient devoir. Ils ont seulement renouvelé en 5 p. 100, avec jouissance du 22 mars 1848, au prix nominal de 75 fr. 52, ce qu'ils avaient souscrit en 3 p. 100. En tenant compte des 7 fr. 52 représentant l'intérêt des fonds qui garantissaient les versements à faire sur le précédent emprunt ; eu égard à la fois à l'avance de six mois environ d'intérêt payé, soit 2 fr. 50, l'emprunt n'avait lieu qu'au prix de 65 fr. 50. Pour rencontrer de pareilles stipulations, il est nécessaire de remonter aux plus mauvais jours de notre histoire financière, au delà de 1818. L'emprunt en 5 p. 100 de 1831 s'était négocié à 84 francs ; treize ans plus tard, le gouvernement de juillet émettait du 3 p. 100 à 84 fr. 75. C'est que, le 24 juillet 1848, chacun comptait avec l'incapable et funeste administration des cinq derniers mois (1).

A l'Assemblée nationale, comme dans la presse, on a vivement attaqué, dès qu'on l'a connue, la remise des fonds de garantie versés par les souscripteurs de l'emprunt de 1847. Puisqu'on demandait cependant un service dont on ne pouvait pas se passer, n'était-on pas obligé de se mettre en mesure de l'obtenir ? Une plus juste critique, c'est celle que mérite le ministre des finances pour avoir, comme d'habitude, laissé la souscription de l'emprunt à un prix nominal très-supérieur à la somme remise au Trésor. Il aurait mieux valu cette fois encore déclarer qu'on empruntait à 7 1/2 ou à 8 p. 100, que d'inscrire sur le Grand-Livre qu'on recevait 100 francs lorsqu'on n'en touchait réellement que 65. La loi de 1816 n'en aurait pas été plus violée du fait du gouvernement, et il nous aurait été possible de nous libérer plus tard en n'acquittant que la somme qui nous a été remise, ou de diminuer l'intérêt que nous devions alors subir. A côté du mal se serait au moins placé le remède. C'est en raison de ce déplorable usage, qu'on ne saurait trop attaquer, que les emprunts contractés seulement de 1816 à l'époque dont je parle, entraî-

(1) Les versements de l'emprunt ont été fixés aux termes suivants : le 7 août 1848, 17 1/2 p. 100 ; le 20 septembre, 10 p. 100 ; le 20 octobre, 7 1/2 p. 100 ; le 20 novembre, 7 1/2 p. 100 ; le 20 décembre, 7 1/2 p. 100 ; le 20 janvier 1849, 7 1/2 p. 100 ; le 20 février, 7 1/2 p. 100 ; le 20 mars, 10 p. 100 ; le 20 avril, 7 1/2 p. 100 ; le 20 mai, 7 1/2 p. 100 ; le 20 juin, 5 p. 100 ; le 20 juillet, 5 p. 100.

naient à ce moment un intérêt d'environ 100 millions, pour un capital qui n'a jamais été versé, et qu'il nous faudrait payer si nous voulions n'avoir plus de dette.

Une autre cause des dures conditions mises à cet emprunt se trouve dans les mesures qui avaient été prises à l'égard de la caisse d'amortissement. Cette caisse possédait, le 24 février 1848, une dotation de 49 millions, en outre des rentes rachetées ou consolidées en son nom, représentant une somme de 68 millions. La loi du 10 juin 1833, qui, en la réorganisant, lui défendait de racheter les effets publics parvenus au-dessus du pair, avait depuis assez longtemps restreint son action libératoire sur le seul fonds 3 p. 100, et lui garantissait, pendant l'exercice 1848, une réserve disponible de 84 millions. Réserve qu'on avait destinée à solder jusqu'à concurrence de 25,816,000 francs le déficit probable du budget de 1847, et à couvrir celui qui s'annonçait sur le budget suivant comme devant être de 48 millions.

Mais un des premiers actes du gouvernement provisoire avait été de détruire la commision de surveillance préposée à l'amortissement de notre dette. Cette commission semblait pourtant alors fort nécessaire, afin de s'opposer, s'il se pouvait, au trop grand avilissement de la rente. Seulement elle aurait rappelé le gouvernement à l'observation de la loi de l'amortissement et au respect des fonds qui y étaient destinés ; il n'en fallait pas davantage pour qu'elle cessât d'exister. Aussitôt disparue, une décision ministérielle ordonna, sans égard à l'égalité des droits et à la similitude de position des rentiers, le rachat exceptionnel du 3 et du 4 p. 100, à l'exclusion du 4 1/2 et du 5. Un second arrêté, plus étrange, plus irrégulier encore, prescrivit d'amortir au cours moyen de chaque bourse, avec le capital applicable au 3 et au 4 p. 100, une portion équivalente des rentes des caisses d'épargne existant dans le portefeuille de la caisse des dépôts. Cette combinaison, à peu près inexplicable, eut pour résultat de réaliser le gage des porteurs de livrets des caisses d'épargne à des cours avilis, et de pratiquer partiellement, sans publicité, sans concurrence, un amortissement occulte, qui ne forçait pas l'administration des finances à se dessaisir envers un acheteur sérieux des espèces nécessaires au service des dépenses. Il en est provenu le rachat d'un capital de 11 millions, représenté pas 752,000 francs, de rentes 3 p. 100, et le rachat d'un capital de 733,000 francs, représenté par 57,000 francs de rentes 4 p. 100. Enfin une troisième détermination, plus facile à comprendre et à laquelle il n'y avait que trop lieu de s'attendre, a ravi tous les fonds de l'amortissement à leur emploi légal, pour les réserver exclusivement aux nécessités de l'État.

« Ainsi, la totalité des voies et moyens de l'amortissement, disait M. d'Audiffret, à propos de ces diverses et arbitraires mesures, est devenue disponible pour les autres besoins du budget, et se trouve désormais intégralement ménagée pour en couvrir le déficit. On a même continué, nonobstant l'interruption des rachats, à constituer à la caisse d'amortissement une dotation supplémentaire de 1 p. 100, calculée sur le capital au pair des nouvelles rentes créées par la République, et à la fortifier ainsi d'une augmentation de 13,818,000 francs. (1) »

Par suite de ce supplément ajouté à ses ressources précédentes, la caisse d'amortissement s'est trouvée munie d'une réserve de 100 millions au moins pour 1848. Mais, disait encore M. d'Audiffret, qui voyait trop bien ce que devenaient ces fonds, au mépris de la foi promise aux créanciers du Grand-Livre, « pendant que la dette inscrite s'accroît, tous nos moyens de libération sont détournés de leur destination légale et réclamés par des exigences progressives. »

III

LES MESURES D'IMPOT.

Le 29 février 1848, un acte officiel, signé de chaque membre du gouvernement provisoire, portait : « Le gouvernement croit de son devoir le plus rigoureux de rappeler aux citoyens que tout système d'impôt ne saurait être décidé par un gouvernement provisoire; qu'il appartient aux délégués de la nation tout entière de juger sou-

---

(1) V. d'Audiffret, *De la crise financière de* 1848.
Le chiffre ci-dessus se décompose ainsi :
1° Pour consolidation des caisses d'épargne............	4,200,000 fr.
2° Id. des bons du Trésor............................	4,640,000
3° Pour l'emprunt en 3 p. 100 renouvelé en 5 p. 100..	2,626,000
4° Pour le rachat du chemin de fer de Lyon...........	2,000,000
5° Pour l'emprunt national...........................	270,000
Pour les fonds des tontines......................	42,000
	13,818,000 fr.

verainement à cet égard ; que toute autre conduite impliquerait de sa part la plus téméraire des usurpations. »
C'est, en effet, le plus ancien principe de notre droit public que l'impôt doit être consenti par les représentants du pays ; c'est la base même des libertés politiques. Le 7 mars, une autre proclamation du gouvernement provisoire disait : « Déjà le gouvernement provisoire a pourvu à tout. Il recherche avec activité les moyens de diminuer dans une large proportion les dépenses de l'État ; il a la certitude d'y parvenir ; le reste regarde les citoyens..... Le gouvernement n'exige d'eux aucun sacrifice extraordinaire. Pour parer à ces difficultés financières que la prudence commande impérieusement de prévoir, une simple anticipation dans la rentrée de l'impôt suffira. Que tous les citoyens versent immédiatement et par anticipation dans les caisses du Trésor ce qui leur reste à payer sur les contributions de l'année, ou au moins les six premiers douzièmes, et toutes les difficultés financières seront vaincues. »

Voilà bien l'habituel langage, les promesses accoutumées des révolutions. Seulement comment compte-t-on assez sur l'oubli ou la sottise des populations pour les répéter aussi souvent et avec autant d'assurance ? Néanmoins, après cet appel, les versements des contribuables excédèrent de 24 millions, dans le mois de mars, le douzième exigible. Malheureusement, cela ne suffisait pas. Aussi, au risque de *la plus téméraire des usurpations* et malgré l'inutilité d'*aucun sacrifice extraordinare*, dès le 16 du même mois, un décret du gouvernement provisoire, rendu sur le rapport de M. Garnier-Pagès, augmentait-il de 45 centimes, ou de 45 p. 100, les quatre contributions directes. Cette augmentation n'était pas même basée sur le principal de ces contributions; elle l'était sur le montant intégral du rôle, sans égard aux différences qu'entraînent partout de façon si marquée les centimes additionnels. Un impôt dont on attendait alors 191 millions; ce qui portait l'ensemble des taxes directes à 613 millions, et qu'on déclarait payable immédiatement, était de la sorte établi par mesure tout arbitraire, par simple bon plaisir, et frappait fort inégalement, pour la première fois depuis 1789, les diverses parties du territoire. Cette inégalité entre les départements et les communes fut même bientôt étendue aux personnes, l'exécution du décret ayant été livrée pour chaque contribuable au caprice des autorités locales.

Les considérants du décret des 45 centimes n'étaient pas moins étranges que son dispositif n'était tyrannique et injuste. La propriété seule n'a pas souffert, y disait-on, de la crise née de la révolution, quoiqu'elle dût, elle aussi, avoir ses charges. C'était proclamer et son ignorance absolue des faits, et les bénéfices ignorés jusque-là d'une commune misère. La vérité, c'est qu'on avait besoin d'argent, et que, dans les circonstances extraordinaires, la propriété foncière est presque toujours la première à laquelle on s'adresse, grâce aux facilités de perception qu'elle offre.

Cependant, de trop forts prélèvements sur la terre sont autant un malheur pour le présent qu'un danger pour l'avenir, et combien ce malheur, comme ce danger, se ressent-il promptement lorsque la propriété a reçu la constitution qu'elle possède en France. Dès que de trop lourdes charges pèsent sur le sol, l'agriculture dépérit, des terres sortent de la culture, selon une vieille maxime anglaise. Elles n'alimentent le Trésor qu'en créant la disette, et cela ne se produit-il pas d'autant plus vite que les possesseurs de la terre ont moins de ressources, moins d'avances, que les domaines sont très-divisés, ainsi qu'il en est parmi nous ?

Que de ménagements méritent pourtant les petits propriétaires ! Infatigables autant que dénués, ce n'est qu'à force de labeurs et de privations qu'ils ont acquis les champs qu'ils cultivent. Ils les travaillent sous les feux du mois d'août, les gelées de décembre, les pluies de mars, sans jamais s'arrêter ni regretter leurs peines. Au lever du soleil ils y sont déjà rendus, pour ne les quitter, comme le vieillard de Virgile, qu'à la tombée de la nuit.

.....Sera revertens
Nocte domum

Quelle merveille que cette agriculture de France ! Elle manque de capitaux, de savoir, de considération, d'utiles institutions, et elle avance sans cesse. Chaque jour, quelque lande est défrichée, des marécages se dessèchent, des pacages se limitent et s'ensemencent. C'est que nos paysans sont liés au sol par tous leurs souvenirs et toutes leurs espérances. Leurs champs sont plus que leur fortune, c'est leur vie, leur honneur, l'avenir de leur famille. Ainsi que le géant de la Fable, l'homme double ses forces en touchant la terre. Que les révolutionnaires, fidèles aux plus tristes traditions, mettent le trésor au pillage, l'administration en curée, mais qu'ils respectent du moins la petite propriété, qu'ils n'attentent jamais aux classes rurales. Sans l'amour du travail et de l'ordre de ces classes, sans leur moralité et leur dévouement, où en serions-nous ? Depuis longtemps à l'ignoble et sanglante parodie de 93, entreprise sans dessein, poursuivie sans conviction.

En 1848, notre propriété était grevée de 12 milliards d'hypothèques ; nous sortions d'une année de disette, où les petits cultivateurs avaient absorbé leurs économies ; les produits agricoles ne trouvaient plus de marché, ou n'avaient que des cours abaissés de 30 p. 100, et, au moyen des 45 centimes, l'on augmentait de moitié la somme des impôts directs ! Souhaitait-on donc une expropriation générale ou une jacquerie embrassant tout notre territoire ? Mais ceux qui ne connaissent pas les projets arrêtés au ministère des finances avant cet impôt, peuvent seuls s'étonner d'autant d'inhumaine imprudence et de grossier arbitraire. Le croirait-on ? Ce fut une découverte pour nos gouvernants d'apprendre que les propriétaires fonciers de France étaient surtout des travailleurs, des paysans !

L'impôt des 45 centimes n'atteignait pas néanmoins uniquement les campagnes ; il était aussi fort onéreux, quoiqu'en de moindres proportions, pour les villes. Il s'élevait, par exemple, pour la ville de Bordeaux, à plus de

1,500,000 francs; et comment aurait-on retiré tout à coup, comme il était prescrit, une semblable somme de la circulation de cette place de commerce, sans y causer une ruine absolue? Aussi l'impôt de 45 centimes, estimé d'abord, comme je l'ai dit, à 191 millions, puis réduit à 160, puis reporté à 191 dans le budget rectifié de 1848, présentait-il 29 millions à recouvrer à la fin de l'année, et 66 millions restaient-ils à recevoir sur l'impôt direct ordinaire. « Je voudrais pouvoir rendre ce pays heureux, et qu'éloigné d'ici, sans appui, sans crédit, l'herbe crût jusque dans ma cour, » disait un ministre de Louis XIV, en promenant ses regards mouillés de larmes sur la campagne de Versailles. Mais ce ministre, c'était Colbert; aucun gouvernant de 1848 ne connaissait même, j'en suis persuadé, ces paroles.

Le gouvernement provisoire avait, au mois de mars, frappé la propriété, sous prétexte qu'elle n'avait pas souffert au sein de la dépréciation générale des fortunes. Un mois plus tard, le 20 avril 1848, il grevait les capitaux, en raison de ce qu'ils n'avaient non plus rien perdu. Heureuse prévoyance! Admirable esprit d'égalité! Pour rendre sans doute son décret plus remarquable, le gouvernement y professait de transcendantes théories fiscales. » Avant la révolution, y lisait-on dans le premier considérant, l'impôt était proportionnel, donc il était injuste. Pour être réellement équitable, l'impôt doit être progressif. » Après une semblable déclaration, si réfléchie et si décisive, le gouvernement conservait pourtant le système financier existant. Bien plus, l'impôt même qu'il établissait était proportionnel! il s'était seulement réservé d'en proclamer l'iniquité. Cet impôt, annoncé comme devant atteindre tous les capitaux, c'est celui de 1 pour 100 mis sur les seules créances hypothécaires, dont on espérait 100 millions, sans prendre garde que l'assiette en était telle, qu'il paraissait imaginé surtout pour susciter des fraudes et des procès. Aussi, malgré la sévérité des amendes prescrites contre les emprunteurs qui ne déclaraient pas leurs dettes hypothécaires, presqu'aucune déclaration ne s'est-elle faite dans les délais fixés.

Pour créer cet impôt, l'on n'avait pas même consulté l'administration de l'enregistrement. Il est vrai qu'on avait aboli peu de temps auparavant la taxe du sel, sans avertir le ministre des finances. Que d'erreurs par suite étaient commises! Ainsi l'on prétendait, que les créances hypothécaires échappaient à toute contribution, bien qu'elles payassent 1 p. 100 d'enregistrement, un droit d'hypothèque, les frais d'acte, le papier timbré de la minute, comme de l'expédition, et un demi pour cent de droit de quittance. En admettant que les prêts eussent trois ans de durée en moyenne, c'était plus de 3/4 p. 100 de leur valeur que les créances hypothécaires payaient annuellement déjà. En outre, cette imposition, évaluée successivement à 100 millions, à 45 et à 20, tant on tenait aux appréciations exactes, avait une assiette trop étroite pour procurer des ressources vraiment importantes. N'aurait-elle pas d'ailleurs, selon toute probabilité, empêché beaucoup de contrats hypothécaires de se former, au détriment de l'agriculture et du fisc? Était-on sûr aussi bien, en établissant cette taxe sur les capitaux, de ne pas atteindre le besoin? On frappait le créancier; mais le créancier fait d'ordinaire la loi au débiteur. Chaque prêteur aurait assurément compris la taxe dans l'intérêt stipulé, tout en s'assurant contre les déclarations et les non-payements qu'il pouvait redouter. On avait voulu créer une taxe sur le revenu, sans oser lui donner ce nom, et c'était une taxe sur les dettes, sur la détresse qu'on avait décrétée.

L'impôt des créances hypothécaires avait d'autres torts. Non-seulement il frappait les débiteurs, qu'on prétendait favoriser, et les obligeait à publier leur gêne; non-seulement il était décrété de façon tout illégale, aussi lui, mais c'était un impôt de pleine inégalité, de pur privilége. Puisqu'on se proposait effectivement d'atteindre les capitaux, pourquoi ne taxait-on que les créances hypothécaires, non les rentes, les actions, les créances ordinaires? Pourquoi cette ruineuse préférence, à l'encontre des capitaux affectés à la production agricole, la meilleure source de notre richesse? Pourquoi ne grevait-on enfin à peu près, entre tous les capitalistes, que les moindres? Car la moyenne des prêts hypothécaires ne dépassait pas alors 300 francs.

Fort heureusement, l'Assemblée nationale força le gouvernement à retirer cet impôt. Elle n'eut que le tort, en accomplissant cet acte d'indispensable justice, de ne pas réformer notre législation hypothécaire, basée encore sur le secret et la non-spécialité. Elle aurait dû s'appliquer pourtant et par-dessus tout à garantir de profitables conditions de crédit à l'agriculture ; ce qui était chose facile après les études dès lors publiées et les expériences étrangères accomplies.

Mais je veux revenir un instant aux premiers mots du décret sur les prêts hypothécaires, à la substitution annoncée de l'impôt progressif à l'impôt proportionnel, dans laquelle plusieurs personnes croyaient voir le vrai programme financier du gouvernement provisoire. Je ne montrerai pas ce qu'il y avait d'insensé à mettre en question, dans un semblable moment, un bouleversement aussi radical dans l'assiette des contributions et l'état des fortunes. Je m'en tiendrai à signaler brièvement l'erreur absolue sur laquelle repose l'impôt progressif.

En théorie pure, abstraction faite de chaque difficulté pratique, l'impôt progressif ne se pourrait encore admettre qu'autant qu'il serait unique et très-faible. Autrement, il serait tout à la fois injuste et impossible. S'il existe plusieurs sortes d'impositions, comment seraient-elles toutes semblables, leur base n'étant pas, ne pouvant pas être la même ? Comment dès lors établir la progression? Tant qu'il y aura un impôt foncier, par exemple, il devra rester proportionnel ; il atteint le sol, le capital territorial, sans s'inquiéter de ses possesseurs. La plus simple équité demande donc qu'il se mesure exactement à la matière imposable, que celle-ci appartienne à peu de personnes ou se divise entre un nombre infini d'individus. Se pourrait-il également que les impôts de consommation, compris dans le prix des denrées taxées, fussent progressifs, bien que ce soient aujourd'hui les grandes ressources des trésoreries? Avec des contributions diverses, l'impôt progressif ne saurait réellement frapper que les objets de luxe, et une taxe somptuaire n'est toujours qu'une détestable mesure. Que produirait, après tout, un prélèvement fiscal sur le luxe dans les sociétés démocratiques d'à présent? Le morcellement des fortunes n'y laisse guère aux plus favorisés que l'aisance, comme s'en est convaincu le gouvernement provisoire de 1848 lui-même, lorsqu'il lui a fallu renoncer, à Paris, presque aussitôt après les avoir établies, aux taxes sur les loyers de plus de 800 francs, ainsi qu'aux taxes sur les voitures, les chiens, les domestiques mâles, et revenir aux droits d'octroi sur les denrées alimentaires, qu'il avait tenté de supprimer. Il avait voulu protéger les ouvriers parisiens au détriment du luxe, sans même apercevoir que sur les 600 millions de produits annuels auxquels travaillaient ces ouvriers, 500 millions étaient destinés à satisfaire les jouissances des classes riches. Il ne s'en était pas douté !

La première condition de l'impôt progressif, ce serait, je le répète, de ne taxer qu'une seule fois chaque contribuable, suivant le montant de sa fortune, estimée d'une façon ou de l'autre. Mais réglé de la sorte, que rapporterait-il encore, à moins d'empêcher toute épargne, tout accroissement de fortune? Si la progression dépassait un petit nombre de termes, il est facile de rencontrer le point auquel l'impôt égalerait le revenu. Une pareille contribution ne peut aussi par conséquent être que très-faible, en ayant au plus quatre ou cinq termes. Autrement, pour augmenter les recettes publiques, il tarirait chacun des courants qui les alimentent. Ce serait comme une révocation de l'édit de Nantes en permanence. Nulle augmentation de capital n'aurait lieu, le travail s'arrêterait, le bien-être disparaîtrait, en entraînant dans la ruine commune la cause, le principe le plus vrai des progrès humains, ou dès qu'un capital se serait formé, il s'exporterait à l'étranger.

Ces deux conditions de l'impôt progressif pour qu'il soit applicable : être unique et être très-restreint, montrent bien qu'il ne se peut décréter que chez un peuple dans l'enfance, dont les besoins sont peu nombreux, ou dans un pays dont les fonctions se résumeraient à peu près dans le laisser-faire et le laisser-passer économiques. Partout ailleurs, ce ne serait qu'un mauvais plagiat révolutionnaire et socialiste, un triste souvenir de Babeuf et de l'école Saint-Simonienne, qui le recommandaient, avec raison, comme un infaillible moyen d'abolir la propriété.

Tout ce que je viens de dire des résultats de l'impôt progressif sur l'industrie et l'épargne, se peut à peu près répéter de l'impôt du revenu, que M. Goudchaux, durant son second ministère, a proposé d'établir, en en estimant les recouvrements à 60 millions. M. Goudchaux ne rappelait, à ce sujet, ni les dixièmes, ni les vingtièmes de notre ancienne monarchie, ni la *property-tax* de Pitt, ni l'*income-tax* de Robert Peel. Peut-être aurait-il été fort empêché d'en expliquer le mécanisme. Mais il aurait au moins dû savoir qu'au moment où il vantait tellement l'impôt du revenu, au nom des intérêts populaires, le gouvernement anglais était contraint de renoncer à porter l'*income-tax* de 3 1/2 à 5 p. 100, en présence de l'opposition de toutes les classes de la nation. Les ouvriers anglais voyaient bien que chaque écu prélevé par le fisc est perdu pour le travail, le salaire et la consommation. Quant à moi, je l'avoue, je préférerais encore les impositions sur les denrées les plus nécessaires à la vie, je les crois beaucoup moins dommageables au plus grand nombre, qu'un impôt qui enlève aux riches le moyen de faire travailler les pauvres. Quoique l'impôt du revenu puisse, ce n'est pas douteux, procurer à son auteur les passagers applaudissements d'une foule ignorante et envieuse, il tendra toujours à faire des masses de travailleurs des masses de mendiants. Cela se réaliserait promptement surtout dans un État, comme le nôtre, où les revenus sont très-modiques et où toute facilité donnée aux jalousies populaires effraie tant l'industrie et la fortune. Si l'on exemptait, d'ailleurs, en France, comme évidemment l'on y serait forcé, les revenus de 3,000 francs et au-dessous, et qu'on restât pour les autres dans d'assez justes limites, ce à quoi contraindraient aussi les diverses impositions existantes, on peut affirmer que l'impôt du revenu ne rapporterait pas, parmi nous, dans les temps les plus prospères, les 60 millions sur lesquels comptait M. Goudchaux.

Une semblable contribution, si défectueuse qu'elle soit, se conçoit à toute force chez un peuple où le sol est à peu près exempt des taxes d'État, et où les fortunes industrielles sont à peine atteintes par les impôts de consommation, ainsi qu'il en est en Angleterre. Mais chaque élément de notre richesse, mobilière ou immobilière n'est-il pas depuis longtemps lourdement atteint par notre système d impôts, si différents et si multipliés? La contribution personnelle et mobilière ne frappe-t-elle pas en outre déjà l'ensemble de nos revenus? Revenir à un impôt d'arbitrage, où toute règle disparaît, où le caprice seul se montre, ce ne serait pas seulement non plus retourner aux premiers usages fiscaux des sociétés, ce serait chez nous au moins préparer des séditions certaines, et le plus souvent tenter l'irréalisable. Le simple recensement de 1847, on n'aurait pas dû l'oublier à l'époque dont je parle, avait suscité, principalement dans le midi, une très-redoutable agitation.

C'est le grand avantage de l'impôt direct établi sur les choses, d'éviter l'inquisition et de laisser libre l'activité humaine. Il ne grève la richesse que lorsqu'elle est consolidée. Il ne propose pas uniquement de respecter les capitaux existants, il prend garde de ne les pas empêcher de se former. Il ne frappe l'industrie dans aucun de ses efforts pour augmenter la richesse sociale. Il ne détruit nulle part l'esprit spéculatif, sans lequel il n'y a ni travail ni prospérité. Tout ensemble, l'expérience, celle même de l'Angleterre, prouve qu'au sein des sociétés où les dépenses publiques sont très-élevées, il y a peu à attendre des contributions autres que les contributions directes ordinaires et celles de consommation.

Tenter de sortir de cette double voie pour accroître les recettes du Trésor, c'est causer beaucoup d'inquiétude, de perturbation, de malheurs, en ne s'assurant que de très-médiocres ressources. L'épreuve de l'impôt du revenu, renouvelée sous toutes les formes depuis notre ancienne monarchie, de 1791 à 1806, a toujours été désastreuse pour la fortune publique. On en avait attendu 60 millions aussi en 1797, et qu'a-t-il alors produit? Compte-t-on jamais sur une récolte qu'on s'applique à dévaster? La commission de l'Assemblée nationale, chargée d'examiner la proposition du gouvernement, n'en portait le revenu qu'à 45 millions, après avoir eu la sagesse de faire de cet impôt une taxe de répartition, au lieu d'une taxe de quotité (1). C'était encore beaucoup trop; et combien auraient alors souffert les échanges, le travail, la consommation, si l'on avait retiré 45 millions des ressources qui leur étaient nécessaires !

La commission de l'Assemblée avait fait un autre changement non moins important au projet du gouvernement. Estimant l'ensemble des revenus de la France à 3 milliards 716 millions (2), M. Goudchaux avait demandé de fixer l'impôt du revenu à 2 p. 100, ce qui donnait en effet 60 millions. Mais la commission, frappée des charges déjà si lourdes de la propriété foncière, proposait d'exempter tous les revenus agricoles : bénéfice du fermier ou rente du propriétaire. Seulement, afin de ne pas diminuer le produit de la nouvelle taxe, et en acceptant

(1) En prenant pour base l'impôt personnel et mobilier et celui des portes et fenêtres.

(2) Composés : 1° de 1,066,050,000, bénéfices réalisés par les fermiers dans l'exploitation agricole ;

2° De 1,100,000,000, profits obtenus par le commerce et l'industrie, déduction faite de toutes les charges ;

3° De 1,550,000,000, produits des offices ministériels, des professions libérales, pensions, traitements et salaires publics et particuliers, rentes, dividendes et intérêts des créances.

les évaluations du gouvernement, qui portait les revenus de l'agriculture au tiers des revenus atteints, elle demandait d'élever cette taxe de 2 à 3 p. 100 sur les profits du commerce et de l'industrie.

Elle avait certainement raison d'exempter le sol; mais, dans un excellent rapport, la chambre de commerce de Lille faisait justement remarquer ce qu'il y aurait d'injuste à ne frapper que les patentables, grevés déjà selon l'importance de leurs entreprises. Elle montrait bien les difficultés de l'estimation où l'on s'engageait, puisque le commerçant et le manufacturier eux-mêmes ne connaissent leurs gains qu'après leur inventaire, la rentrée de leurs créances et la réalisation de leurs marchandises. Et qui fait des gains dans le monde de l'industrie, ajoutait-elle? La ruine n'est-elle pas partout? Pour maintenir quelques ateliers en activité, l'État n'est-il pas obligé, malgré sa propre détresse, d'accorder des primes de sortie? A quelles fraudes, à quelles dissimulations tout à la fois devrait-on s'attendre! L'industriel en position embarrassée serait ruiné s'il la dévoilait; s'il la tait, il s'attirera de nouvelles charges.

Le premier ministre des finances qui ait été à la hauteur de ses fonctions après la révolution de 1848, l'honorable M. H. Passy, quoique partisan en principe de l'impôt du revenu, s'est fort heureusement empressé de retirer le projet de M. Goudchaux. En même temps, du reste, que ce dernier avait proposé un impôt sur le revenu, il avait aussi demandé une modification des droits établis sur les successions et les donations, en soutenant de nouveau l'excellence de l'impôt progressif. Selon ce projet, les successions en ligne directe, dont l'actif était inférieur à 500 francs, ainsi que les libéralités de même valeur faites entre époux à cause du mort, étaient exemptes, sans qu'on s'inquiétât de la fortune de l'héritier ou du donataire. Pour les autres transmissions de biens meubles et immeubles, soit en propriété, soit en usufruit, qui s'effectuaient par décès ou par donation entre-vifs, les droits d'enregistrement étaient fixés suivant les lignes et les degrés de parenté entre lesquels elles s'opéraient, et d'après la valeur des biens. Ce tarif vaut la peine d'être rapporté.

En ligne directe, pour les successions ou les donations, considérées comme des successions anticipées, dont l'actif s'élevait de 501 à 10,000 francs, le droit était de 1 p. 100 ; pour celles de 10,001 à 50,000 francs, il était de 1 1/2 p. 100 ; pour celles de 50,001 à 100,000 francs, de 2 1/2 p. 100 ; pour celles de 100,001 à 600,000 francs, de 3 1/2 p. 100 ; pour celles de 600,001 à 1,000,000 francs, de 5 p. 100 ; pour celles de 1,000,001 et au-dessus, de 6 p. 100.

Entre époux, pour les libéralités à cause de mort ; de 501 à 10,000 francs, c'était 3 p. 100 ; de 10,001 à 50,000 francs, 3 1/2 p. 100 ; de 50,001 à 100,000 francs, 4 p. 100 ; de 100,001 à 150,000 francs, 4 1/2 p. 100 ; de 150,001 à 600,000 francs, 5 1/2 p. 100 ; de 600,001 à 1,000,000 francs, 6 p. 100 ; de 1,000,001 et au-dessus, 7 p. 100.

Entre frères et sœurs, oncles et tantes, neveux et nièces, frères et sœurs du défunt, venant à la succession en vertu du droit de représentation, la taxe était pour 10,000 francs et au-dessous, de 6 p. 100 ; de 10,001 à 50,000 francs, de 7 p. 100 ; de 50,001 à 100,000 francs, de 8 p. 100 ; de 100,001 à 150,000 francs de 9 p. 100 ; de 150,001 à 600,000 francs, de 10 p. 100 ; de 600,001 à 1,000,000 francs, de 12 p. 100 ; pour 1,000,001 francs et au-dessus, de 14 p. 100.

Entre toutes autres personnes, le droit s'élevait, suivant les mêmes sommes, de 11 à 12, à 13, à 14, à 16, à 18 à 20 p. 100.

C'était le pas le plus hardi qu'on eût encore fait vers les doctrines anti-sociales du communisme. Sans détour ni ménagement, on attaquait là le capital, ce fonds indispensable sur lequel travaille la société, non de façon passagère, mais chaque jour, presque à mesure qu'il se formait. Le seul principe incontesté pourtant en matière d'impôt, c'est qu'on ne doit exiger qu'une portion du revenu, sans jamais atteindre le capital. Or, ce n'est pas évidemment au revenu qu'on s'en prenait, puisque le produit des héritages n'aurait pu suffire souvent pour acquitter les droits proposés. Lorsque d'autres marchaient bruyamment à l'assaut de la propriété, le pouvoir la sapait à la dérobée, sous le couvert de simples mesures fiscales. C'est à cela qu'il mettait son habileté et sa profondeur.

Il ne faut pas cesser de le redire, il n'y a de bien-être général possible qu'autant que le capital est considérable relativement à la population. C'est l'élément essentiel de la production des richesses, c'est l'actif et le préférable moteur de tout travail et de tout échange. Chaque gouvernement éclairé, vraiment ami du peuple, s'applique à encourager la capitalisation de la richesse acquise. Où en arriverait une société qui, tous les ans, verrait s'engloutir dans les coffres du trésor, d'où rien ne se restitue, une notable partie du principe même de sa fortune? Quel serait son avenir, si ce n'est la plus prompte décadence, la misère la plus complète? Les capitaux étrangers s'en éloigneraient, les capitaux indigènes disparaîtraient ou s'expatrieraient.

« Les biens acquis par succession, disait M. Goudchaux dans son exposé des motifs, ne sont point le fruit du travail et de l'intelligence de celui qui les recueille; il les doit au hasard de la naissance, au bonheur, parfois même au caprice des affections privées. » Admirables paroles dans la bouche d'un ministre d'une famille opulente; mais quelle ignorance! L'héritage est le sûr lien, la condition matérielle de la famille, comme l'inévitable conséquence de la propriété, sans laquelle il n'y aurait ni société, ni civilisation possible. Il importe par-dessus tout de le protéger, de le garantir, de le sauvegarder. Insensés sont ceux qui condamnent, de quelque façon que ce soit, l'héritage; ou serait-ce parce qu'on n'a réfléchi sur rien, qu'on ne comprend le jeu d'aucun des ressorts qui font mouvoir les hommes et les peuples, qu'on prétendrait les gouverner? Si le père n'espérait plus transmettre à son enfant les fruits de ses labeurs et de ses épargnes, il renoncerait aussitôt au travail et à l'économie. A vouloir abolir les *hasards de la naissance,* on engendrerait trop sûrement chez tous la dissipation et l'oisiveté. Soyez-en sûr d'ailleurs, au milieu du mouvement incessant des fortunes, celui-là seul qui le mérite acquiert aujourd'hui un patrimoine, celui-là seul qui le mérite le conserve. Avant la loi qui proclame le droit de succession, la raison, l'intérêt, la nécessité le décrètent.

Le plus curieux, c'est que le ministre qui se faisait si libéralement l'apôtre du socialisme, assurait le combattre. Mais, dans son premier discours à l'Assemblée nationale, ne s'était-il pas écrié, en se faisant l'adversaire déclaré de l'organisation du travail : *Il faut l'organisation du crédit !* Ministre des finances, il tenait apparemment que le crédit n'a nul rapport avec le travail !

Il n'apercevait pas non plus à quelles fraudes il engageait, en proposant d'augmenter de 30 à 36 millions une perception qui s'élevait à peine annuellement à 50 millions, et qui donnait déjà lieu à d'innombrables détournements. Comment en effet pour éviter des droits, n'aurait-on pas fait en deux ou trois fois la libéralité qu'on aurait pu faire en une ? Quelle donation ou quel partage entre-vifs n'aurait pas pris dans le même but la forme d'une vente ou d'un échange ? Nul collatéral n'aurait certainement accepté de payer 12 p. 100, soit 72,000 francs, pour une succession de 600,001 francs, lorsqu'il n'aurait dû que 10 p. 100, ou 60,000 francs, pour une succession de 600,000 francs. Les moyens ne manqueront jamais pour ne pas s'enrichir de 1,000 fr. au prix de 12,000 francs ; et pensez à ce qu'apporte dans les mœurs, dans la vie d'un peuple, la constante contravention à la loi.

Des droits exagérés sur les transmissions héréditaires auraient un autre et très-grand inconvénient au milieu de notre organisation sociale. Il deviendrait inévitable que le père, l'aïeul, les parents, les amis, voulussent s'assurer, de leur vivant, que leurs biens iraient, sans trop s'amoindrir, à leurs fils, à leurs parents, à leurs amis; et de là proviendraient pour les fortunes, si divisées déjà, de nouveaux et incessants démembrements. C'est pourtant à l'habitude des chefs de famille belges, de conserver la plus grande partie de leur patrimoine jusqu'à leur mort, que l'on attribue en grande partie la prospérité de leur industrieux et heureux pays. Tandis que le père y profite de son expérience, de ses relations établies, d'importants capitaux, les enfants y sont obligés de prendre de bonne heure les coutumes du travail et de l'économie. Enfin des droits exorbitants sur la transmission des patrimoines inquiéteraient aisément les créanciers, et a-t-on si peu besoin du crédit qu'il n'en faille prendre aucun souci ?

Ce qu'il sied aussi d'observer, c'est qu'on proposait de débuter dans l'application de l'impôt progressif par celui qui s'y peut le moins soumettre. Car, d'une part, l'impôt sur les successions et les donations est calculé, non sur le chiffre de la fortune totale de celui qui les recueille; chiffre qui seul autoriserait cependant la progression, mais sur le chiffre de la succession ou de la donation elle-même, qui peut échoir à un pauvre comme à un riche. D'autre part, cet impôt est jusqu'à présent perçu, parmi nous du moins, sur l'actif brut des biens transmis, sans nulle déduction des charges qui les grèvent. De telle sorte que la surtaxe progressive aurait eu plus d'une fois pour base une non-valeur ou des dettes à payer.

La commission parlementaire à laquelle l'étude de cet impôt avait été renvoyée rejeta fort sensément le principe de la progression, pour le remplacer par un tarif proportionnel. Elle espérait obtenir ainsi sur les recettes réalisées en 1846 une augmentation de 19 millions. Les successions ont produit, en 1846, disait-elle, 35 millions et demi, et les donations près de 10 millions ; elles rapporteront, d'après le tarif proposé : les succesions, 52 millions et demi, et les donations, 12 millions. Rien n'était plus simple qu'un tel calcul ; mais est-il certain que le capital des héritages n'eût pas été diminué par une taxe aussi élevée, et que la fraude n'eût pas encore donné tort aux prévisions ?

C'est toujours une mesure très-grave que d'établir de nouveaux impôts. Dus à des circonstances critiques, ils grèvent des personnes déjà gênées, et se heurtent à d'extrêmes difficultés. Le meilleur remède des détresses publiques ou particulières, c'est l'économie ; mais c'est malheureusement celui auquel on pense le moins. Les nécessités du Trésor provenaient surtout, en 1848, de l'incapacité des gouvernants et de leurs dilapidations ; mais ces gouvernants ne pouvaient être disposés à changer de conduite, en mécontentant leur avide et besoigneux entourage. Il leur convenait mieux de lever des emprunts, de s'emparer des ressources de l'amortissement, de décréter des impôts, sans égard aux déficits et aux misères qui suivaient de tels actes. Il s'agissait moins, à leurs yeux, de la France que d'eux-mêmes, de leur parti et de la révolution, « faite contre tout le monde, » disait l'un de ses principaux auteurs, M. Ledru-Rollin.

Un autre projet d'impôt, qui se rattache au précédent, a été présenté vers la même époque; je veux parler de la taxe annuelle qu'on demandait d'établir sur les biens immeubles de mainmorte, comme représentatif des droits de transmission entre-vifs et par décès que n'acquittaient pas ces biens, hors le cas d'aliénation. De tous les impôts proposés, c'était de beaucoup le préférable. Les biens de mainmorte ne fournissaient pas au Trésor le tiers de ce que lui produisaient les autres biens, et placés entre les mains de corporations dont aucun membre ne ressent les stimulants de l'intérêt privé, ils restaient en une telle infériorité de production que, représentant près de 5 millions d'hectares ou le dixième des propriétés imposables de la France, ils ne donnaient qu'un revenu de 64 millions environ, soit le trente et unième du revenu général. La taxe annuelle à percevoir sur les biens de mainmorte était de 5 p. 100 de leur revenu, ou un peu moins que le montant des droits de mutation qui frappaient les biens des particuliers. Ce revenu étant estimé à 64 millions, l'impôt devait rendre environ 3 millions, dont il y avait uniquement à distraire l'augmentation de secours nécessaire aux établissements subventionnés.

C'est là le dernier impôt proposé dont j'aie à m'occuper au sujet de la crise de 1848 ; mais quelques autres mesures importantes ont été aussi prises à cette époque par rapport aux contributions établies. Ainsi, le Gouvernement provisoire s'est hâté de réduire la taxe des lettres, d'abolir l'impôt du sel à partir de 1849, de renoncer au droit de timbre sur les journaux, qui produisait 3 millions et demi environ, et de détruire l'exercice sur les boissons, qu'il a dû presque aussitôt reconstituer. Ce qui a permis à un ministre de voter contre la décision qu'il avait ardemment soutenue (1).

Certainement l'exercice est fort impopulaire et est un détestable mode de perception; mais on saurait difficilement le faire disparaître, sans réformer en partie notre système des contributions indirectes (2). Il en est autrement de l'impôt du sel. La nourriture de tous, principalement du pauvre, a besoin de cet aliment, l'agriculture de cet engrais, et l'assiette de l'impôt du sel est inique, puisqu'il a la forme d'une capitation. Mais ce n'était pas une raison pour faire de l'abolition de cette taxe une manœuvre électorale, ainsi qu'il en a été; et en face des déficits du Trésor, il valait encore mieux s'appliquer à les atténuer que de décréter l'abolition ou la réduction de la taxe du sel (3). Quelque fâcheuse que soit une ressource, ce n'en est pas moins une ressource. Un long usage est toujours d'ailleurs, en temps de troubles, un mérite inappréciable pour l'impôt. Quant au timbre des journaux, la politique seule y a fait renoncer. C'est jusqu'ici la première con-

(1) Séance du 20 juin 1848.
(2) Le gouvernement provisoire avait remplacé l'exercice par un impôt sur les propriétaires, en estimant que ce dernier rendrait 16 millions de moins que l'autre.
(3) L'Assemblée constituante a voté la réduction des deux tiers de l'impôt du sel à la fin de 1848.

damnation, en France, de toute révolution, comme la première restauration de tout gouvernement plus ou moins régulier.

Les besoins du Trésor autorisent également l'unique critique qu'on puisse adresser à l'uniformité de la taxe des lettres et à sa réduction à 20 centimes par lettre, opérées à ce moment. Chacun connaissait dès lors les bienfaits de la réforme accomplie par Rowland-hill en Angleterre, et le Gouvernement déchu s'était lui-même engagé à l'imiter.

Je m'en tiendrai à ces quatre derniers essais de réforme fiscale, passant sous silence les mille mesures ou les mille projets moins importants dont le résultat a été ou aurait été de détruire d'anciens revenus ou d'ajouter de nouvelles charges. Quelle merveilleuse fécondité! que d'inattendues conceptions! Je ne dirai qu'un mot aussi des dépenses du Gouvernement provisoire, dont il sied de s'étonner que l'Assemblée nationale ne l'ait pas contraint à rendre compte. Elles dépassaient cependant chaque jour de 2,500,000 francs les dépenses ordinaires, en laissant loin derrière elles celles mêmes du directoire.

On s'en souvient, le 24 février 1848, le solde au Trésor et à la Banque était de : 135,000,000 fr.

Dans le mois de mars, l'anticipation des payements sur les contributions directes a produit en sus du douzième exigible, 24,000,000 fr.

Le 30 mars, la Banque a prêté au Trésor : 50,000,000 fr.

Total. 209,000,000 fr.

D'autre part, le 4 mai, le solde du Trésor à la Banque
était de : 22,000,000
Le numéraire en caisse
était de : 10,000,000 } 32,000,000 fr.

L'excédant des ressources sur les dépenses ordinaires s'est donc élevé en soixante et onze jours à 177,000,000, soit par jour, comme je l'ai dit, 2,500,000 francs. Il faudrait même ajouter à cette somme, pour ne rien omettre, le montant des fonds pris aux tontines, à la ville de Paris, aux communes et plusieurs autres.

Mais il est deux chapitres des dépenses générales sur lesquels il importe surtout d'appeler l'attention. Il y avait tout lieu d'espérer, après le 24 février, une diminution depuis longtemps réclamée dans les emploies publics. L'opposition n'avait cessé, durant les dix-sept années de la monarchie de Juillet, d'en blâmer le nombre. On devait croire que, parvenue aux affaires, elle s'efforcerait de détruire l'abus qu'elle avait tant de fois signalé. Elle n'a fait, au contraire, que l'accroître. Pour se pourvoir de places et de traitements, elle a aussitôt oublié ses précédentes réclamations : ses convoitises ont dominé ses critiques. Combien la richesse, les lumières, la dignité de la France s'augmenteraient néanmoins si nous ne possédions pas tant de fonctions inutiles ou fâcheuses ! Mais il faudrait pour cela renoncer à notre système d'excessive centralisation, et nos hommes politiques, quels qu'ils soient, n'usent jamais du pouvoir que pour l'étendre et le développer. Tous ambitionnent une autorité sans bornes, au risque assuré de voir, tous les quinze ou vingt ans, le pays passer de la servilité à la révolte, du bon plaisir à la sédition. La conduite différente des mêmes personnes, délaissant l'opposition pour le Gouvernement, rappelle mieux le voyageur de la légende allemande qui, du sommet d'une montagne, voit les routes opposées qui s'offrent à lui, et entre lesquelles il choisit selon son intérêt ou son caprice, qu'elle ne fait penser à l'homme de Sénèque, toujours immuable en ses convictions, toujours impassible devant les faveurs ou les craintes.

L'autre dépense à laquelle le Gouvernement de 1848 a trop cédé regarde l'armée et la marine. A la fin de la monarchie de Juillet, le budget de la marine avait été très-élevé. L'on avait à tort espéré constituer une marine militaire imposante sans marine marchande considérable, et l'on avait maintenu l'armée de terre sur le pied de guerre. L'armée était assurément loin de l'extension qu'elle a reçue de nos jours ; mais pourquoi conservait-on 300,000 hommes sous les armes, quand nul péril extérieur ne menaçait, que les troupes étrangères restaient inférieures aux nôtres, et que l'on inscrivait publiquement sur le drapeau qui flottait à nos frontières, après avoir jeté son ombre sur toutes les capitales étrangères, ces belles paroles : La paix partout, la paix toujours (1) ! Qui ne sait que l'Union américaine avait jusqu'à la guerre de sécession une armée de 10,000 soldats seulement, et que son budget de la marine, malgré le prodigieux développement de son commerce, ne dé-

(1) Paroles de M. Guizot.

passait pas 6 millions de dollars, 28 millions de francs? L'Angleterre, avec une armée de 100,000 hommes, ne maintenait-elle pas aussi l'ordre dans la Grande-Bretagne et l'Irlande, tout en occupant les innombrables postes ou les immenses colonies qu'elle possède dans les cinq parties du monde, indépendamment de l'Inde, qui a toujours eu ses troupes particulières? Notre caractère national, nos traditions militaires et révolutionnaires nous imposaient une plus forte armée, ce n'est pas douteux ; mais la force n'est pas l'excès (1). D'énormes dépenses, à quelque objet qu'elles s'appliquent, sont une cause d'affaiblissement bien plutôt que de puissance.

Cependant, au lendemain de la révolution de 1848, quoique toute l'Europe s'ébranlât à notre exemple, qu'aucun peuple ne fût en état de nous porter ombrage, loin de réduire les cadres, nos gouvernants se sont empressés de réunir 500,000 hommes sous les armes. Et comme si le danger était imminent, l'on a fait passer les conscrits devant des conseils de révision dérisoires, sans responsabilité, sans direction, sans uniformité, tout en rappelant les classes qui n'avaient plus que quelques mois de service à fournir. Bien plus, 500,000 hommes, ou, pour prendre les chiffres exacts, 522,127 hommes, c'était encore trop peu. Un décret subséquent a augmenté ce nombre de 80,000. Avait-on donc pris à tâche de parodier tous les actes de notre première révolution ? On envoyait des régiments à peine armés aux frontières ; on créait une

(1) Tout compris, la dépense de l'armée était, dans les dernières années de la monarchie de Juillet, de 520 à 550 millions.

armée des Alpes et une *armée du Rhin*, comme s'exprimaient de retentissantes et folles proclamations.

L'armée ordinaire, avec des cadres aussi larges, n'a pas même suffi. On s'est hâté d'y ajouter des corps spéciaux, sans crainte d'introduire où il faut le plus d'unité et d'égalité, de déplorables divisions, de très-nuisibles priviléges. La garde mobile, la garde républicaine, la garde marine, pour ne pas nommer les autres corps improvisés, qu'il a fallu presque aussitôt dissoudre, sous la réprobation et l'effroi public, furent successivement organisées. Enfin, l'on demanda 9 millions 600,000 francs pour mobiliser trois cents bataillons de la garde nationale. On dirait que ce chef de bande qui, la veille de l'attentat du 15 mai contre l'Assemblée nationale, demandait, dans je ne sais quelle taverne, la levée d'un million d'hommes, fût l'un des confidents du pouvoir. Quant à la garde mobile, la plus nombreuse de ces troupes exceptionnelles, elle n'avait d'autre raison d'être, comme après 1830, que le manque de travail à Paris. Mais en même temps qu'on la constituait, on ouvrait pour les ouvriers sans travail les ateliers nationaux, où l'ouvrage de plus de cent mille individus ne représentait pas, à Paris, dix mille journées de travail, et où chaque journée, à Limoges, puisqu'il y en avait partout, représentait 15 centimes de travail.

Sur le chemin de fer de Tours à Bordeaux, alors en construction, c'était peut-être mieux encore. Le mètre cube de terre ou de caillou en place, qui revenait à 50 centimes avec des ouvriers ordinaires, y coûtait 8 francs avec des hommes des ateliers nationaux. Et si je cite cet exemple, c'est pour rappeler que la création de tels ateliers pour assister les ouvriers sans travail, coïncidait avec l'obligation pour les entrepreneurs de travaux publics de licencier leurs propres ouvriers, parce que l'État ne leur payait pas ce qui leur était dû. Ainsi, l'État devait 128,000 francs à la compagnie du Centre pour des travaux de terrassement effectués entre Argenton et la Souterraine, et il lui en offrait seulement 20,000, puis 40,000, puis 78,000. Il ne savait en nulle occasion ce que c'est que remplir ses engagements, et ignorait apparemment que chaque faillite d'entrepreneur chassait des ouvriers aux ateliers nationaux.

Si l'on n'avait cédé qu'aux dépenses nécessaires de l'administration et de l'armée, en revenant aux budgets de la fin de la restauration, on aurait singulièrement rassuré le pays et encouragé le travail. Or, avec plus de sécurité, il aurait été facile de vendre pour 100 millions au moins de biens domaniaux, en un an ou dix-huit mois. Mesure qui n'aurait pas uniquement été profitable au trésor, mais à la France entière ; car l'État gère toujours mal des propriétés qui, répandues dans la population, y porteraient l'aisance, l'ordre et l'industrie.

Comme le Trésor disposait, le 24 février 1848, d'une réserve de 135 millions déposés à la Banque et de valeurs en portefeuille pour 55 millions, il se serait trouvé pourvu, s'il avait opéré les économies et les aliénations que je viens d'indiquer, d'environ 500 ou 540 millions de ressources extraordinaires. Il n'aurait rien eu non plus à redouter des créanciers de la'dette flottante, si l'on avait agi ainsi que je l'ai dit précédemment. Enfin, il lui serait resté l'assistance du crédit, qui ne nous a pas fait défaut malgré toutes nos erreurs et tous nos torts. Il ne fallait qu'un peu de sagesse, de la fermeté, le respect des droits acquis et quelques prudentes mesures à l'égard des classes ouvrières et des principales maisons de banque, pour dominer toutes les difficultés financières créées par la révolution.

Jamais gouvernement, au lendemain d'un semblable désastre, n'a eu tâche aussi facile. Chaque parti politique cherchait à raffermir le pouvoir ; une crise industrielle était inévitable, et pas une fabrique ne se fermait. Manufacturiers, commerçants, capitalistes, si calomniés cependant, se lançaient à l'envi dans l'imprévu pour le salut commun. Dans tous les ateliers, malgré la certitude de pertes considérables, s'offraient aux ouvriers les conditions les plus favorables, sans craindre d'engager le présent et l'avenir. Que vaut, en comparaison de telles résolutions, prises de sang-froid, sans apparat, l'audace derrière une barricade, des programmes mensongers ou de bruyantes parades?

Quand les principaux auteurs de la révolution de 1848 ont assuré qu'ils avaient sauvé le pays, de quel mépris faisaient-ils preuve pour ceux à qui ils s'adressaient ! Ce sont les manufacturiers, les commerçants, les propriétaires, toutes les populations laborieuses de la France qui l'ont sauvé, contre les incapables et les ambitieux qui s'étaient partagé les fonctions et l'autorité. La main dans laquelle il faut déposer la palme publique, disait Hamilton, n'est pas la main artificieuse des hommes qui flattent les préjugés de la multitude afin de trahir ses intérêts. Jamais l'histoire ne remettra cette palme aux mains des gouvernants de 1848. Elle redira une fois de plus, à leur sujet, que si quelques hommes ont l'effronterie du mal, d'autres en ont la lâcheté.

IV

LES BUDGETS DE 1848 ET DE 1849.

M. Garnier-Pagès terminait son rapport, si singulièrement rédigé, du 9 mars 1848, en disant : « Je ne tarderai pas à soumettre au gouvernement les bases d'un nouveau budget, d'un budget vrai, sérieux, honnête, en un mot du budget de la République. » C'est M. Duclerc, qui s'est chargé de tenir cet engagement. D'après le projet de budget rectifié qu'il présenta à l'Assemblée nationale, le 6 juin suivant, les dépenses de l'exercice 1848 se devaient élever à 1,680,222,206 francs, et les recettes étaient évaluées à 1,684,965,870. Il ressortait de ces deux appréciations un excédant de recettes d'environ 4,700,000 francs, soit 6,300,000 francs de moins que n'en avait annoncé M. Garnier-Pagès dans son compte rendu du 6 mai, qu'on ne saurait prendre pour un exposé de budget, et où l'excédant des recettes était porté à 11 millions.

Les principales ressources sur lesquelles comptait M. Duclerc étaient les contributions directes, l'impôt sur les créances hypothécaires, l'impôt progressif sur les successions et les donations, le produit des coupes de bois, celui des taxes sur les boissons et des assurances contre l'incendie, le revenu des douanes, le montant de l'emprunt national, les retenues proportionnelles sur les traitements. Par malheur, plusieurs de ces sommes étaient éventuelles, les autres étaient fort exagérées, et nulle diminution de recettes n'était prévue sur l'enregistrement, le timbre ou les colonies, qui devaient en produire de très-considérables.

Quoique ce proget de budget laissât un boni de plus de 4 millions et demi, M. Duclerc n'en proposait pas moins à l'Assemblée nationale de nouvelles ressources, immédiatement réalisables, dont le produit atteignait 580 millions. C'était là son plan financier, ce qu'il nommait son SECRET, en lui donnant pour but principal de pourvoir au rachat instantané des chemins de fer, cet ardent désir de tous les gouvernants.

Les ressources inscrites dans ce plan étaient :

Emprunt fait à la Banque	150,000,000 fr.
Émission de rentes destinées aux acquéreurs de rentes des départements, en 1848 et 1849	100,000,000
Coupes extraordinaires de bois, en 1848 et 1849	25,000,000
Vente de parcelles de bois	14,000,000
Échanges avec les hospices	25,000,000
Vente de bois de l'État	86,000,000
Vente d'alluvions, lacunes, etc.	4,000,000
Débets à recouvrer	3,000,000
Encaisses des compagnies de chemins de fer	45,000,000
Revenus des chemins de fer en 1848 et 1849	20,000,000
Amortissement de 1849	83,000,000
Reprises à exercer sur la liste civile pour coupes sombres dans les forêts de la couronne	25,000,000
Total	580,000,000 fr.

Puisque j'ai précédemment parlé de l'emprunt fait à la Banque, je présenterai seulement quelques observations sur les autres articles de ce programme financier.

Émission de rentes pour les acquéreurs des départements portée à 100 millions. — Les personnes qui ne savaient ni ce qu'est la rente ni ce que sont les opérations de bourse, pouvaient seules approuver une telle émission et en attendre une pareille somme. Sans doute, dans les temps de crise, lorsque la rente est dépréciée, la province en est à peu près l'unique acheteur sérieux ; mais elle n'achète qu'avec mesure et beaucoup de mesure. Penser, comme le ministre, qu'elle demanderait au moins 25 millions pour les mois qui restaient à courir de l'année 1848, et 75 millions pour l'année 1849, c'était une entière, une complète erreur. Chaque chose progresse, disait M. Duclerc, et en 1847 déjà les achats de la province à la bourse de Paris se sont élevés à 75 millions. Mais 1847 précédait la révolution ; tandis que 1848 et 1849 la suivaient, et comment la rente ne se serait-elle pas dépréciée si des émissions clandestines s'étaient ajoutées aux ventes régulières du public, alors surtout que l'amortissement avait cessé de fonctionner ? Avec 20 millions en espèces, on aurait, selon toute probabilité, fort aisément payé les 75 millions de 1849. Le ministre ne voyait pas que le crédit de la France aurait été anéanti par une émission si mal conçue.

Coupes de bois. — M. Duclerc portait à 25 millions les produits des coupes extraordinaires de bois, et prenait lui-même soin de dire dans son exposé de motifs : « Le bois coupé n'est pas vendu. » Pour faciliter cette vente, il proposait, il est vrai, l'exportation en franchise des bois, à part le chêne et le noyer. Mais vend-on à l'étranger des bois taillis ou des futaies, de quelque essence que ce soit, lorsqu'ils sont situés à plusieurs lieues des frontières? Qu'on se souvienne, afin de mieux apprécier cette ressource de 25 millions, en quelle pénurie de voies de communication perfectionnées nous nous trouvions, il y a vingt-huit ans. L'industrie et la consommation françaises étaient les seuls acheteurs sur lesquels on dût compter, et ni l'une ni l'autre n'offraient, dans leur présente détresse, un large débouché. Même aujourd'hui, l'exportation est presque nulle pour nos bois.

Ventes d'immeubles, de parcelles de bois, de bois de l'État, de biens des hospices, d'alluvions, de lacunes, etc. — J'ai moi-même indiqué plus haut cette ressource ; mais je n'ai pas oublié d'ajouter qu'elle se devait unir à un sentiment général de sécurité et de confiance. Après avoir partout répandu l'effroi, après avoir causé des ruines sans nombre, comment espérait-on vendre à prix raisonnable pour 129 millions de propriétés foncières, en présence notamment de l'autorisation donnée à la Banque d'aliéner, de son côté, les forêts qui lui avaient été livrées en gage ? Le plus beau résultat que puisse atteindre le ministre des finances, disait à ce propos le comité des finances de l'Assemblée nationale, c'est d'arriver au chiffre de 50 millions, et c'était encore se montrer beaucoup trop optimiste.

Débets à recouvrer. — Il est difficile d'imaginer que l'État se pût alors faire rembourser des sommes qu'il avait vainement réclamées dans des temps plus prospères ; c'était encore, je crois, moins aisé que de vendre des forêts.

Encaisse des compagnies de chemin de fer et revenus de ces chemins en 1848 *et en* 1849. — Sur les 45 millions que le ministre croyait trouver dans les caisses des compagnies de chemins de fer, 30 au moins étaient en bons du Trésor, presque sans valeur à ce moment. Quant aux 15 millions à recevoir pendant la première année de l'exploitation de ces chemins, devenus la propriété de l'État, j'ai dit ailleurs ce qu'il en fallait penser ; et combien il convenait d'admirer que, en opérant une pareille spoliation, on se vantât des profits qu'on en attendait ! S'il était habile de gagner 15 millions de la sorte, l'était-il de le publier ? Les chemins de fer en outre rapportent-ils plus que toute autre entreprise, loin de l'ordre, de la confiance, de toute active production ?

Réserve de l'amortissement. — Les 83 millions de rente appartenant à la caisse d'amortissement constituaient un produit certain. Mais le comité des finances de l'Assemblée nationale remarquait justement que les réserves de l'amortissement, suivant la nouvelle rédaction du budget, figuraient déjà parmi ses ressources ordinaires. Sans s'en apercevoir, M. Duclerc les comptait deux fois.

Reprises sur la liste civile. — On aurait peine à croire aujourd'hui à quelle administration a été soumise la liste civile après 1848, si l'on ne savait ce qu'il en est advenu après 1870. Mais quelle justification pouvaient recevoir les reprises dont il s'agit ici ? L'aménagement des forêts contre lequel on réclamait était très-légal, ainsi que l'a reconnu la Cour d'Orléans, et, chose digne de remarque, le ministre qui réclamait 25 millions de la liste civile, à raison des coupes sombres qu'elle avait ordonnées, proposait, à propos du budget, de soumettre les forêts domaniales à de semblables coupes, *en vue d'un meilleur aménagement*. Il le trouvait si bon qu'il espérait en retirer 25 millions de plus, juste la somme qu'il demandait à l'ancienne liste civile, comme dédommagement de sa mauvaise gestion.

Ce plan financier était, on le voit, de tout point fort mal imaginé. Au lieu d'en évaluer les produits à 580 millions et de porter à 4 millions l'excédant des recettes de 1848, le comité parlementaire des finances déclarait, dans son rapport à l'Assemblée nationale, que le budget de cette année se solderait par un déficit de 114 millions, et que les ressources extraordinaires auxquelles on voulait recourir rapporteraient à peine 250 millions. Mais M. Goudchaux a sans doute, et avec raison, trouvé cette estimation trop élevée encore ; car presque aussitôt après sa rentrée au ministère des finances, il a répudié l'œuvre de son prédécesseur. Il n'en est resté que l'emprunt de 150 millions fait à la Banque de France.

En somme, le montant des dépenses votées pour 1848, sous la monarchie, s'élevait à 1,564 millions, y compris 190 millions de travaux extraordinaires. Le projet de budget de M. Duclerc portait ces dépenses à 1,680 millions, après avoir retranché 50 millions sur les travaux extraordinaires. L'Assemblée nationale les a définitivement fixées à 1,823 millions, en diminuant seulement les allocations des travaux publics de 32 millions.

Pour les recettes, la monarchie de Juillet les avait estimées à 1,370 millions, ou, les 103 millions de l'amortissement compris, à 1,483 millions. Dans les dernières évaluations du gouvernement républicain, les recettes étaient portées à 1,494 millions, sur lesquels 191 millions provenaient de l'impôt des 45 centimes. Il avait supprimé 173 millions sur le revenu des impôts indirects, et le comité des finances de l'Assemblée nationale restreignit encore de 7 millions le chiffre afférent au produit des forêts. Le budget des recettes de la république, voté avec cette dernière rectification, s'est ainsi trouvé de 6 millions inférieur à celui de la monarchie, malgré la taxe des 45 centimes.

Mais ces diverses appréciations n'ont pas toutes été justifiées, je n'ai nul besoin de le dire. Les impôts et les revenus indirects, qui, dans les derniers temps du règne de Louis-Philippe, s'augmentaient d'environ 20 millions chaque année, grâce au développement de la richesse sociale, n'ont donné que 676 millions en 1848, au lieu des 820 millions qu'ils avaient produits en 1847. Cette dernière année, qu'une véritable disette avait rendue si désastreuse, était pourtant loin, elle-même, d'avoir suivi la progression accoutumée, puisqu'elle offrait une diminution de 3 millions sur 1846. De même, les droits d'enregistrement, de greffe et d'hypothèque ont, en 1848, éprouvé, comparativement à ce qu'ils avaient rendu en 1847, une réduction du quart ou de 54 millions ; la poste a perdu 400,000 francs ; les douanes ont diminué de 48 millions.

Parmi les taxes de consommation, les réductions les plus marquées, par rapport à 1847, ont été celles de 7 millions sur le sel, de 12 millions sur les boissons, de 9 millions sur les droits divers, de 1 million et demi sur le tabac. L'ensemble des impôts et des revenus indirects a néanmoins dépassé de 10 millions l'évaluation qui en avait été faite dans le budget rectifié.

Rien ne montre mieux peut-être les fâcheux résultats de la Révolution sur la production et les relations sociales, que les 95 millions restant à recouvrer à la fin de décembre 1848, sur l'impôt direct, toujours payé si exactement. Dans cette somme, 66 millions se devaient attribuer à l'impôt ordinaire et 29 millions à celui des 45 centimes. On avait heureusement porté 20 millions pour non-valeurs sur l'impôt ordinaire, et 30 millions pour dégrèvement et non-valeurs sur l'impôt des 45 centimes, au budget rectifié. En résumé, la réduction des recettes et l'accroissement des dépenses ont laissé le budget de 1848 en déficit de 336 millions, malgré les nouveaux sacrifices imposés aux contribuables. Seuls les emprunts de 1847 et de 1848, ainsi que les versements opérés par la compagnie du chemin de fer du Nord, ont ramené ce déficit à 83 millions. Du moins aurait-il dû être tel; mais M. Passy, dans son exposé de la situation des finances publié l'année suivante, lorsqu'il était ministre, l'a porté à 86 millions.

Il ne faut pas tout à la fois oublier que l'emprunt du gouvernement républicain et sa consolidation des dettes exigibles non acquittées ont élevé d'un cinquième les intérêts de notre dette. Ils figuraient pour 291 millions dans le budget primitif de 1848; ils ont été portés à 352 millions dans celui de 1849. A la vérité, la dette flottante s'était réduite d'environ 600 millions par la consolidation des bons du Trésor et des livrets des caisses d'épargne; mais elle s'est presque aussitôt trouvée chargée des 200 millions demandés à la Banque. La diminution réelle n'a donc été que de 400 millions, tandis que l'intérêt de la dette consolidée s'est accru de 61 millions, représentant un capital de 1,293 millions.

Il y avait lieu d'espérer qu'une situation financière aussi grave provoquerait une importante et fort intéressante discussion du premier budget républicain. Il y avait tant de péril à rester dans l'état où l'on se trouvait, tant d'économies à réaliser, tant de services à réorganiser, tant de perfectionnements à introduire dans la direction des travaux publics et l'emploi du crédit, que chacun s'attendait à voir sérieusement traiter ces grandes et pressantes questions. Mais il n'en a rien été, et cela pourrait-il beaucoup étonner après les votes de nos budgets depuis 1870 ? Pas un parti pris dans l'Assemblée ou le gouvernement, nulle vue d'ensemble, nulle attentive préoccupation de la situation financière et industrielle du pays, voilà ce qui s'est le mieux fait remarquer dans cette discussion. Chaque ministre s'est uniquement efforcé, comme d'habitude, de se réserver le plus grand nombre de places à distribuer et de traitements à solder. Celui des finances n'a pas un instant paru se souvenir qu'il était préposé à la garde du Trésor. Il a cru sa tâche remplie après avoir présenté des comptes en règle. Le comité des finances a bien, quant à lui, proposé quelques réductions, mais timides, incohérentes, qui ne se montaient qu'à 1,437,000 francs pour l'exercice 1848, et qu'à 9,338,000 francs pour les exercices suivants. Le seul résultat à signaler, c'est l'abaissement de quelques-uns des traitements les plus élevés.

Comment, après des révolutions si répétées et si funestes, ne s'être pas enquis de ce qui nous distinguait à notre désavantage des pays les plus prospères et les mieux ordonnés ? Pourquoi, par de larges libertés locales, n'avoir pas mis fin à ce régime ruineux de centralisation, de faveurs et de convoitises, qui réunit toujours, sous la trompeuse apparence de la force qu'il procure, tant d'intérêts et de ressentiments contre le pouvoir, comme le devait si bien montrer peu de temps après M. Dunoyer, en l'accusant d'être la principale cause de nos malheurs ? Se peut-il qu'une nation comme la nôtre, où les services généraux des ministères s'élevaient, à l'époque dont je parle, à 1,090,000,000 de francs, et où se rencontraient cent soixante-quatorze mille fonctionnaires, s'interposant dans tous les actes des citoyens, cherchant par tous moyens à se servir eux-mêmes, ne soit pas soumis à d'extrêmes désordres et demeure vraiment libre ? Comment croire également, au risque de me répéter, que la présence d'un demi-million d'hommes fût nécessaire sous les drapeaux pour assurer le maintien de l'ordre ? Avec les moyens euxmêmes de communication dont nous disposions, avec l'organisation régulière et compacte de l'armée, quand nous n'avions rien à craindre de l'étranger, la moitié de ces troupes y aurait suffi, c'est incontestable. Et si nous avions alors réduit l'armée, au lieu de l'augmenter, n'aurions nous pas entrepris moins d'expéditions depuis?

En 1789, le budget se montait à 900 millions; à la fin de la restauration, il n'atteignait pas encore 1 milliard ; dans les dernières années de la monarchie de 1830, il était de 1,500 millions : la république a débuté par en imposer un de plus de 1,800 millions, et la France était au comble de la détresse.

Quant au budget définitif de 1849, dont la discussion n'a pas offert plus d'intérêt que celle du précédent, et le dernier dont j'aie à reproduire les divers élements, il s'est réglé par 1,619,602,274 francs de dépenses payées, et par 11,510,355 francs de dépenses non payées, ordonnancées seulement sur les fonds des exercices suivants. Ses recettes, y compris les fonds généraux du budget de 1848 et ceux du service colonial de cet exercice, restés disponibles, ont été de 1,426,002,831 francs. L'excédant des dépenses sur les recettes a par suite été de 205,109,798 francs. L'on en redoutait un beaucoup plus considérable, tant semblait excessif le dénûment général. Le ministre des finances de ce moment l'avouait lui-même, les paysans et les petits artisans n'acquittaient plus leurs contributions que pressés par des garnissaires.

Cela n'a pas, cependant, empêché d'ajouter aux dépenses ordinaires des dépenses exceptionnelles, nombreuses, injustifiables. Des millions ont été, par exemple, distribués à l'industrie du bâtiment, seule apparemment à souffrir, aux yeux du gouvernement, ainsi qu'aux associations ouvrières, s'essayant à la coopération la plus mal conçue. D'autres sommes, non moins importantes, ont été allouées aux communes, pour les engager à voter de nouveaux impôts municipaux. Des primes ont été offertes aux marchandises exportées, comme s'il importait de faire des cadeaux aux étrangers. Des subventions ont été distribuées aux ateliers nationaux, ardents foyers de conspirations et d'émeutes, où trois cent mille personnes s'habituaient, à Paris seulement, à la plus dégradante fainéantise, tout en ne recevant que 16 centimes par jour (1). C'étaient encore les 522,019 francs, livrés à la Grèce, pour le payement du semestre de son emprunt, échu le 1er septembre 1848 ; les 6,700,000 francs affectés au solde des écharpes et des drapeaux commandés avec tant d'apparat, à Lyon, par le gouvernement provisoire ; les 50 millions enfin, pour ne pas prolonger cette énumération, demandés en vue des colonies agricoles qu'on voulait fonder en Algérie, avec des ouvriers de fabrique, envoyés de France, sans capitaux, sans savoir, sans usages de la vie rurale. Peut-être imaginait-on qu'une société où ne se trouvent ni fortune ni talent, cet idéal de la Convention, lorsqu'elle envoyait à l'échafaud tout ce qui s'élevait au-dessus de la foule, fût-ce un Lavoisier, fût-ce un André Chénier, cet ardent souhait de tout utopiste socialiste, était plus possible au delà de la Méditerranée qu'en deçà.

(1) V. un travail de M. Michel Chevalier, *Statistique des travaux publics sous la monarchie de* 1830, publié par le *Journal des Économistes* du 15 décembre 1848.

Si l'on se livrait à d'aussi regrettables dépenses, on en négligeait, d'autre part, de fort utiles, et l'on ne prévoyait aucune de celles qui bientôt allaient devenir inévitables. N'avions-nous pas, en effet, à terminer nos chemins de fer en cours d'exécution, à ouvrir notamment à bref délai celui de Lyon à Avignon, afin d'achever la ligne de la Manche à la Méditerranée? Le chemin de Lyon, en fort triste état, nous imposait seul une charge de 300 millions; celui de Chartres réclamait 10 millions. Il nous aurait également fallu porter les canaux de l'État à leur entière condition d'entretien, et en compléter le réseau; ce qui ne pouvait s'évaluer, pour faire un travail réellement profitable, à moins de 600 ou 650 millions. On assure qu'un contrat d'assez long fermage, signé avant la révolution, pourvoyait à l'entretien des canaux déjà construits. En ajoutant à ces différentes sommes une trentaine de millions destinés à soutenir le travail et le crédit particuliers, on arrivait à plus d'un millard à dépenser dans un délai de cinq ou six années, si l'on ne voulait pas laisser l'industrie française en une très-fâcheuse infériorité par rapport aux industries étrangères.

L'un des membres de l'Assemblée nationale les plus compétents sur les questions financières, et dont l'autorité s'affirmait mieux chaque jour, M. Fould, disait, après avoir rappelé le découvert du budget de 1848, et apprécié celui que laisserait le budget de 1849, comme après avoir énuméré les charges auxquelles nous avions de toute nécessité à satisfaire : « Nous avons demandé à l'emprunt et à l'impôt, et au nom de l'État, et au nom des départements, et au nom des communes, tous les sacrifices qui sont en ce moment possibles, des sacrifices plus lourds que ceux qui à aucune époque ont été demandés à aucun pays. Il n'y a plus d'autre ressource maintenant que l'économie ; il faut prendre un parti énergique et ne demander aucun supplément de ressources ni au crédit ni à l'impôt. » C'est ce qu'avait dit sous une forme plus générale et dans un moment bien moins critique, Casimir Périer : « La base des finances de tous les empires, c'est l'économie, comme la source du crédit et de la confiance, c'est la fidélité à remplir ses engagements. » Et Casimir Périer aurait de nouveau pu ajouter s'il avait vécu : « Ces assertions, toutes vulgaires qu'elles puissent paraître, ne le sont pas encore assez, puisque sans cesse on voit une pratique contraire. »

Dans une autre occasion, M. Fould s'écriait pareillement, cédant aux mêmes préoccupations : « La situation de nos finances, toute compromise qu'elle est, n'aurait rien qui dût exciter de sérieuses alarmes et de sinistres prévisions, mais ce serait à la condition que, par des mesures énergiques et promptes, le gouvernement et l'Assemblée sauraient, d'un commun accord, puiser des ressources dans le seul trésor qui nous soit ouvert désormais, celui de l'économie, et que par le concours d'une administration vigilante et ferme, le revenu public, si souvent attaqué, serait maintenu avec une rigoureuse sévérité. »

Tout effectivement était là : économie et vigilance au sein de l'ordre ; ne rien négliger du nécessaire, ne rien sacrifier à l'inutile. Puisque la révolution était accomplie, il fallait s'efforcer d'en amoindrir les désastres, et c'était chose facile avec du savoir, de l'honnêteté et de l'énergie. La France, la véritable France est laborieuse et conservatrice, économe et dévouée. Avec de la sécurité, des ressources considérables se seraient offertes d'elles-mêmes, soit par des ventes de biens domaniaux, soit par les payements des emprunts contractés, soit grâce aux fonds de l'amortissement. N'avait-on pas en outre dès lors, comme indication des plus heureux développements industriels et financiers, les grandes réformes douanières de l'Angleterre, bien que le gouvernement provisoire eût pris soin, parmi ses premiers actes, de fermer la seule chaire d'économie politique existant en France, quelque illustre qu'en fût le titulaire (1).

Le ministre qui présenta le budget de 1850, M. Trouvé-Chauvel, n'en estimait le découvert qu'à 91 millions. Mais son successeur, M. Passy, à qui fort heureusement était échu le portefeuille des finances, dans cet incessant changement de ministres, l'évaluait à 107 millions, et ce n'était pas encore assez. Le revenu des forêts allait laisser un déficit de 10 millions sur les estimations acceptées, les impôts sur le revenu mobilier, les successions et les donations, dont on attendait 99,534,000 francs, venaient d'être repoussés par l'Assemblée nationale, et la réduction des deux tiers de l'impôt du sel devait causer une perte de 15 millions.

(1) M. Michel Chevalier.

En même temps qu'il y avait à tenir compte des déficits de
1848 et de 1849, il fallait aussi penser aux 38 millions votés
pour indemniser les caisses d'épargne des pertes qu'elles
avaient subies, ainsi qu'aux 227 millions de déficit des
années antérieures à 1848, aux 60 millions indispensables
comme fonds de roulement, et à l'indemnité promise aux
colons pour leurs esclaves émancipés. Ce n'étaient assurément pas les taxes qu'on proposait d'établir sur les biens
de mainmorte, le timbre des effets de commerce ou des
actions industrielles, se montant ensemble à 11,300,000
francs, qui pouvaient être de grand secours pour solder
de pareilles sommes. D'une part, l'augmentation de 61
millions, ou d'un cinquième, sur les intérêts de notre
dette consolidée ; d'autre part, un déficit qui ne pouvait
pas être estimé, en y comprenant les charges que je viens
de rappeler, à moins de 640 ou 700 millions, dépassant
par conséquent celui qui existait avant la consolidation
de la dette flottante, voilà, sans revenir sur les nécessités
que j'indiquais il y a un instant, les deux chiffres qui résumaient notre situation financière au commencement de
1850, en présence d'une industrie aux abois et d'un commerce anéanti.

Cependant, à partir de ce moment, notre situation s'est
améliorée. Le pays tout entier a senti que le désordre était
dompté. L'espoir et la sécurité ont succédé aux frayeurs
et aux bouleversements ; nous avons repris notre marche
vers l'avenir. J'ai une médiocre estime, je l'avoue, pour
la monarchie de Juillet. Si je reprochais à la restauration,
dans mon précédent chapitre, d'avoir méconnu le nouveau

courant industriel du dix-neuvième siècle, je le reprocherais bien davantage à cette monarchie, qui a eu beaucoup d'autres torts. Quelle a été son origine? et qui ne sait les paroles de Robert Peel en apprenant la révolution de 1848? Mais cette révolution n'en a pas moins été une détestable action et un très-grand malheur. Il fallait être aveugle, ne rien comprendre aux conditions d'existence d'un pays livré à l'industrie et au crédit, même en des proportions restreintes, pour ne se pas persuader que le régime qu'elle avait enfanté durerait peu. L'empire est né d'un coup d'État, c'est vrai; mais la nation entière le sollicitait et l'a ratifié; il est impossible de le nier. On ne saurait non plus méconnaître que les révolutions, accomplies uniformément au nom de la liberté et du bonheur public, n'ont jamais produit que le dénûment et l'arbitraire. Tout fol élan entraîne un prompt retour; la civilisation ne s'avance que d'un pas mesuré, sagement et honnêtement réglé. A la vue de sa patrie si déchue de son ancienne splendeur, Jean de Witt lui recommandait, pour la recouvrer, on s'en souvient, la paix, le respect des droits et des biens, la diminution des impôts, de larges franchises religieuses, politiques et économiques. Ce seront toujours les meilleurs conseils à donner aux peuples dans la mauvaise ou la bonne fortune. Hors de là, ils n'ont à attendre que ruine et souffrance.

CHAPITRE IV

LA CRISE DE 1870

SOMMAIRE. — I. Les derniers budgets de l'empire. — Les budgets de 1870 et de 1871. — Mesures financières qui ont suivi la guerre et la révolution du 4 septembre. — Premiers impôts établis. — Emprunt de 2 milliards.
II. Résultats de ces impôts. — Impôts des valeurs mobilières. — Impôt du revenu. — Autres impôts proposés.
III. Budget de 1872. — Compte de liquidation. — Effets du retour aux droits protecteurs. — Nouveaux impôts. — Nos traités de commerce.
IV. Exposés financiers de MM. Germain et Magne. — Emprunt de 3 milliards. — Impôt des matières premières. — Taxes, aliénations et économies qui auraient dû être décrétées ou réalisées.
V. Budget de 1873. — Retrait de l'impôt des matières premières et de quelques autres taxes protectionnistes.
VI. Budget de 1874. — Compte de liquidation. — Rapport de M. Magne. — Budget de 1875.
VII. Nouveau traité fait avec la banque de France. — Conversion de l'emprunt Morgan. — Nouveaux impôts. — Budget de 1876. — Charges créées par la guerre et la révolution du 4 septembre. — Mesures financières à prendre en ce moment.

L'administration financière du second empire ne présente qu'une suite ininterrompue d'expédients. Mais telles sont les ressources de la France, et si bienfaisantes sont les franchises économiques reconnues pour la première fois par ce gouvernement, que jamais encore notre industrie et notre richesse n'avaient pris un essor pareil à celui qu'il a vu s'accomplir. Quels qu'aient été ses excès de crédit ou d'impôt, notre travail et notre fortune se sont extraordinairement étendus de son avénement à sa chute.

Afin de ne rappeler que les derniers budgets de ce gouvernement, d'après le rapport de la commission de vérification des comptes pour 1869 et l'année précédente, le budget de 1868, qui dépassait deux milliards aux recettes et aux dépenses, laissait un excédant de recettes de 19,359,098 francs. Mais cet excédant n'était qu'apparent; il se produisait seulement grâce à l'application aux dépenses d'une somme d'environ 117 millions et demi, prise sur l'emprunt de 429 millions contracté peu auparavant. L'excédant de près de 58 millions, laissé par le budget de 1869, n'était pas non plus d'autre nature et n'avait pas une autre origine. Le même emprunt avait fourni près de cent millions aux dépenses de ce dernier budget. Le déficit véritable des deux budgets de 1868 et de 1869 s'élevait à 137,195,646 francs.

M. Wolowski, rapporteur du budget de l'année présente, voté par l'Assemblée nationale, n'avait que trop raison de dire : « Le déficit dans le règlement des budgets annuels était devenu comme le fait normal de l'administration de l'empire, malgré les emprunts successifs qui ont accru de 120 millions d'arrérages le montant de la dette inscrite sans tenir compte de la conversion, qui avait réduit d'une vingtaine de millions la charge des intérêts. »

Quant au budget de 1870, il avait été calculé à près de deux milliards en recettes et en dépenses, et bien qu'il reçût une affectation d'environ 32 millions et demi de ressources extraordinaires, à peine offrait-il un faible excédant de 3 millions, que la guerre et la révolution ont transformé en un déficit énorme. La perte sur la perception des impôts de cette année a atteint 385 millions, et de nouveaux recouvrements ont procuré 1,840,150,395 francs. L'ensemble des dépenses de 1870 n'a pas été moindre de 3 milliards 300 millions.

Le budget de 1871, préparé vers la fin de l'empire par M. Magne, revisé par M. Buffet et présenté par M. Segris, ministres si passagers des finances, portait, en prévision encore de la paix, nos recettes, y compris, comme dans le précédent budget, celles de l'amortissement et de l'extraordinaire, à 1,880,961,193 fr., et nos dépenses à 1,852,103,938 fr. Trois innovations avaient été réalisées à propos de ce budget ; l'une par M. Buffet, et les deux autres par la Commission parlementaire chargée de son étude. La première limitait le cumul des traitements ; les dernières augmentaient la dotation de l'amortissement de 2 millions, et assuraient un supplément de plus de 5 millions aux travaux publics. Mais ce budget ne s'est même pas discuté ; une fois de plus la violence a mis fin aux sérieuses recherches et aux controverses utiles. Les recettes de 1871 ont seulement été de 1,600 millions ; tandis que ses dépenses ont dépassé 3 milliards 20 millions. En réunissant aux payements prévus du budget ceux effectués à la Prusse, M. Pouyer-Quertier estimait, dans l'exposé des motifs du budget de 1872, les diverses sommes acquittées par le Trésor, durant 1871, à 4,712,091,227 francs.

Enfin les premières mesures financières entraînées par la guerre si regrettable et si désastreuse de 1870 ont été l'emprunt de 750 millions que je rappelais à l'instant ;

emprunt émis en rentes 3 p. 000 à 60 fr. 60, ainsi que diverses surtaxes établies sur le café, les cacaos et le thé. Ce sont là nos premières mises au jeu ruineux et sanglant des combats, que nous recommencions avec tant d'imprévoyance, au moment même où l'Angleterre, continuant ses belles réformes, réduisait de moitié ses droits sur le sucre, qu'elle devait bientôt entièrement abolir, et où la Belgique supprimait tout prélèvement sur le sel ou le poisson, et abaissait de moitié la redevance des lettres. Presque en même temps, le cours forcé était concédé aux billets de la banque de France, notre seul établissement d'émission depuis 1848, et l'on rééditait fort inutilement l'article du Code pénal qui punissait de mort tout envoi d'argent en pays ennemi.

Le cours forcé des billets a été très-vivement attaqué à ce moment, notamment par M. Wolowski, dans un savant et remarquable écrit. Mais quoique ce soit toujours une mesure arbitraire et le plus souvent un extrême dommage, comment ne l'aurait-on pas établi? M. Wolowski, partisan décidé de notre organisation fiduciaire, aurait au moins dû montrer de quelle façon la Banque de France, dénuée à peu près de capital, et possédant, comme il en était alors, une circulation de papier d'environ 1 milliard et demi, se serait maintenue sans ce nouveau privilége. Est-ce que, dès le principe de la crise, les billets de la Banque ne se présentaient pas à tous ses guichets, et ne s'empressait-on pas de toutes parts d'en retirer les dépôts (1)?

(1) Les dépôts en espèces remis à la Banque étaient de 1 milliard le

Là s'arrête l'administration financière de l'Empire. Je n'examinerai pas celle du gouvernement issu de la révolution du 4 septembre, accomplie en face d'une armée étrangère de huit cent mille hommes, qui couvrait déjà neuf de nos départements. « Il m'a paru que Paris décidait pour toute la France, et que la populace décidait pour tout Paris, » écrivait, en 1794, le ministre des États-Unis en France à Randolph. Il en est toujours ainsi ; mais jamais encore la populace n'avait commis contre son pays une aussi coupable trahison. Dissipation des fonds dont il disposait ; abandon à des bandits des fournitures de l'armée ; emprunts, tant qu'il s'est trouvé des prêteurs, au taux que l'usure réclamait (1) ; levées sans droit ni mandat d'impôts et de soldats ; banqueroute des caisses d'épargne, comme en 1848 ; menace de la fermeture de la Banque ; voilà les actes financiers du gouvernement du 4 septembre, que son origine rendait presque inévitables.

Quand les représentants de la France se sont rassemblés à Bordeaux, plus de trois milliards et demi avaient été dépensés depuis la déclaration de guerre, qui ne remontait cependant qu'au mois de juillet précédent, et il ne se trouvait plus qu'un million dans les caisses du Trésor. Peu de temps après, M. Thiers déclarait qu'en continuant la lutte après la chute de l'Empire, on avait dépensé 1,700 millions sans espoir de succès, et que notre indemnité de

---

août 1870 ; ils n'étaient plus que de 808 millions le 18 septembre. — La circulation de la Banque était, le 11 août, de 1,745 millions.

(1) Émission des bons du Trésor et emprunt de 250 millions contracté à Londres par la délégation de Tours, contre l'avis du gouvernement de Paris.

guerre s'était élevée de 2 milliards et demi à 5 milliards.

L'Assemblée nationale s'empressa de nommer une commission chargée de lui faire connaître les dépenses effectuées depuis le 4 septembre, celles restant à solder, et les ressources disponibles. Mais le nouveau gouvernement, dont plusieurs membres avaient figuré dans le précédent, obtint qu'aucune publicité ne fût donnée au rapport de cette commission, confié à M. Léon Say. Le public en recueillit seulement que nos dépenses excédaient de 8 millions par jour nos recettes, durant la continuation de la guerre, et que le ministre de la guerre n'avait entre ses mains que les expéditions de quatre mille marchés, bien qu'il y en eût environ vingt mille en cours d'exécution. Pourquoi s'être dès ce moment plus confié à l'habileté, à la dissimulation, qu'à la rigoureuse et sincère honnêteté?

Les exposés de motifs des deux projets de loi relatifs aux rectifications du budget de 1871, fort succints, très-insuffisants l'un et l'autre, sont les premiers documents financiers publiés après 1870. Ils ont heureusement été bientôt suivis du rapport de M. de la Bouillerie, *Sur l'ensemble de la situation de la France*.

Ce rapport, très-justement apprécié, constate que, du 18 juillet 1870 au 20 février 1871, il avait été ouvert aux différents départements ministériels, en sus de leurs budgets ordinaires et extraordinaires, des crédits supplémentaires pour une somme de 2 milliards 300 millions. Cela n'empêchait cependant pas un déficit de 400 millions, pour les derniers mois de 1870 et les premiers de 1871, sans parler des sommes, fort difficiles à apprécier, qu'avaient acquittées les départements, les communes et les particuliers, par suite de la guerre ou de l'occupation prussienne. Touchant ces sommes, on ne connaissait que les cent millions entrés dans les prévisions de la comptabilité, pour la part contributive des départements aux dépenses de la mobilisation de la garde nationale.

Et l'avenir ne se présentait pas sous un plus riant aspect que le passé. A quel prix venions-nous d'obtenir la paix ! Avec les effroyables charges qu'elle nous imposait, tout n'était-il pas à réparer ou à réorganiser ? Les seules rentrées exceptionnelles à attendre consistaient dans les 385 millions restant dus sur l'emprunt de 750 millions, contracté par l'empire ; dans les 20 millions dus sur celui de 250 millions, souscrit à Londres par le gouvernement du 4 septembre, et dans les 35 millions demeurés à la charge des départements sur le contingent des mobilisés. Ces sommes étaient loin de couvrir les engagements de l'État, alors que les dernières avances de la Banque encore disponibles allaient être promptement absorbées, et qu'on ne pouvait plus compter sur l'émission des bons du Trésor (1). Il n'était que trop vrai de dire, comme le faisait M. de la Bouillerie, que de tels faits étaient la douloureuse justification de la paix signée par la France. La guerre avait coûté plus de 3 milliards ; la paix y ajoutait, à ne considérer que notre indemnité, 5 milliards.

Ces tristes appréciations ont bientôt aussi été corroborées par l'exposé du projet d'emprunt des 2 milliards

(1) M. Léon Say constatait dans le rapport cité précédemment, qu'on avait retiré 973 millions de ces deux dernières ressources.

destinés à solder la première partie de notre dette envers la Prusse. « Les travaux entrepris, y disait le Ministre des finances, nous permettent de constater l'existence de déficits notables dans les recettes de 1870, et, nous ne pouvons vous le dissimuler, les recettes de l'exercice 1871 seront certainement au-dessous des prévisions.» Ce ministre, M. Pouyer-Quertier, remarquait également qu'en admettant l'atténuation des déficits, grâce à la réduction des dépenses, à la reprise du travail ou des consommations, et à la perception de nouveaux impôts, on ne pouvait espérer de voir descendre au-dessous de 500 millions celui de chacun de ces exercices.

Quant aux avances de la Banque, effectuées malgré le principe de son institution et les lois qui la régissent, elles avaient été successivement élevées à 1 milliard 330 millions. C'était une somme supérieure à plus de six fois son capital. Sur cette somme, la Prusse avait reçu un premier à-compte de 125 millions, tout en acceptant pour 325 autres millions, imputables sur le second demi-milliard de notre indemnité, la portion du réseau de la compagnie du chemin de fer de l'Est, située sur son nouveau territoire. En raison des déficits prévus du précédent budget et du budget de 1871, abstraction faite de toutes les atténuations espérées, comme à raison de la somme à payer dès lors à l'Allemagne, il restait, estimait-on, à couvrir 1,976,648,000, fr.

C'est en présence d'une telle situation que le Gouvernement s'est fait autoriser à emprunter, par voie de souscription publique, les 2 milliards nets en rentes 5 p. 100, dont je parlais à l'instant, et a demandé de porter, s'il le jugeait utile, jusqu'à 1,550 millions son débit à la Banque, qu'il s'engageait à rembourser par des paiements annuels de 200 millions. Je n'ai rien à dire, d'ailleurs, du décevant mirage de l'amortissement, qu'on faisait si complaisamment apparaître à ce moment, en faveur de la dette inscrite. Qui pouvait croire à l'amortissement lorsqu'existaient de pareilles charges, accrues encore chaque jour? On parlait d'amortissement et l'on n'osait pas même avouer la réalité !

L'emprunt émis nominalement à 82 fr. 50, et seulement pour les rentes libérées au moment de l'émission, à 79 fr. 25, s'est élevé, à cause des frais de commission, d'escompte et de change, auxquels il a dû pourvoir, à 2,224,586,925 fr. Par suite, l'intérêt annuel de notre dette s'est-il augmenté de 134,825,450 fr. On y doit même ajouter 4 autres millions, pour les rentes souscrites par les déposants des caisses d'épargnes, selon la faculté que leur accordait la loi d'emprunt. Mais un semblable prêt, dans d'aussi fâcheuses circonstances, n'en suffisait pas moins pour convaincre de l'importance prise par notre fortune sociale depuis 1848. A cette époque, pour une somme beaucoup plus faible et après de bien moindres désastres, la France n'empruntait, à 5 p. 100, qu'à 75 fr. Notre 5 p. 100, qui était à 117 fr. le 1er janvier 1848, atteignait à peine 50 fr. le 1er avril suivant, et 75 fr. 75 le 1er janvier 1849. Dans le même temps, notre 3 p. 100 variait de 75 fr. à 32 fr. 50 et à 46 fr. C'est que depuis 1860 surtout, grâce aux réformes commerciales que j'ai rappelées au commencement de ce chapitre, nous étions entrés dans la carrière de la grande et fructueuse production, où l'Angleterre seule nous devait désormais précéder. A l'abri des franchises économiques, le navire était devenu assez solide pour surmonter tous les flots de la tempête

On a calculé sans exagération, je crois, que nos améliorations industrielles et agricoles effectuées sous l'Empire représentent une somme de 30 milliards, et que notre épargne annuelle a alors été d'au moins 1 milliard 1/2. Si ce n'avait été là qu'une richesse illusoire, factice, comme l'ont cent fois répété les protectionnistes et les révolutionnaires, que signifieraient les chiffres précédents? Ne sied-il pas aussi de se souvenir que tous les établissements importants de crédit, à part la Banque de France, avaient succombé en 1848, et qu'aucun d'eux n'a interrompu ses fonctions ni ses services après le 4 septembre 1870?

Il n'est pas douteux, du reste, que l'emprunt ne se fût fait à de meilleures conditions encore si l'on avait traité avec de grands capitalistes, soit directement, soit par adjudication, au lieu de s'adresser à la masse du public. Cela même a certainement contribué à relever la prime, un instant inquiétante, des métaux précieux; prime d'autant plus fâcheuse que nous avions alors à solder en capitaux des acquisitions fort importantes de céréales. Toutefois la faute principale par rapport à l'emprunt, c'est, en acceptant un taux nominal, d'avoir une fois de plus reconnu que le Trésor devait 100 fr., lorsqu'il n'en recevait que 82 ou 79. Pourquoi avoir continué d'aussi détestables errements, à l'encontre des plus sûrs enseignements de la science et des récents exemples de l'Angleterre et des États-Unis? Pouvoir se targuer d'obtenir une souscription de 5 milliards lorsqu'on en demande 2, comme il en a été à l'occasion de l'emprunt dont je parle, est-ce assez pour renoncer à diminuer, dès que l'horizon s'éclaircit, l'intérêt exagéré qu'ont imposé de fâcheuses circonstances, ou pour ne pas pouvoir se libérer en remboursant seulement ce que l'on a touché? En somme, les 138,800,000 fr. de rentes 5 p. 100, dont notre budget s'est trouvé chargé par cet emprunt, représentaient un capital de 2 milliards 776 millions, et n'ont produit que 2,224 millions. La perte a donc dépassé un demi-milliard (1).

Le rapport, si remarquable et si utile, qu'a publié M. Magne, à son entrée au Ministère des finances, après l'avénement du maréchal de Mac-Mahon à la présidence de la République, montre que les frais de l'emprunt impérial de 750 millions ont été de 85 centimes par 100 francs, que ceux de l'emprunt de 250 millions ont été de 3 fr. 50 cent., que ceux de l'emprunt de 2 milliards ont été de 2 fr. 55 c., et que ceux de l'emprunt de 3 milliards, dont je parlerai plus loin, ont été de 3 fr. 70 cent. aussi par 100 fr. Voilà quelques-uns encore des résultats de notre mode d'opérer.

Ai-je besoin d'en faire souvenir? l'Angleterre n'emprunte même plus en rentes perpétuelles. Les 1,700 millions que lui a coûté la guerre de Crimée ont été demandés

(1) Voir un rapport de M. Gouin, présenté dans la séance du 1er août 1872.

pour moitié à de nouveaux impôts, et pour moitié à des emprunts remboursables à court terme, tous éteints aujourd'hui. Lorsque M. Gladstone présentait à la Chambre des Communes le budget de 1866, il est allé jusqu'à proposer de convertir en annuités temporaires une portion assez notable de la dette perpétuelle, pour la réduire de 1,250 millions en 1886. Qui ne sait, en outre, que la dette anglaise s'est diminuée de 500 millions sous le dernier ministère de ce grand financier, de ce grand homme d'État?

Quant aux États-Unis, personne n'ignore non plus qu'ils ont emprunté presque instantanément, sous forme d'annuités, 15 milliards pendant la guerre de sécession, et que c'est pour amortir promptement, trop promptement peut-être, cette dette qu'ils ont élevé leurs taxes avec si peu de ménagement. Ils consacrent maintenant 5 ou 600 millions par an à ce remboursement. Quelle ville, quelle compagnie industrielle, quel particulier, pressés par le besoin, consentiraient à suivre l'exemple de notre Trésor? Certains succès de passagère popularité coûtent cher aux États. Partout le charlatanisme est plus onéreux que la simple honnêteté.

C'est en partie à notre mode d'agir que se doit rapporter la progression si rapide de l'intérêt de notre dette, que j'ai fait connaître dans l'un de mes précédents chapitres. Si cet intérêt était de 230 millions à l'avénement du second Empire, de 363 millions lors de la guerre de 1870, le dernier emprunt du gouvernement impérial, celui du Gouvernement du 4 septembre et celui de 2 milliards l'ont augmenté de 193,323,000 fr. Notre grand-livre a dès lors été chargé d'une somme de 556,965,718 fr. de rentes.

Ce n'est pas malheureusement la seule charge annuelle, indépendante des dépenses courantes, à laquelle nous eussions à penser à l'époque dont il s'agit. Il nous restait à faire face à l'intérêt des trois derniers milliards dus à l'Allemagne, à celui du retour promis à la compagnie de l'Est pour les lignes qu'elle perdait, à celui de notre dette envers la Banque, aux pensions civiles ou militaires, aux garanties d'intérêt accordées aux compagnies de chemins de fer, à certaines dotations, à la dette flottante, qu'on ne pouvait, grâce à l'incendie du Ministère des finances durant la commune, qu'évaluer approximativement à 600 millions, enfin à l'intérêt des cautionnements, aux rentes pour la vieillesse et à diverses charges spéciales, constituant aussi des annuités. On s'éloignait peu de la vérité en portant, pour un avenir rapproché, ces différentes sommes, y compris les arrérages de la dette, à plus d'un milliard. Le budget de 1872 a effectivement évalué, dans ses comptes, la dette publique et les dotations à 1 milliard 109 millions.

C'est plus que l'ensemble tout entier du dernier budget de la Restauration. Aussi bien, est-ce ce budget que, vers la fin de son rapport, avait rappelé, avec une légitime tristesse, M. de la Bouillerie, en opposant aux 981 millions qui le composaient, les 1,446 millions du budget de 1848, les 1,852 millions du budget de 1871, réglé comme il l'était d'abord, et les deux milliards 500 millions qui semblaient nécessaires pour le budget de

1872. Il ne comprenait même dans ce chiffre ni les crédits affectés aux dépenses départementales et spéciales, estimées à 300 millions, ni l'arriéré des budgets antérieurs, évalué à 673 millions, et supporté par la dette flottante et les fonds de roulement du Trésor. Quelle lourde charge pour les capitaux existants! Quels prélèvements sur l'aisance ou le besoin! Quelles excessives difficultés pour le travail et les transactions!

Grevé d'un tel fardeau, le Trésor trouvait, dans l'emprunt et l'extension donnée aux prêts de la Banque, la disponibilité d'une somme de 2 milliards 200 millions. Il n'en avait pas d'autre, et ce n'était encore qu'une disponibilité presque fictive. Car les déficits que j'indiquais plus haut, et la première partie de notre indemnité de guerre réduisaient cette somme à 223,353,000 francs, ou, si l'on veut tenir compte de l'annulation de crédit réalisée sur le budget des travaux publics de 1870, à 235,353,000 francs. Les suites de la Commune, de nouveaux besoins, de plus sûres évaluations, l'ont même bientôt fait disparaître en totalité. En résumé, suivant la commission financière de l'Assemblée nationale, les recettes ordinaires et extraordinaires de 1871 devaient atteindre l'énorme chiffre de 3,149,973,072 francs, et les dépenses ordinaires et extraordinaires du même exercice celui de 3 milliards 203,746,443 francs. Évaluations réellement effrayantes, mais beaucoup plus exactes, on n'en saurait douter maintenant, que celles présentées, au nom du gouvernement, par M. Pouyer-Quertier, dans son exposé de motifs des budgets rectifiés de 1870 et de 1871. La vérité, c'est que le déficit du budget de 1871, malgré toutes ses ressources extraordinaires, les nouveaux emprunts et les nouveaux impôts, a dépassé 61 millions.

Les nouveaux impôts dont a profité ce budget, sont ceux que le gouvernement avait réclamés de l'Assemblée nationale, à peu près en même temps que l'emprunt de 2 milliards. C'étaient des impôts ou des augmentations d'impôts :

Sur les droits d'enregistrement et de timbre, pour.........	90 millions.
Sur les contributions indirectes — boissons fermentées, cartes, assurances, allumettes, papiers, chicorée, café, cacao, épices, tabac, etc., — pour.....................	149 —
Sur les postes, pour.................................	5 —
Sur les droits de sortie, pour........................	15 —
Sur les droits de navigation et de tonnage, pour...........	5 —
Sur les sucres et les cafés, pour........................	34 —
Sur les matières brutes et les textiles, pour..............	170 —
Sur les produits fabriqués étrangers, pour...............	10 —
Sur le pétrole, pour.................................	10 —
TOTAL.............	488 millions.

En proposant ces taxes, le gouvernement évaluait seulement à 120 millions les produits qu'elles donneraient jusqu'à la fin de 1871, et ne demandait encore que leur produit intégral de 488 millions, en sus des anciens impôts, pour 1872, bien qu'il portât déjà les nouvelles nécessités de cet exercice à 650 millions (1).

(1) Ces nécessités étaient ainsi évaluées par M. Pouyer-Quertier, dans son exposé du budget de 1872 :

Intérêt des trois derniers emprunts (de 750 millions, 250 millions et 2 milliards)..	193 millions.
Intérêt des 3 milliards encore dus à la Prusse.............	150 —
Intérêts de la somme due à la Compagnie de l'Est, pour les chemins de fer cédés à la Prusse.......................	16 —
Amortissement, destiné d'abord à rembourser la Banque....	200 —
Intérêts payés à la Banque............................	9 —
Pour la garde mobilisée..............................	38 —
Part sur divers impôts, économies déduites..............	43 —
TOTAL.................	650 millions.

Cette première proposition de surtaxes est surtout remarquable en ce qu'elle se rattache tout entière aux impositions indirectes. C'était le premier pas sur une voie qu'on n'a plus abandonnée depuis. La propriété foncière paraissait accablée par la guerre, et l'on se souvenait trop de l'opposition suscitée, en 1848, par les 45 centimes ajoutés aux contributions directes, pour rien tenter de semblable. Toutefois, si la propriété paraissait exempte, ses divers produits, comme ses différents instruments ou ses différentes matières premières, étaient fortement atteints. Les droits d'enregistrement, qui paralysent tant les transactions foncières, et s'opposent si efficacement à ce que les capitaux se dirigent vers la terre, étaient de leur côté très-relevés. Et c'était là chose d'autant plus dommageable que nulle part les droits d'enregistrement n'étaient à l'avance aussi considérables que parmi nous. L'impôt du timbre par exemple, auquel sont soumis, en Angleterre, les baux et les ventes d'immeubles, n'est que de 1/2 0/0, et n'est que de 1 0/0 en Prusse. On se rend assez compte, en France même, des préjudices qu'entraînent de pareils droits, pour qu'on les réduise des deux tiers en ce qui regarde les aliénations du domaine public. A combien de reprises n'a-t-on pas répété que la terre avait été épargnée depuis 1871, parce qu'on ne l'a grevée directement presque dans aucune circonstance ! Mais M. Magne a remarqué avec grande raison, il y a trois ans, que : « Sur 600 millions d'impôts nouveaux, les deux tiers pèsent directement ou indirectement sur la propriété (1). »

(1) Le 15 mars 1874.

Comment se serait-on, en outre, étonné du retour marqué aux droits protecteurs, qui se révélait dans les nouveaux impôts, sous la présidence de M. Thiers et le ministère de M. Pouyer-Quertier? On ne l'aurait pu faire du moins, quant à ce dernier, qu'en se rappelant l'époque où, vers la fin de l'empire, il sollicitait, presque comme libre échangiste, les suffrages électoraux de Paris, après avoir échoué, comme protectionniste, près de ceux de Rouen.

Dès son premier discours financier, dans lequel la fortune de la France semblait si singulièrement perdue au commencement de la guerre, et si merveilleusement rétablie sous le gouvernement du 4 septembre, M. Thiers avait pris soin de condamner nos réformes douanières. L'accroissement de nos ressources, la solidité de notre crédit, l'immense extension de notre production et de nos échanges ne l'arrêtaient point. Que lui importait que, de 1861 à 1870, l'ensemble de nos exportations et de nos importations eût dépassé de 19 milliards 214 millions notre mouvement commercial des neuf années précédant 1861 ? M. Thiers s'est-il jamais trompé, ou jamais a-t-il hésité à nier les faits les moins contestables? Mais, ce qu'il ne prévoyait pas, c'est que le négoce, l'industrie, l'agriculture, dont les profits avaient changé les convictions, firent alors de toutes parts entendre les plus vives protestations contre la détestable législation qu'on prétendait rétablir. Cinquante-cinq chambres de commerce, sur soixante, manifestèrent hautement leur opposition. Aussi, chez plus d'un député, l'ignorance économique ou la rancune impérialiste s'effaça-t-elle, comme par miracle, devant les craintes électorales.

Quelle entente, au surplus, des affaires, des intérêts sociaux, que d'entourer d'obstacles toute fabrication et tout trafic, quand on a à réparer les plus grands désastres et à subir les plus lourdes charges! N'est-ce donc pas le travail seul qui crée la richesse et garantit les rentrées du Trésor, comme c'est lui seul qui répand, parmi les masses populaires, des coutumes d'ordre et de moralité? On parlait beaucoup de nouveau de *travail indigène*, de *travail national ;* mais était-ce le favoriser que de grever, comme on le demandait, les matières premières de droits de 20 0/0 ? Et à quel peuple le marché intérieur suffit-il aujourd'hui pour toute grande industrie ? Le drawback lui-même, qu'on cherchait à restaurer, puisqu'on sacrifiait aux admissions temporaires, si décriées auparavant, puis qu'on redemandait, n'y pouvait rien. Il est prouvé que pour les cotonnades, par exemple, on aurait dû rembourser 16 fr. 50, après n'avoir reçu que 11 fr. 50. Comment aussi croire à de raisonnables, à d'avouables restitutions, avec les apprêts, les mélanges, les transformations de la production moderne? C'est ce qui faisait dire à l'*Economist* : « Si les hommes d'État de France ne sont pas capables de produire mieux que cela, il y a lieu de désespérer du pays. » On n'avait pas même pris garde que, liés par nos derniers traités avec les peuples commerçants, jusqu'en 1877, nous ne pouvions pas espérer retirer plus de 4 ou 5 millions des droits qu'on proposait d'établir sur les textiles et les matières premières, et dont on attendait 170 millions.

Au point de vue protectionniste, cependant, le plan

avait été très-habilement préparé. Taxer les matières premières, c'était évidemment se réserver d'imposer bientôt chaque produit ouvré. M. Pouyer-Quertier lui-même le reconnaissait avec satisfaction, lorsqu'il présentait le budget de 1872. « Les produits fabriqués de l'industrie étrangère, disait-il, devront nécessairement, à leur introduction en France, supporter une augmentation de tarif équivalente aux droits sur les matières premières qui atteindraient nos fabrications indigènes (1). » On ne pouvait être plus affirmatif, et quelle heureuse perspective ! Le moyen de résister à une logique si séduisante ! Le gouvernement, enivré de ses propres désirs, allait jusqu'à prétendre renchérir le blé, par un nouveau droit de douane, comme si ce n'était pas assez d'en renchérir les transports, par des taxes de navigation et de tonnage.

Frapper la poste, ainsi qu'il était aussi proposé dans les nouveaux impôts, c'était de nos jours surtout, grever l'un des plus précieux instruments du travail. Quels qu'aient été leurs besoins, les Américains n'ont jamais touché à leur tarif postal. Il est toujours resté de 15 centimes par lettre dans toute l'étendue de l'Union, et depuis longtemps, on le sait, l'Angleterre l'a fixé à 10 centimes. Il était enfin singulier de voir la République puiser dans les cartons de rebut du Conseil d'État impérial, qui les avait autrefois rejetés, les impôts qu'elle exigeait sur le papier et les allumettes. Elle acclamait les droits de la presse, sous

---

(1) Les droits sur la houille, le fer, les premiers éléments des produits chimiques, de la verrerie, de la céramique, des lainages unis, sur le poisson frais et salé étaient restés, sous l'empire des anciens tarifs, très-élevés.

l'état de siége, à la vérité, et elle paraissait trouver excellent de la réduire au silence par la cherté du papier! Qu'espérait-on tout ensemble des allumettes?

Inspirateur d'une telle œuvre, M. Thiers était vraiment bien venu à traiter avec son ordinaire dédain « ces savants qu'on appelle économistes! » Il n'en affirmait pas moins cependant, afin de s'en autoriser, et tant il les connaissait peu, que c'était leur opinion unanime, que « l'impôt sur les consommations est le meilleur de tous, parce qu'il est volontaire, bien réparti et qu'il s'adresse à tous les besoins de l'homme. » Il déclarait même avec assurance, pour mieux marquer les avantages de cette sorte d'impôt, que « l'augmentation de 100 pour 100 sur le prix d'une marchandise indispensable, n'en réduit pas la consommation, ne fait pas souffrir l'industrie (1). »

Quelle bienfaisante ressource est-ce donc! Où lui trouver un défaut? Malheureusement, ceux qui lisent plus que M. Thiers, n'avaient pas oublié l'exposé du budget de 1871, fait à la Chambre des communes par le savant et éloquent chancelier de l'échiquier anglais de cette époque. « On a fait de très-ingénieux calculs, disait-il, pour démontrer que le droit sur le blé ne peut avoir aucune action sur la consommation... Que le droit ne fait qu'une fraction de centime par pain de 4 livres.... Si cela est vrai, vous avez trouvé la pierre philosophale de la finance... Rien de plus aisé que de demander chaque jour et à chaque heure, une portion minuscule de la fortune de chacun; cela peut se faire sous mille formes; mais, pensez-vous

(1) Discours du 19 juillet 1872.

que les millions sortiraient moins de la poche des consommateurs, et qu'en frappant ainsi la consommation, vous n'infligerez pas des souffrances et des privations auxquelles il est de votre devoir de remédier ? »

Malgré ce qu'affirmait M. Thiers et ce qu'écrivait naguère Montesquieu (1) en faveur des impositions indirectes, il n'est pas d'économiste financier digne de ce nom qui n'en ait révélé les vices, de même qu'il n'est pas un peuple libre qui ne leur préfère l'impôt direct, selon les justes remarques de Carey et de Wayland aux États-Unis, de John Stuart Mill en Angleterre, et de nombreux économistes en France. Seul, en effet, l'impôt direct rend exactement compte de ce qu'il prélève, et laisse suffisamment apprécier l'emploi qu'on en fait. « La considération si souvent invoquée en faveur de la taxation indirecte, que le peuple ne la sent pas, dit Wayland, est l'un des plus forts arguments contre elle. Plus un peuple sent l'impôt et plus il veille avec jalousie sur les dépenses publiques ; cela vaut mieux pour lui et pour les gouvernants. » Les grandes réformes financières commencées par Robert Peel en Angleterre, et poursuivies presque sans interruption depuis lui par tous ses successeurs, n'ont guère porté que sur l'impôt indirect.

M. Pouyer-Quertier, fort étranger à toute étude économique ou fiscale, s'en tenait à dire, quant à lui, que « tout ce qui peut augmenter le prix de revient de la vie avait

---

(1) « Comme c'est un impôt volontaire, une espèce de self-taxation, elles sont particulièrement inhérentes au régime de liberté. » (Montesquieu).

été écarté du nouveau budget. » On ne s'en serait certainement pas douté. Mais, à part la préférence donnée aux taxes indirectes et à la protection, il n'était possible de découvrir, dans le premier projet d'impositions présenté à la Chambre, qu'une réunion hâtive de fortuits expédients. Pas un mot n'était prononcé, dans les exposés de motifs eux-mêmes, sur les nuisibles incidences à éviter, ou les proportionnalités nécessaires à maintenir. On avait proposé ce à quoi l'on avait pensé, sans autre prétention que d'augmenter les perceptions. Un plan, un système, un dessein arrêté, on n'y avait en rien songé.

La commission parlementaire à laquelle fut renvoyé l'examen des impôts dont je m'occupe, s'empressa, sans nul sérieux examen non plus, de les accepter pour la plupart. Elle s'est appliquée seulement à les rendre plus productifs, afin de subvenir, autant qu'il se pouvait, aux 650 millions de déficit qu'elle prévoyait. N'osant pas trop céder aux tendances protectionnistes du gouvernement, elle n'accordait pourtant qu'un droit de 3 pour 100 sur les matières premières et les textiles, dont elle attendait au plus 50 millions, et elle repoussait les droits de sortie. Elle ajoutait en outre au projet du gouvernement :

1° Une contribution de 3 pour 100, non sur le revenu, mais sur les revenus des valeurs mobilières et de toute créance portant intérêt, la rente et les produits fonciers exceptés. Cette contribution, établie sur les bénéfices nets de la banque, de l'industrie, du commerce, des offices ministériels et de quelques autres professions, devait rapporter 80 millions.

2° Un impôt de 10 pour 100 sur le transport des voyageurs et des messageries en chemins de fer, en voitures publiques, en bateaux à vapeur, etc., dont il était attendu 28 millions.

3° Un impôt de 3 millions sur les poudres, dont le prix était doublé ;

4° Un impôt de 2 millions sur les cercles et les billards, et le rétablissement des droits mis, en 1862, sur les chevaux et les voitures de luxe, évalués à 2,500,000 francs ;

5° Enfin une taxe de mutation sur les valeurs mobilières, obtenue par la modification de la loi de 1857 ; taxe qui devait produire 5 millions.

Ces impositions, réunies à celles sur lesquelles l'accord s'était établi dès le principe, procuraient 43 millions de plus qu'il n'en avait été demandé : 531,600,000 francs, au lieu de 488 millions.

Pour parfaire autant que possible les 650 millions qu'elle jugeait nécessaires, la même commission demandait en outre qu'on réduisît de 5 à 25 0/0, suivant son importance, chaque traitement supérieur à 5,000 francs à Paris et à 3,000 francs en province. Elle fixait le traitement du Président de la République à 600,000 francs seulement, et celui des ministres à 60,000 francs. De son côté, le gouvernement annonçait des économies, qu'il évaluait hardiment à 120 millions, mais qui malheureusement se sont changées dès lors en importantes augmentations de dépenses.

Les taxes que je viens d'énumérer très-succinctement, de façon trop générale peut-être, ont toutes été votées par l'Assemblée nationale, à l'exception de celles sur les matières premières et sur les revenus mobiliers, réservées pour une discussion ultérieure. Elles l'ont même été d'autant plus promptement que l'Assemblée avait ajourné ses vacances après leur vote. Et c'est sans doute à cet empressement, si publiquement marqué, que le renvoi de la taxe des matières premières s'est trouvé fort singulièrement mêlé au même scrutin que le rétablissement des droits de navigation et de tonnage. L'aurait-on oublié ? l'Assemblée a poussé sa hâte décidée, ou ses complaisantes faiblesses, jusqu'à permettre alors la dénonciation de nos traités de commerce, qui avaient encore plusieurs années à courir, au risque assuré de nuire autant à nos alliances qu'à notre industrie.

II

Les nouveaux impôts ont été mis en recouvrement, pour une moyenne d'un peu plus de quatre mois de l'exercice 1871. Un intérêt extrême s'attachait à leurs résultats, qui devaient dès l'origine fournir les meilleurs éléments du budget de 1873, auquel l'Assemblée avait reporté toutes les réformes à entreprendre, comme toutes les économies à réaliser. L'exposé du ministre des finances, en date du 3 décembre 1871, contenait à cet égard de sérieuses indications. Il ne permettait néanmoins d'espérer de ces impôts pour 1871, qu'un subside de 120 millions ; tandis que la cession de l'Alsace et de la Lorraine, jointe à l'interruption de nombreuses rentrées du Trésor, pendant la Commune et l'occupation prussienne, entraînaient une perte de 356 millions sur les anciens impôts et les revenus ordinaires. Les budgets rectificatifs de 1870 et de 1871, approuvés à ce moment, montraient tout à la fois que la somme des dépenses, déduction faite des annulations, s'était augmentée de 1,349,588,765 francs.

Cependant la reprise des affaires, le rétablissement de notre production et de nos échanges se manifestaient dès ce moment de façon vraiment merveilleuse. Nos importations ont effectivement été, pour 1871, de 3 milliards 393 millions, et nos exportations de 2 milliards 865 millions. C'étaient 34 millions de plus qu'en 1869, sur l'ensemble de notre mouvement commercial. Mais combien l'etude de ces chiffres révélait-elle l'étendue de nos besoins! Pour la première fois nos importations dépassaient nos exportations de près de 600 millions. Un autre fait, qui n'indiquait pas de moindres nécessités, c'est le retrait des dépôts des caisses d'épargne. On les avait redemandés en si grand nombre que les comptes-courants de ces caisses au Trésor étaient descendus, depuis le premier juillet 1870, de 210,243,000 francs à 27,111,000 francs. A peine ces dépôts figuraient-ils dans notre dette flottante, qui n'en était pas moins de 625,282,000 francs, ou de 8 millions seulement au-dessous de ce qu'elle était avant la guerre : ce qui résulte surtout de ce que la circulation des bons du Trésor était passée de 19,513,000 francs à 149,954,000 francs.

L'équilibre espéré du budget de 1871, à 61 millions près, comme je l'ai dit, était en réalité dû aux avances de la Banque de France, à la portion disponible de l'emprunt de 2 milliards, à la vente des rentes de la dotation de l'armée et au contigent de la garde nationale mobilisée. C'étaient autant de ressources anormales. Mais il importe aussi de rappeler combien, dès la fin de 1871, l'administration se pouvait féliciter de l'exacte rentrée des contributions. Cette rentrée n'était pas moins remarquable que l'extension de notre trafic. Les 10 douzièmes échus de l'impôt direct étaient recouvrés à ce moment, moins 7 centièmes de douzième (4,151,000 francs), et l'impôt indirect atteignait à peu près l'évaluation budgétaire de 1,200 millions et demi. Il ne manquait, à la fin de novembre, que 76 millions pour que cette somme fût recouvrée en totalité.

Quant à la valeur fiscale des nouveaux impôts, il devint surtout aisé de l'apprécier durant le premier trimestre de 1872. Tandis que les anciens impôts, reprenant leur essor accoutumé, donnaient seulement 15 millions de moins que pendant la période correspondante la plus prospère de l'Empire (1), les nouveaux impôts restaient de 40 millions, ou de 37 0/0, au-dessous de l'évaluation qu'on en avait présentée. Presque tout leur produit résultait du second dixième mis sur le transport des voyageurs et des marchandises, ou des aggravations établies sur l'enregistrement, le timbre, les greffes et les hypothèques.

Entre les autres impôts proposés, mais non encore votés, je ne m'arrêterai à considérer que celui des revenus mobiliers, n'ayant plus à m'expliquer sur la taxe des matières premières. Cet impôt, longuement approuvé dans

(1) Premier trimestre de 1870.

un rapport parlementaire de M. Casimir Périer, grevait tous les revenus au-dessus de 1,500 francs, sauf très-peu d'exceptions. Il élevait le droit de transmission édicté sur les valeurs mobilières, par la loi de 1857, de 20 à 50 centimes pour 100 francs de valeur négociée. Il portait de 12 à 15 centimes par 100 francs de capital, la contribution des titres au porteur dont la transmission peut s'opérer sans transfert sur les registres des sociétés, et il étendait ces deux taxes aux obligations des départements, des communes ou des établissements publics, qui en étaient restés exempts jusque-là. M. Casimir Périer entrait, à ce sujet, dans d'utiles et d'intéressants détails sur divers impôts de même nature, que plusieurs députés avaient tenté d'introduire dans notre système financier, notamment sur l'*income-tax*, l'impôt général du revenu.

Touchant ce dernier impôt, M. Casimir Périer s'en tenait trop, cependant, à l'exemple de M. Thiers, dans le long discours qu'il y avait déjà consacré, et de M. Pouyer-Quertier, dans le récent exposé du budget de 1872, à en signaler les difficultés administratives et les inconvénients pratiques. Tout aussi pour lui résidait, à l'égard de l'impôt du revenu, dans les vices des déclarations demandées aux contribuables; déclarations auxquelles on ne peut croire et qu'on ne saurait remplacer. Il en négligeait absolument le principe, les mêmes exigences par rapport aux capitaux les plus dissemblables, l'arbitraire et l'injuste incidence, surtout dans les pays où sont à l'avance grevées toutes les formes de la richesse, comme il en est en France.

Dans la discussion soulevée sur cet impôt, à la suite

de ce rapport, le ministre des finances y mit moins de gêne encore. Son principal, presque son unique argument, ce fut la récente condamnation qu'en avait prononcée, assurait-il, le ministre de la trésorerie des États-Unis, que le télégraphe venait de lui transmettre, par grâce privilégiée. Il s'agissait malheureusement d'un discours sur l'*inland-revenue*, — non sur l'*income-tax*, — qui datait de deux années ! L'opinion du ministre américain ne manquait pas, au reste, d'intérêt. « Depuis la loi, disait-il, qui emploie le serment comme moyen de restreindre la fraude par les déclarations, le parjure direct ou indirect est devenu si commun, qu'on cesse d'en tenir compte. Les fraudes sont si énormes que, sur les esprits distillés seulement, elles ont causé au Trésor une perte de 130 millions de dollars en un an... La moralité commerciale s'est abaissée ; le système des impôts en doit être responsable. »

Mac-Culloch et Mill n'ont cessé de faire entendre de semblables paroles sur l'*income-tax*. Qui n'a lu ce qu'en a dit pareillement M. Wells, dans ses récentes et si remarquables observations sur les finances des États-Unis ? « Il n'y grève plus, ajoute-t-il d'ailleurs, que les personnes les plus riches.... On a craint, en l'abolissant tout à fait, les récriminations de la foule ; mais il ne suffit plus qu'à peine à couvrir ses frais de perception. » Comment cela ne fait-il pas réfléchir les partisans, parmi nous, d'une telle imposition ? Aussi bien, l'*inland-revenue* lui-même ne porte-t-il plus, aux États-Unis, que sur certaines denrées d'un usage général, telles que le wiskey, le tabac et le malt. Grâce aux mêmes causes, le timbre (*stamp*), qui frappait aussi presque tous les objets vendus dans le commerce de détail, n'y atteint à présent que les chèques, les traites, les ordres de banque et les remèdes brevetés.

Mais c'est en Angleterre qu'il siéra toujours d'étudier de préférence l'*income-tax*, parce qu'il s'y est perçu plus de temps, et qu'il y a souvent été soumis au plus sérieux examen. Je ne répéterai pas ici ce que j'en ai dit à propos de l'administration financière de Pitt, son véritable auteur, non plus que dans mon précédent chapitre ; je remarquerai seulement quelle opulence attestent de nos jours ses produits en Angleterre. Au taux de 4 pence ou de 6,66 0/0, sa recette est montée à 422 millions en 1857 ; au taux de 2,10 0/0, il a rapporté 251 millions en 1870. Il existe donc en ce pays 12 milliards au moins de revenus imposables, c'est-à-dire de 2,500 francs et plus, puisque chaque revenu inférieur à cette somme est exempt. Cela n'empêche pas pourtant l'*anti-income-tax movement* de prendre, depuis quelques années, une remarquable importance dans toute la Grande-Bretagne. Un meeting considérable, assemblé dans la salle de Guildhall, sous la présidence du lord maire, et où figuraient vingt membres du Parlement, en compagnie des délégués des principales villes manufacturières, s'associait hautement, il y a peu de temps, à cette salutaire agitation. Lord Russell, dont l'adhésion à l'*anticorn-law-league* a peut-être déterminé Robert Peel à commencer ses grandes réformes financières, s'est rallié par une lettre à ce meeting. Et c'est en en rendant compte que l'un des organes les plus accrédités du parti radical, le *Daily-News*, disait : « On a jugé expédient de traiter d'honnêtes gens comme des serfs... Le public s'agite en face d'un impôt qu'aucune intelligence humaine n'a su mettre au niveau de la justice. » L'orateur le plus applaudi de ce meeting, M. Massey, déclarait très-justement que l'*income-tax* n'a été accepté jusqu'à présent que parce qu'on l'a, chaque année, présenté comme provisoire et temporaire.

On imagine, en France, que c'est l'impôt démocratique par excellence; comme si la démocratie dispensait de justice et de vérité! Mais quelle démocratie, depuis Florence, l'a maintenu longtemps sans protestation? M. Wells écrit apparemment au sein d'une démocratie (1); et lors de la discussion de l'impôt du revenu à notre Assemblée nationale, un savant économiste anglais observait, en en parlant, que nos taxes personnelle et mobilière et celle des portes et fenêtres, qu'il considérait, non sans raison, comme impositions du revenu, produisaient ensemble, sous l'Empire, 135,425,000 francs, et tenait qu'un droit qui ne pourrait dépasser 3 ou 3 et demi pour cent, sur le revenu pris en général, serait loin de rapporter davantage. Il sera toujours utile de se rappeler le *décime* unique et progressif de Savonarole, mis à la place du *décime* proportionnel de Ghetti, sur chaque sorte de fortune.

Pour en revenir à l'imposition des revenus des valeurs mobilières, proposée par notre commission financière, elle n'obligeait les contribuables à nulle déclaration

(1) V. la traduction de l'écrit de M. Wells dans le *Journal des Économistes*, juin et juillet 1873.

pour les dividendes des actions ou des obligations des sociétés industrielles. Seul tort, je le répète, que parût avoir, aux yeux de la Chambre, l'impôt du revenu. Mais il en était autrement pour les intérêts des créances chirographaires, pour les rentes servies par les particuliers, le produit des offices ou des professions désignées, et les bénéfices du commerce et de l'industrie. M. Thiers se fit aisément une arme de cette évidente contradiction, afin d'obtenir le rejet de cet impôt, qu'il craignait surtout de voir remplacer celui des matières premières, son constant, son perpétuel objectif. Dois-je aussi rappeler que c'est dans ce dernier discours que M. Thiers faisait une si curieuse appréciation de la *Dîme royale* de Vauban, cet *Aristide de la monarchie ?* « Vauban, s'écriait-il, ne s'occupait que d'une chose, non pas de diminuer le poids de l'impôt, il le trouve indifférent, mais de repousser l'arbitraire. » Qui ne sait néanmoins que la diminution de l'impôt était la préoccupation dominante de Vauban ? Il faut n'avoir pas lu une page de son illustre ouvrage pour en parler de la sorte. M. Thiers est vraiment et fort heureusement un orateur rare.

M. Pouyer-Quertier, qui, lui, n'avait pas tant de prétention historique, évitait au moins les déclarations privées, en proposant aussi, dans son exposé du budget de 1872, des taxes sur les valeurs mobilières. Il exemptait les revenus des sociétés en nom collectif, qui ne sont pas rendus publics comme ceux des compagnies anonymes, et dont les capitaux ne sont pas indiqués dans les actes prescrits par le Code de commerce, comme ceux des sociétés en commandite. Les commanditaires eux-mêmes ne devaient de déclaration, d'après son projet, que s'ils prétendaient n'avoir pas reçu 5 0/0 de leurs fonds engagés ; intérêt pris pour base de l'impôt. Enfin, les créances hypothécaires ou chirographaires, les bénéfices industriels ou commerciaux, les salaires ou les pensions, dont on avait espéré retirer 30 millions environ, n'étaient pas grevés.

Si l'impôt des valeurs proposé par le gouvernement, ou celui proposé par la commission de l'Assemblée avait été voté, les valeurs qui y auraient été soumises, y compris les obligations des départements et des communes, se seraient trouvées astreintes à trois sortes de droits : 1° un droit de timbre de 0,20 0/0 du capital nominal, droit qui pouvait se convertir en un abonnement annuel de 0,06 0/0 ; 2° un droit de transmission de 0,60 0/0 de la valeur négociable, susceptible aussi d'un abonnement annuel de 0,18 0/0 ; 3° une taxe de 3 0/0 sur le revenu. Les valeurs étrangères auraient tout à la fois été assujetties à de semblables prélèvements, opérés suivant le mode de perception établi par la loi du 22 juin 1857.

En discutant cette taxe, chacun encore s'est attaché, il est facile de s'en convaincre, à ménager le sol et la rente. La propriété paye, disait-on, les 200 millions du principal de la contribution foncière et de celle des portes et fenêtres ; elle acquitte les 160 millions de centimes additionnels ; elle supporte en majeure partie les droits très-rehaussés de l'enregistrement et du timbre ; elle subit les taxes de consommation dans la circulation et la vente de ses produits ; elle doit enfin une dette hypothécaire qui dépasse 5 milliards (1). On aurait même pu bientôt ajouter qu'elle était grevée d'énormes droits de transport, pour les denrées, toujours encombrantes, qu'elle vend ou qu'elle achète. M. Casimir Périer assurait, en outre, entraîné par ses opinions protectionnistes et sa haine de l'empire, que « les effets de la législation commerciale inaugurée en 1860 avaient lourdement pesé sur le sol. » Que n'essayait-il du moins de le démontrer ! Il y aurait eu quelque peine sans doute, en présence des mercuriales de nos marchés et des chiffres de nos exportations agricoles depuis les douze dernières années ; mais cela même aurait fait valoir ses mérites.

A vaincre sans péril, on triomphe sans gloire.

Nos ventes agricoles, effectuées seulement en Angleterre, dépassaient en effet de 100 millions, pour l'année 1869, les ventes semblables de 1859. Peut-être M. Périer n'en savait-il rien ; mais j'engagerai toujours les protectionnistes à détruire les documents officiels avant de les contredire.

Personne n'a non plus, à cette occasion, insisté pour imposer la rente, bien que quelques députés l'aient proposé. Les engagements souscrits et la prévision d'emprunts à contracter ont paru pour cela décisifs presque à tout le monde. Ne serait-ce pas là néanmoins une fâcheuse erreur et un regrettable calcul ? Assurément la loi de vendémiaire an VI déclare la rente quitte de toute retenue ; mais cette loi s'applique uniquement au tiers consolidé, qu'elle voulait mettre à l'abri d'une nouvelle spoliation. Comment, sans en nier les propres dispositions, l'étendre

(1) Le ministre des finances ne la portait, en 1872, qu'à 3,400 millions.

à chaque sorte de rente ? A-t-on fait cette distinction lorsque les rentes ont été assujetties aux droits communs de donation et de succession ? Est-ce que les obligations de chemins de fer, soumises désormais à chacune de nos taxes mobilières, n'ont pas aussi reçu la promesse d'un revenu de 15 francs par titre ? Pourquoi donc traiter de façon opposée les porteurs de ces obligations et ceux des rentes ? Exempter ces derniers des impôts mobiliers ou des droits de mutation, c'est leur faire un injuste et très-inutile cadeau.

Ce n'est pas sans raison que Pitt disait en 1798 : « Les annuités provenant des capitaux placés dans les fonds publics ne pourraient être exemptées sans injustice d'une imposition applicable à tous les autres genres de revenu... Que les rentiers eussent disposé de leurs fonds en terres, ou dans le commerce, ils auraient été de même atteints par la contribution. Le capitaliste n'est pas traité différemment du propriétaire foncier, du manufacturier, du négociant, mais il doit être traité comme eux (1). » L'Angleterre, l'Italie, la Prusse, l'Autriche, les États-Unis n'ont-ils pas imposé les arrérages de leurs rentes, sans qu'aucun reproche leur ait été adressé, ni que leur crédit en ait souffert ? Le marché des capitaux leur est resté, comme auparavant, ouvert aux conditions que leur assure leur double position financière et politique, véritable assise de tout crédit public. L'*income-tax*

---

(1) Paroles citées par M. de Parieu, qui les approuve, dans une lettre adressée aux membres de l'Assemblée nationale, en faveur de l'impôt du revenu.

frappe jusqu'aux rentiers étrangers de l'Angleterre, et le crédit anglais n'a aucun rival. Croit-on d'ailleurs que nos prêteurs ne se prémunissent pas dès maintenant contre une imposition que chaque jour rend plus inévitable? Par une étrange contradiction, la commission dont M. Casimir Périer était rapporteur, proposait, en exemptant la rente, de taxer les obligations des départements, des communes et des établissements publics, déjà frappés, depuis 1850, d'un droit de timbre proportionnel.

Je ne m'arrêterai qu'à peine aux autres contributions réclamées, vers le même moment, par différents membres de l'Assemblée nationale. Quelques-unes étaient très-ingénieuses, notamment celle que MM. Wolowski et de Douhet demandaient d'établir sur les diverses transactions auxquelles donnent lieu les produits fabriqués. M. Wolowski estimait à 14 milliards le chiffre actuel de la vente de ces produits; il en retranchait 3 milliards pour les produits alimentaires, 2 milliards pour l'exportation des produits demeurés exempts, et, à 2 p. 100, tenait que les 9 milliards restants devaient rendre 180 millions. Ç'aurait été certainement une précieuse ressource; mais est-il certain qu'un tel impôt n'eût pas beaucoup diminué les transactions, et que la fraude n'en eût pas beaucoup réduit les recouvrements (1)? A quelles recherches, à quelles perquisitions, à quel arbitraire tout ensemble aurait-il entraîné!

Quant aux projets qui tendaient à faire reconstruire

(1) Cet impôt devait être prélevé au moyen de timbres proportionnels à la valeur des produits fabriqués.

les villes détruites par la guerre, avec le prix des joyaux et du mobilier de la Couronne, ou qui, par de plus fortes contributions sur certaines successions, prétendaient pourvoir à nos charges, et détruire du même coup le célibat et l'infécondité, je n'en dirai rien. Le sérieux a ses limites. Ils valaient cette autre proposition, propagée avec tant d'ardeur alors aussi par de nombreux écrivains, experts en montre de patriotisme et de désintéressement, qui confiait à une souscription publique le soin d'acquitter nos dettes et de nous libérer de nos tributs. Il s'agissait de 3 milliards à remettre volontairement au Trésor, en les retirant, au sein de la ruine générale, des ressources accoutumées du travail et de l'épargne ! Pouvait-on hésiter, et quoi de mieux conçu ? Comment s'inquiéter d'ajouter aux souffrances existantes la plus épouvantable crise industrielle et financière, à supposer qne l'on crût à une pareille souscription ? La bruyante approbation d'un projet semblable est certainement la preuve la plus décisive de notre ignorance économique.

Le rapport de M. Casimir Périer, où se retrouve l'analyse de la plupart des nombreuses propositions financières faites à l'Assemblée, se terminait par la recommandation de soumettre les budgets à la rigoureuse spécialité des dépenses, chose toujours nécessaire, et par le désir de voir supprimer la division des budgets en ordinaires et extraordinaires ; chose moins indispensable, et qui, malgré la promesse du gouvernement, est encore à réaliser. Il aurait mieux valu s'élever contre l'abus sans précédent des crédits supplémentaires, contre lesquels protestait chaque année la Cour des comptes (1), et qui devaient accroître le budget de 1873 de près de 88 millions. Il s'en faut, au reste, que le rapport de M. Casimir Périer satisfît plus que les documents précédents la légitime attente du pays. Aucune sérieuse étude ne s'y révélait ; nulle vue élevée ne s'y manifestait. C'était de la médiocrité prétentieuse, appliquée au complet éloge du présent, autant qu'au blâme excessif du passé. Quelle déception attendait ses lecteurs s'ils se souvenaient des expositions financières des Pitt, des Peel, des Gladstone ou des Louis et des Villèle! Plusieurs écrits publiés alors à l'étranger, sur nos taxes et notre richesse imposable, y étaient infiniment supérieurs (2).

L'année 1872 apparaissait avec des exigences presque aussi lourdes que 1871. En outre de nos charges budgétaires, il restait à compléter, dès le commencement de cette année, les deux premiers milliards dus à la Prusse, à garantir l'intérêt des trois autres milliards et les indemnités ou les dépenses résultant de la guerre et de l'occupation, qui déjà avaient absorbé deux milliards et demi et qui réclamaient encore environ un milliard. Le ministre des finances évaluait, dans son exposé du budget de 1872, le total du passif laissé par la guerre,

(1) V. le rapport de M. d'Andelarre sur les comptes du budget de 1867 et un discours de M. Wilson en 1874.

(2) Selon un remarquable travail publié dans l'*Economist*, par exemple, le revenu de la France était obtenu dans la proportion de 17,8 0/0 de l'impôt direct, dont plus de la moitié retombait sur la propriété foncière ; de 24,3 0/0 de l'enregistrement et du timbre ; de 34,8 0/0 des octrois et des régies ; de 8,1 0/0 des douanes ; de 2,9 0/0 des domaines et des forêts ; de 4,8 0/0 des postes, et de 7,3 0/0 de sources diverses, y compris l'Algérie. — Voir l'*Economist* du 11 février 1871.

en y comprenant les frais d'occupation et les indemnités à payer, à huit milliards et demi. On sait aujourd'hui qu'il le faut porter à près de dix milliards.

Sur cette somme, qu'on aurait aisément réduite, si l'on s'était montré moins facile dans l'apurement des comptes, 5 milliards 300 millions de francs ont été couverts de la sorte :

L'emprunt du mois d'août 1870, dit de 750 millions, a formé une ressource de..........................	804,585,000 fr.
L'emprunt de 250 millions, conclu en Angleterre, a formé une autre ressource de............................	208,899,000
La vente des rentes de la dotation de l'armée et des approvisionnements destinés à Paris, et quelques autres mesures ont produit	112,750,000
La Banque avait avancé ou devait avancer............	1,530,000,000
La cession d'une partie des chemins de fer de l'Est a été acceptée en déduction de l'indemnité de guerre, pour.	325,000,000
La taxe des gardes nationales mobilisées a été mise en recouvrement, pour................................	135,000,000
L'emprunt de 2 milliards a produit...................	2,225,000,000
Ensemble......	5,341,234,000 fr.

Le budget de 1872, dont 650 millions étaient destinés aux dépenses de la guerre ou de l'invasion, ainsi qu'il en devait être, selon le ministre des finances, pour les budgets subséquents, présentait un ensemble de dépenses de 2,429,362,625 francs.

Ses recettes provenaient :

1° Des anciens impôts et des revenus ordinaires, y compris un excédant considérable sur le produit des forêts (1), pour...................................	1,815,513,325 fr.
2° Des nouveaux impôts en recouvrement dès les derniers mois de l'année précédente, pour...................	366,349,300
3° Des nouveaux impôts proposés, mais non encore décrétés, pour.....................................	247,500,000
Total............	2,429,362,625 fr.

(1) On demandait 20 millions de plus aux coupes des forêts domaniales, et on proposait d'en aliéner pour 2,007,500 fr.

Mais à côté du budget régulier existait le compte de liquidation, véritable budget extraordinaire déguisé, qui comprenait les frais relatifs à l'occupation de l'armée allemande, les indemnités promises aux départements envahis, la réparation de nos places fortes, le rétablissement de notre matériel de guerre, et quelques autres dépenses exceptionnelles.

C'est, cependant, à propos du compte de liquidation que M. Thiers, disait, dans son message du 7 décembre 1871 : « Il restait à construire le budget vraiment normal que nous vous avions promis. Nous avons bien eu garde, dans ce travail, de revenir à l'artifice des budgets extraordinaires, au moyen desquels on dissimulait de 120 à 150 millions de dépenses annuelles, que l'on qualifiait d'extraordinaires... Ainsi donc, sans renouveler à aucun degré l'artifice des budgets extraordinaires, nous avons ouvert un compte de liquidation ayant pour objet de réparer les désastres de la guerre, et dont le passif sera d'environ 400 millions sans nous livrer à aucune illusion. » Comment n'aurait-ce pas été néanmoins un budget extraordinaire? Que pouvait-ce être autre chose? Et l'on sait aujourd'hui ce que sont devenus ces 400 millions, *appréciés sans illusion.*

Pour couvrir les 650 millions qui devaient former notre nouvelle charge annuelle provenant de la guerre ou de l'invasion, il restait, après le vote des 366 millions d'impôts récemment acceptés, une insuffisance de 284 millions. Mais, grâce à la suppression de la dotation de la couronne, aux garanties d'intérêts retirées indûment aux compagnies de chemins de fer, comme aux diminutions des services généraux de quelques ministères (1), et à l'extension des coupes des forêts domaniales, le découvert à solder, par de nouvelles taxes, s'est réduit à 247,500,000 francs.

Ces nouvelles taxes, telles qu'elles ont été proposées par le gouvernement, se composaient :

Des droits d'imposition sur les matières premières........	90,000,000 fr.
Des droits sur les textiles................................	65,000,000
Des droits sur les matières fabriquées...................	10,000,000
De l'élévation de 2/10 du droit sur les sucres de toute origine (2)...	20,000,000
De la taxe mise sur les sels des fabriques de soude......	8,000,000
De l'établissement des droits de navigation.............	10,000,000
Des droits de statistique à l'importation et à l'exportation des produits, droits substitués au droit de sortie proposé auparavant.....................................	6,000,000
De l'élévation de l'impôt sur les allumettes.............	5,000,000
De l'impôt sur les valeurs mobilières...................	30,000,000
Du droit de transport des journaux par la poste.........	3,500,000
Du droit sur les voitures et les chevaux................	Mémoire.
Total..........	247,500,000 fr.

A la simple lecture de ces impôts, il est facile de se convaincre que le système protecteur était appelé de nouveau à dominer toute notre législation fiscale, et M. Pouyer-Quertier ne perdait pas une semblable occasion de répéter les merveilleuses ressources qu'il assure aux trésors publics, non moins qu'à l'industrie privée. Cependant son accent n'était plus le même; il semblait que l'ode ou le dithyrambe, chez lui, eût fait

(1) Le ministère de la marine abandonnait 31 millions ; celui des travaux publics, une somme égale, et celui des finances 8 millions.
(2) Ce droit avait été déjà élevé de 3/10.

place à de prosaïques et vulgaires affirmations. Sa gloire de triomphateur avait pris certains airs de pénitent. Qu'étaient devenues ces bruyantes acclamations de la théorie mercantile, d'il y avait quelques mois? N'était-elle donc plus l'inépuisable source de toute prospérité et de toute importance? C'est qu'il fallait maintenant compter avec les réclamations décidées et presque unanimes du commerce et de l'industrie, qui commençaient à siffler impitoyablement les dithyrambes et les odes. Qu'il était dur, après avoir compté sur leur enthousiaste admiration, de s'en voir abandonné et honni!

M. Pouyer-Quertier, guidé par l'habile main qui ne cessait de le diriger, s'en tenait presque aux redites, déjà tant rebattues, de l'Angleterre protectionniste et prospère d'autrefois, ou des États-Unis prospères et protectionnistes d'à-présent. Quelle chute! Quelle misère! Il fallait au moins une vive éclaircie dans tant d'ombres fâcheuses, un rayon éclatant dans un si triste crépuscule, et M. Pouyer-Quertier s'y dévouait, en reconnaissant à la douane l'incomparable mérite « d'égaliser les conditions sociales! » Qui s'y serait attendu? Les changements opérés dans la richesse et le travail, nos nouvelles lois, nos révolutions successives n'ont rien fait apparemment pour l'avénement de la démocratie. Elle date seulement des tarifs d'importation! On n'est réellement pas plus ingénieux.

Frapper les textiles, c'était notamment, selon le ministre, mesurer les contributions à chaque richesse acquise, en libérant autant qu'il se peut l'aisance et tout à fait le besoin. « Aucune consommation, déclarait-il, ne suit d'une manière plus exacte, plus progressive, que celle des tissus, la fortune individuelle. L'homme riche ne se distingue extérieurement du pauvre que par ses vêtements. » C'est ce que disaient autrefois les partisans des taxes somptuaires. Par malheur, le projet du gouvernement atteignait beaucoup plus les textiles communs que es textiles recherchés. Mais ce n'est pas ce qui pouvait arrêter M. Pouyer-Quertier. Il le fallait entendre surtout, ancien candidat officiel de l'Empire, s'indigner que « le gouvernement précédent se fît un mérite de laisser arriver jusqu'au consommateur, indemnes d'impôts, les étoffes, les tissus mêmes les plus luxueux, » alors que « la viande, le vin, la volaille, le bois, le charbon, payaient, à leur entrée *dans Paris*, 20 et 50 p. 0/0 de leur valeur... N'est-il pas plus légitime, continuait-il, d'atteindre les objets qui sont consommés en immenses quantités par les classes aisées et riches, comme les tissus, que d'imposer à des contributions énormes tous les produits que nous venons de citer, qui, pour les denrées alimentaires, sont consommés à peu près également par le riche et par le pauvre, et par conséquent ne font sentir le poids des droits pas beaucoup plus à l'un qu'à l'autre? »

Voilà, dans son heureux exposé, l'éclaircie attendue, où se retrouvait toute l'ancienne et favorable assurance de M. Pouyer - Quertier. Quelle vigueur de pinceau et quelle touche heureuse! Comme la douane était confondue avec l'octroi, pour mieux faire montre de dévouement populaire, sans que l'élévation de la douane fît en rien pourtant abaisser l'octroi! Et M. Pouyer-

Quertier n'était pas plus embarrassé pour affirmer que les matières premières, « affranchies de toute redevance par nos traités de commerce », rapporteraient aisément, unies aux textiles, 155 millions.

Si de telles assertions de la part d'un représentant du gouvernement doivent surprendre, pourrait-on ne pas admirer aussi qu'elles n'aient été contredites par aucun membre de l'Assemblée nationale? Se joue-t-on ainsi de la crédulité publique? Et n'aurait-il pas été bon, au lendemain de la singulière loi qui venait d'être rendue contre l'association internationale des travailleurs, qu'une voix s'élevât pour rappeler, à l'encontre des doctrines mercantiles, ces dignes et exactes paroles de M. de Cavour : « Je dis, moi, que l'allié le plus puissant du socialisme, dans l'ordre intellectuel bien entendu, c'est la théorie protectionniste; elle part absolument du même principe. Réduite à sa plus simple expression, elle affirme le droit et le devoir du gouvernement d'intervenir dans la distribution, dans l'emploi des capitaux; elle affirme que le gouvernement a pour mission, pour fonction, de substituer sa volonté, qu'il tient pour la plus éclairée, à la volonté libre des individus. »

Heureusement, ce qui, dans l'exposé des motifs du budget de 1872, avait trait aux valeurs mobilières, était infiniment supérieur à ce qui touchait aux échanges. Je doute que ce soit la même plume qui ait écrit en entier ce document. Aucune large et savante théorie n'était non plus, discutée à ce propos, à la vérité, mais d'intéressantes observations s'y rencontraient, principalement sur l'*in-*

come-tax et les différences fiscales qui distinguent la France de l'Angleterre.

Tandis que les taxes sur le sol (*land-tax*) et les maisons habitées, y remarquait-on, ne s'élèvent en Angleterre qu'à 52 millions (1), la contribution foncière et celle des portes et fenêtres produisent, en France, 210 millions. Il n'existe, en Angleterre, ni impôt personnel, ni impôt mobilier, ni patente; taxes qui donnent en France 120 millions. A peine également les mutations immobilières entraînent-elles le payement d'une minime somme dans le premier de ces pays, alors qu'elles obligent, dans le second, à un déboursé de 150 millions. Enfin, suivant les lois mêmes qui les ont institués, l'impôt foncier, l'impôt des portes et fenêtres, l'impôt des patentes et l'impôt mobilier sont assis, en France, sur le revenu des propriétés territoriales, de l'industrie manufacturière, du commerce et des différentes professions, ou sur l'ensemble du revenu présumé des contribuables, d'après leur loyer d'habitation. Comment dès lors établir l'*income-tax* parmi nous, sans en faire une surcharge injustifiable, si l'on ne commence par renoncer à toutes nos impositions directes? Quelles que soient à la fois leurs imperfections, ces impositions atteignent certainement mieux chaque revenu, évalué séparément, d'après ses signes extérieurs les plus manifestes, que ne le ferait une

---

(1) Les taxes locales anglaises, assises généralement sur les immeubles, étaient estimées à 500 millions par le ministre des finances; elles sont portées par d'autres personnes à 900 millions. — Nos taxes communales et départementales sont de plus de 600 millions, dont près de 300 millions proviennent de centimes additionnels aux contributions directes.

seule contribution, assise sur des déclarations toujours vexatoires et presque toujours mensongères. L'*income-tax* a produit, en Angleterre, 200,300,400 millions, c'est vrai; mais, dans l'état de notre fortune, avec nos autres impôts et nos mœurs publiques, que serait-il raisonnable d'en espérer?

Ne trouverait-on pas jusque dans l'impôt des chevaux et des voitures, qui, sous la loi de 1862, avait seulement rapporté 2,107,000 francs, et qui n'était inscrit que pour mémoire dans la liste des nouvelles contributions proposées, bien qu'on en attendît 3 millions, la preuve des différences qui nous séparent de l'Angleterre, puisque cet impôt y produit 21 millions et demi (1)?

Après avoir rappelé l'excédant espéré des recettes sur les dépenses, le ministre ajoutait : « Ainsi équilibré, le budget de 1872 formera un budget normal, en ce sens qu'il fait face à toutes les dépenses de l'État, au moyen des impôts et revenus publics et sans l'aide d'aucune ressource qui ne puisse être maintenue jusqu'à la libération du territoire et à la réorganisation financière du pays. » Il oubliait toutefois le compte de liquidation, porté dès lors à 535 millions, qui se décomposaient en 379 millions affectés à la reconstruction du matériel et des approvisionnements de guerre, en 100 millions destinés aux indemnités des départements envahis, en 50 millions

---

(2) En 1869, les voitures de maîtres ont produit en Angleterre 408,755 liv. sterling, les chevaux de selle, 274,529 liv., les autres chevaux et les mules 161,159, les marchands de chevaux 16,133 liv., soit un total en francs de 21,515,150 fr.

pour l'entretien des troupes allemandes d'occupation, et en 6 millions pour les indemnités causées par les dommages du second siége de Paris. Ces 535 millions semblaient assurés, au moyen d'une aliénation de rentes provenant de la caisse d'amortissement, pour 90 millions; par les 75 millions restés disponibles sur le reliquat de l'emprunt de 2 milliards ; par une vente espérée de terrains domaniaux pour 35 millions, et par l'excédant présumé du budget et la dette flottante pour 335 millions. Le futur budget devait d'ailleurs, affirmait le ministre, épargner, « comme les précédents, l'alimentation, la production et l'outillage du pays. »

Il s'en fallait malheureusement qu'il en fût ainsi. Les divers articles de ce budget le persuadaient aisément ; et nos charges devaient paraître d'autant plus lourdes, que notre dette y entrait pour plus d'un milliard 200 millions. L'intérêt de nos rentes perpétuelles se montait en effet à 542 millions ; celui des capitaux remboursables était de 426 millions, dont 194 pour les sommes dues à la Banque ; celui des 3 milliards dus à l'Allemagne atteignait 150 millions, et celui de la dette viagère 102 millions, dont 88 millions pour les pensions militaires et civiles.

Deux choses frappaient, enfin, à la lecture de l'exposé des motifs du budget de 1872 : l'absence de toute économie et le silence gardé sur l'amortissement. C'est pourtant M. Pouyer-Quertier qui s'était écrié, lors de la présentation de la loi sur l'emprunt de 2 milliards : « Le chiffre de notre dette se trouvera considérablement accru ; mais le gouvernement est tellement résolu à introduire dans nos finances l'économie la plus stricte et la plus sévère, qu'à l'exemple des Etats-Unis il pourra réduire, par des mesures d'un effet rapide et certain, ses charges nouvelles. » C'était certes une promesse rassurante; mais le parti gouvernemental, si intraitable autrefois sur le nombre des places et la somme des traitements, et qui jouissait maintenant des deux à la fois, était peu disposé à la tenir. Pouvait-on d'ailleurs espérer des économies sous la direction de M. Thiers, qui de tout temps s'en est montré l'adversaire résolu? Quant à l'amortissement, ce n'est plus M. Pouyer-Quertier seul qui en avait proclamé les bienfaits; M. Thiers lui-même avait dit dans son Message du 13 septembre 1871 : « La portion des nouveaux impôts qui reste à voter est surtout destinée à faire face au service de l'amortissement; service important, indispensable; car il ne faut pas seulement assurer l'intérêt des emprunts, il faut en assurer aussi le remboursement; soin de premier ordre qui vient d'être négligé pendant vingt années, et qu'il faut reprendre sous peine de forfaiture envers l'avenir, envers les générations qui nous suivent. »

Austères paroles qui s'appliquaient par malheur à un système financier supprimant tout amortissement de la dette inscrite, pour le réserver à l'unique créance de la Banque. Elles étonnent surtout lorsqu'on se souvient du vote de 1866 de M. Thiers contre la réorganisation de l'amortissement, et de son ancienne déclaration de 1831 à la Chambre des députés, qu'une dette publique

est chose toujours profitable et toujours nécessaire (1).
On l'avouera, si la sincérité publique est semblable à la sincérité privée, elle se présente parfois sous de bien bizarres aspects.

Pour moi, quoique je tienne la réduction des dettes pour chose indispensable, il m'est inutile de remarquer combien est fâcheux notre attachement à l'institution d'une caisse particulière d'amortissement, si coûteuse et si vaine. Dès 1828, Robert Peel accusait une pareille institution d'être la principale cause des déficits annuels de l'Angleterre. Comment, après les enseignements économiques, les expériences faites, les enquêtes accomplies, ne comprenons-nous pas encore que l'excédant des recettes sur les dépenses constitue seul un amortissement réel et efficace ?

Une ressource avec laquelle nous aurions pu très-facilement et très-utilement amortir quelques dettes, subvenir à une partie de nos besoins, et à laquelle, pour la première fois, dans une grande détresse financière, l'on ne s'est pas adressé, c'est la propriété domaniale. Qu'il aurait été profitable néanmoins, en allégeant nos charges, de restreindre sur quelques points de notre territoire cette large application des doctrines communistes ! Nous ne nous sommes pas souvenus des ventes effectuées par le gouvernement autrichien après la guerre de 1866, ni des aveux qu'il a fait alors entendre sur les propriétés de l'État. Nous avons continué à conserver un immense domaine,

(1) Chose plus singulière, cette affirmation se trouve dans un rapport destiné à expliquer la nécessité de maintenir l'amortissement.

qui produit à peine 1 pour 100 de sa valeur, lorsque nous empruntions à plus de 6 1/2. Trente-cinq millions étaient, il est vrai, comme je l'ai dit, portés aux recettes du budget, pour des terrains situés dans Paris et destinés à être vendus ; mais c'était évidemment là un chiffre tout fantastique au lendemain de la Commune. La plupart de ces ventes n'ont pas encore eu lieu.

Le budget de 1871 avait été voté par une Chambre à peine en nombre ; celui de 1872 a moins arrêté encore. Après que les dépenses de cette année eurent été acceptées telles qu'elles avaient été présentées, la loi du 18 décembre 1871 a autorisé simplement la perception des impôts et des revenus publics jusqu'au 1er avril 1872, ainsi que celle du 27 mars 1872 a décidé que cette perception s'effectuerait de même sorte jusqu'à la fin de l'année. On n'y pouvait, en vérité, mettre moins de façon, surtout après avoir décrété quarante nouvelles taxes — toutes indirectes, — sans qu'aucun examen d'ensemble eût présidé soit à leur choix, soit à leur distribution.

J'ai déjà parlé du document officiel qui avait fait connaître le produit des impôts et des revenus indirects pendant le premier trimestre de 1872. Ce produit s'était élevé à 373,381,000 fr., c'est-à-dire à 39,755,000 fr. de moins qu'on ne l'avait prévu, et à 53,600,000 fr. de plus qu'il n'avait été durant le premier trimestre de 1870. Des 474,737,000 fr. pour lesquels les nouveaux impôts figuraient, en outre, au budget de 1872, 112,500,000 fr. n'avaient été votés que dans le courant de ce premier trimestre ; ils n'avaient pu par suite être perçus pendant cette période complète. Dans le même temps, les anciens impôts, évalués à 303,772,000 fr., avaient donné 1 million en sus, ou 15 millions de moins seulement qu'en 1870. C'était une bien faible différence pour des époques aussi opposées, et après la perte de deux de nos plus riches provinces. Personne n'aurait espéré certainement une semblable persistance dans nos consommations, qui avaient subi une si grande dépréciation après 1848. Toutefois, il importe d'observer que les recettes des nouveaux impôts provenaient pour les trois quarts de l'unique taxe de 2/10 sur le prix de transport des voyageurs, et que l'augmentation des anciens impôts résultait en entier, à part 4 millions, des droits d'enregistrement, de greffe, d'hypothèque et de timbre.

Quel que fût l'accroissement des taxes prélevées sur les boissons, les vins, les alcools, les licences, la poste, les douanes, les sucres, les cafés, le thé, le cacao, les épices, le tabac, elles n'avaient produit que d'insignifiantes recettes supplémentaires. Le premier effet des surtaxes sur les sucres coloniaux et étrangers a même été de leur faire rendre moins qu'ils ne donnaient précédemment, et la surtaxe de pavillon a eu un plus fâcheux effet encore. Non-seulement ses résultats fiscaux n'ont eu nulle importance, mais elle a porté le coup le plus funeste à notre navigation, l'un de nos principaux intérêts et de nos intérêts le plus en souffrance ; car nous ne venons maintenant qu'au quatrième rang des peuples maritimes. La Norwége et l'Italie vont de pair avec nous ; et pourquoi n'avoir pas pris garde que, depuis les derniers tarifs de l'Empire, nos transports maritimes restés inaccessibles à la concurrence étrangère se sont seuls amoindris, tandis que les autres ont tous progressé? Dès que la surtaxe de pavillon a été décrétée, les navires étrangers se sont à l'envi détournés de nos ports; le Havre et Dunkerque ont été délaissés pour Anvers; Gênes a bénéficié des pertes subies par Marseille. Nos voies de communication elles-mêmes ont vu de toutes parts le transit les abandonner.

L'aurait-on oublié? c'est au moment même où la surtaxe de pavillon était rétablie parmi nous, que le ministre des finances de l'Union américaine, M. Boutwell, demandait au Congrès de revenir à des tarifs plus modérés, afin que « l'Union reprît son ancienne suprématie commerciale. » Nos surtaxes de 7, 15 et 20 fr. par tonne ne permettaient plus d'assimiler nos taxes maritimes qu'à celles de l'Espagne, du Portugal et du Mexique. Car aucun autre État ne s'est effrayé des lamentables prophéties de M. Thiers sur les désastres que se préparait l'Angleterre, lorsqu'elle a renoncé à l'Acte de navigation de Cromwell. Tous les ont, au contraire, tenues pour aussi peu fondées que celles par lesquelles il a naguère également condamné les chemins de fer, qu'il déclarait n'être propres, de toute certitude, qu'à de courts voyages de plaisir. N'était-ce donc pas assez nuire à nos ports, ainsi qu'à notre négoce, que de maintenir l'inscription maritime ou nos règlements surannés sur la navigation et la construction des navires?

Quoique le budget de 1872 eût été présenté comme un

budget normal, définitif, de nouvelles lois fiscales ont encore été promulguées dès la fin du premier trimestre de cette année. L'une augmentait les droits sur les liqueurs, les eaux-de-vie, les esprits et l'absinthe, en portant tout à la fois des peines plus sévères contre l'ivrognerie. L'autre imposait à chaque industriel autant de patentes qu'il avait d'établissements séparés. Une troisième élevait de 2 centimes le prix des correspondances télégraphiques. Une quatrième augmentait les droits de garantie sur les matières d'or et d'argent, le droit de timbre des récépissés délivrés par les compagnies de chemins de fer, et le droit des biens de mainmorte ou de transmission des valeurs étrangères. Ce dernier impôt a même donné lieu à un fait qui montre bien sous quel régime d'omnipotence personnelle nous vivions. Les directeurs de quelques puissants établissements financiers, craignant que les négociations de bourse en fussent atteintes, demandèrent à M. Thiers, pendant les vacances de l'Assemblée nationale, de ne le point appliquer, et M. Thiers, comme l'aurait fait le sultan à Constantinople ou le shah à Téhéran, trouva tout simple d'accéder à leur demande. Les *libertés nécessaires*, qu'il avait si souvent réclamées, avaient alors, pour lui, fait place au plus complet arbitraire.

Il était, du reste, aisé de voir que ces nouvelles impositions ne pouvaient pas suffire. Si l'on en avait douté, la discussion de la loi militaire, qui devait tant accroître nos dépenses, n'en aurait-elle pas bientôt convaincu? Sur ce point non plus, nous n'avons su imiter ni l'Union américaine après la guerre de sécession, ni la Russie après

Sébastopol, ni l'Autriche après Sadowa, ni la Prusse après Iéna. Sans doute, nous faisons partie du continent européen et nous sommes une nation militaire ; mais pourquoi avoir mis un pareil empressement à multiplier nos régiments et à reconstruire nos forteresses, quand il nous était absolument impossible d'entreprendre ou de soutenir une campagne avant au moins dix années ? Rien n'est plus insensé que d'étendre ses charges de guerre, lorsqu'on est contraint de toute évidence à la paix, qu'il est indispensable de subvenir, par le travail et l'épargne, à d'immenses pertes subies dans la guerre même. Rien tout ensemble n'est moins digne, après des désastres tels que les nôtres, que de chercher, sans y parvenir, à paraître redoutable. Nous sommes des vaincus traités impitoyablement ; acceptons notre condition et réparons nos forces ; c'est là seulement qu'est la sagesse et la dignité.

Que penser aussi, après tant de gloires passées et tant d'épreuves présentes, du complet changement réalisé dans notre organisation militaire ? L'abolition du remplacement nous était imposée, ce n'est pas douteux ; mais il aurait certainement été très-préférable de restreindre le nombre des troupes, en augmentant le temps de leur service, à diminuer ce temps, en augmentant les troupes. La loi de la division du travail reste toujours vraie ; on ne fait bien que ce que l'on fait depuis longtemps. Ce n'est pas parce que la Prusse nous a vaincus que notre organisation militaire devait être toute renouvelée. Comment oublier, en outre, que nous sommes le peuple européen qui se multiplie le plus lentement ? Cent soixante-dix ans sont nécessaires pour le doublement de notre population, lorsqu'il suffit pour cela de soixante-dix ans en Russie, de cinquante-deux ans dans la Grande-Bretagne, de quarante-deux ans en Prusse. Est-ce en présence de ces chiffres qu'il convient d'appeler, chaque année, 150,000 hommes sous les armes, au risque de détruire nos moyens les plus assurés de production et, par là, nos plus nécessaires ressources de trésorerie ?

Aussi bien, le premier résultat de notre loi militaire a-t-il été, dès 1872, l'entrevue à Berlin des trois empereurs de Russie, de Prusse et d'Autriche, dont les armées réunies présentaient un effectif de 3,477,000 hommes. Le second, ç'a été l'inexécution de cette même loi, faute des revenus indispensables. Nous avons eu de plus nombreux cadres, mais ils sont restés vides; nous avons eu de plus nombreuses classes, mais on ne les a pas appelées.

Quoi qu'il en soit, chacun était si bien persuadé de l'insuffisance des nouveaux recouvrements promis au Trésor, que la commission du budget de 1872 demeura chargée d'étudier et de proposer d'autres impôts. Seulement, elle ne devait s'attacher ni à l'impôt du revenu, décidément condamné par l'Assemblée, ni à celui des matières premières, trop évidemment impossible.

Les impôts qu'elle a proposés, vers le milieu de 1872, en exécution de son mandat, sont :

Une taxe sur les valeurs mobilières de toute espèce, françaises ou étrangères, sauf la rente, d'un produit évalué à 25 millions;

Un taxe sur le transport des journaux, les chevaux, les voitures, la dynamite, pour 7 millions;

Un droit supplémentaire sur les alcools, pour 30 millions ;

Un second décime sur le sel, pour 30 millions ;

Un décime additionnel au principal de la contribution foncière, pour 17 millions ;

Un impôt sur les créances hypothécaires, pour 5 millions ;

Enfin un impôt de 3 p. 100 sur les bénéfices nets de la Banque, du commerce et de l'industrie, qui n'était, en réalité, qu'une des faces de l'impôt du revenu, et une taxe sur le nombre des ventes, fixée à 1 pour 1,000 des valeurs transmises (1).

Cette commission réclamait, d'autre part, 25 millions d'économies. Mais les deux dernières taxes que je viens d'indiquer ont bientôt été rejetées, malgré le talent que leurs partisans ont mis à les défendre. M. Deseilligny surtout, l'auteur du projet d'impôt sur les ventes, qu'il présentait comme une imitation de la *tax on sales* des États-Unis, l'a défendu de façon très-remarquable. C'est aussi sur la demande de ce député que la commission du budget fit faire de nombreuses recherches et se livra à des calculs approfondis pour se rendre compte de la production totale de la France, ainsi que de la quantité moyenne des transactions sur nos divers produits. Elle était arrivée à penser que l'ensemble de la production française, qui re-

---

(1) Aux États-Unis la *tax on sales* ne s'applique qu'au-dessus d'un chiffre d'affaires de 50,000 dollars.

présentait 12 ou 13 milliards, il y a trente ans, était maintenant de 20 à 22 milliards (1), et estimait que chaque produit donnait lieu moyennement à cinq transactions. Elle portait en conséquence à 103 milliards la totalité des valeurs sur lesquelles se devrait percevoir l'impôt des ventes. Mais pour éviter tout mécompte, elle réduisait de 30 p. 100 la masse des valeurs imposables; ce qui ne l'empêchait pas d'en espérer un revenu semblable à celui de la même contribution aux États-Unis, laquelle avait rapporté 70 millions en 1869 et 83 millions en 1870. On aurait pu ajouter, en faveur de cette taxe, que notre impôt des patentes, le plus inégal à la vérité, le plus arbitrairement assis de nos quatre impôts directs, ne figurait au budget de 1871 que pour 68 millions en principal, ou que pour 85 millions avec les centimes additionnels, bien qu'on ne pût évaluer les profits de notre négoce et de notre industrie à moins de 6 ou 7 milliards.

Mais l'Assemblée nationale, effrayée, non sans raison, des déclarations à demander aux contribuables, ou des inquisitions à permettre au fisc, rejeta la taxe des ventes, et la remplaça par une augmentation de 60 c. p. 100 sur les patentes. Augmentation qui devait rapporter 39 millions, malgré l'exemption accordée aux moindres patentés. Mais quel fut l'étonnement des autres contribuables à la patente, lors de la réception de leurs *avertissements* pour 1873 ! Ce n'était plus de 60 c. p. 100 que leur impôt était

(1) La statistique officielle estimait en 1851 à 3 milliards le revenu brut de notre fortune mobilière. On peut le porter beaucoup au delà aujourd'hui.

élevé, c'était du double, des deux tiers, des trois quarts quelquefois. C'est qu'en votant cette surtaxe, l'on n'avait pas pensé que l'assiette des patentes avait été changée quatre mois auparavant, lorsqu'on avait soumis au payement d'une patente entière chaque atelier distinct, et quand on avait transformé l'ancien droit fixe en droit proportionnel augmenté. L'appréciation elle-même de la valeur locative des bâtiments occupés par les redevables, base du droit proportionnel, ne s'était-elle pas modifiée sous l'empire de la loi qui rendait obligatoire l'enregistrement des baux? Ce n'est pas tout cependant que de voter des taxes ; il siérait au moins de réfléchir à ce qu'elles peuvent engendrer. On s'étonne surtout de cette ruineuse, de cette monstrueuse aggravation des patentes, lorsqu'on se souvient des paroles insérées dans l'exposé des motifs du budget de 1872 : « L'industrie et le commerce contribuent déjà sous tant de formes aux voies et moyens de nos budgets, qu'après les douloureuses épreuves qu'ils ont traversées, nous ne pouvons songer à élever encore le taux des patentes. »

Mais il ne faut pas oublier que M. Thiers était au pouvoir, et qu'il était peu disposé à sacrifier à quelque taxe que ce fût ses vues protectionnistes. Aussi dans la discussion des impôts dont je parle, à chaque contribution proposée, soit par la commission du budget, soit par quelque membre de la Chambre, montait-il à la tribune pour la combattre, en déclarant que l'unique moyen de satisfaire aux besoins du Trésor était d'imposer les matières premières. C'était là l'exorde et la péroraison de tous ses discours, son bouquet à Chloris. Comment sauver d'autre sorte les finances de la France ? Quelle taxe découvrir plus facile à percevoir et moins onéreuse aux contribuables ? Que chercher encore après une aussi merveilleuse découverte ? Ç'aurait été vraiment une charmante scène de comédie parlementaire, un peu prolongée seulement, s'il s'était agi de choses moins graves.

Le plus plaisant, c'est qu'après avoir repoussé les diverses taxes proposées, tant qu'il avait espéré les faire remplacer par celle des matières premières, M. Thiers s'est empressé de les approuver toutes, dès qu'elles ont été votées. Détestables et inutiles d'abord, elles étaient devenues excellentes et indispensables. Seulement, M. Thiers affirmait qu'il restait aussi inévitable qu'auparavant de se procurer les 93 millions attendus des matières premières : on n'y pouvait échapper. Et pour que rien ne manquât à ces singularités législatives, plusieurs ministres notoirement libres - échangistes, comme MM. de Rémusat et Jules Simon, approuvaient sans réserve chaque discours protectionniste de M. Thiers. Quant au nouveau ministre des finances, M. de Goulard, successeur de M. Pouyer-Quertier, il s'est tenu si silencieux durant toute cette étrange discussion, qu'il y paraissait absolument désintéressé.

M. Thiers en vint jusqu'à prétendre que l'impôt des matières premières avait le précieux avantage de plaire à l'étranger, malgré nos différents traités de commerce, qui le condamnaient. L'ambassadeur anglais crut pourtant devoir demander à notre ministre des affaires étrangères, sur un ton de critique bien plus que d'approbation, ce que seraient nos réformes douanières projetées; et celui-ci confessa, au grand étonnement de son interlocuteur, n'en rien savoir. En même temps, pour se faire écouter, notre négociateur à Londres était forcé de déclarer, malgré toute évidence, que : « les modifications proposées par la France n'altéraient en rien l'esprit des stipulations de 1860 (1) ! » L'admirable politique ! L'étrange et nouvelle diplomatie ! Chaque semaine, au surplus, le *Journal officiel* nous apprenait les voyages ininterrompus de ce négociateur, M. Ozenne, de Londres à Versailles, de Versailles à Bruxelles, de Bruxelles à Vienne. A peine avait-il le temps de quitter le chemin de fer pour se voir partout joué ou éconduit.

Les matières premières n'en devaient pas moins, affirmait leur impertubable défenseur, rapporter dès lors 42 millions, augmentés de 18 millions aussitôt après nos traités *en voie de conclusion* avec l'Angleterre et la Belgique, et de 33 millions après ceux préparés avec les autres puissances. C'étaient bien là les 93 millions nécessaires, auxquels tout semblait subordonné. Qu'importait que la Commission des tarifs assurât que les matières premières donneraient à peine 5 millions et demi jusqu'en 1877, grâce aux engagements que nous ne pouvions révoquer? Que valaient les pressantes réclamations de l'industrie et du commerce? M. Thiers s'écriait, pour toute réponse, que la liberté de taxer les matières premières constitue, en chaque État, un *droit naturel*, et il appuyait cette

(1) Voir un article de M. de Butenval sur ces négociations dans le *Journal des Économistes*, n° de juillet 1872.

surprenante déclaration du commentaire le plus extraordinaire des mesures financières de l'Assemblée Constituante.

IV

Cette longue discussion n'était pas encore terminée, que le ministre des finances, sentant probablement l'impossibilité de triompher des légitimes résistances de l'Assemblée, présenta le projet du budget de 1873. Ce budget était en tout calqué sur celui de 1872, quoiqu'on y eût renvoyé depuis deux ans les réformes à opérer dans notre gestion financière et notre organisation administrative. Les dépenses y étaient évaluées à 2 milliards 388 millions; les recettes à 2 milliards 406 millions, en comprenant bien entendu — les pouvait-on éviter? — les matières premières pour 93 millions. Les recettes provenaient des anciens impôts pour 1,800 millions et des nouveaux déjà votés pour 496 millions.

Comment d'ailleurs se refuser encore, pour obtenir un pareil équilibre budgétaire, aux demandes protectionnistes du gouvernement, qui semblaient réellement ses seules préoccupations? N'y avait-il pas à pourvoir maintenant aux intérêts dus à la Banque, aux pensions considérablement accrues des soldats blessés, aux frais de transport des condamnés de la Commune, à la perception des nouveaux impôts et aux extraordinaires nécessités de quelques-uns des services ministériels? Cependant, la Commission du budget, tout en admettant les exigences avouées du Trésor, proposa de rejeter une fois de plus ces demandes perpétuellement répétées. Pour contraindre l'Assemblée, le Ministre des finances ne craignit pas, au milieu même de la discussion du budget, de réclamer à l'improviste 80 nouveaux millions, portant non plus seulement à 120, mais à 200 millions le déficit à combler. La Commission n'en resta pas moins inflexible dans sa première résolution, et répondit à cette attestation, si soudaine et si peu justifiée, en augmentant les quatre contributions directes de 15 centimes, soit 48 millions, le sel d'un décime, soit 30 millions, et en obtenant des alcools un supplément de 20 millions, par une surveillance plus efficace.

Les deux membres de l'Assemblée nationale les plus autorisés en matière de finances, M. Germain et M. Magne, ont l'un et l'autre pris soin alors de prouver que la réclamation des 200 millions était exagérée. M. Germain accordait seulement 102 millions, qu'il désirait voir obtenir des valeurs mobilières, des patentes et des alcools. M. Magne admettait 135 millions. Cinquante-huit millions lui paraissaient nécessités par le compte de liquidation, vingt-sept millions par l'augmentation de la dette publique, deux millions par les frais de perception des nouveaux impôts, trente millions par les arrérages de l'emprunt des 3 derniers milliards, en sus des 150 millions soldés jusque-là à la Prusse à titre d'intérêts ordinaires, enfin dix-huit millions pour les dépenses de cet emprunt. « Pas un centime, disait-il, ne pourrait être retranché de ces sommes, sans imprudence et sans mauvais calcul. » Mais pour toute autre exigence, M. Magne assurait que « des ressources momentanées feraient aisément face aux insuffisances momentanées. »

M. Thiers se révolta contre les calculs de M. Magne, comme contre ceux de M. Germain, et à leurs communes recommandations d'économies il répondait du ton le plus dégagé : « Quant aux économies, nous ne demandons pas mieux que d'en faire, mais elles ne sont pas possibles... En somme, les dépenses sont nécessaires, indispensables, et les augmentations sur le budget prochain sont inévitables. Ce sera une augmentation de 50 millions sur le budget de 1872 (1). » Qu'étaient devenus les 150 millions d'économies annoncés solennellement lors de l'emprunt des deux milliards? Que restait-il de la promesse officielle « de réduire par des mesures, d'un effet rapide et certain, les charges nouvelles? » N'était-il pas surtout singulier de réclamer un accroissement d'impôt, de 25 millions notamment, en vue de services non encore appprouvés, ou de prétendre pourvoir à une insuffisance de recettes touchant des taxes qui n'étaient pas encore votées? C'était d'autant plus étrange que M. Thiers affirmait, dans un autre discours, que les 488 millions d'impôts déjà établis, et dont le déficit avait été de 50 à 60 millions, donneraient 500 millions à partir du 1er janvier 1873 (2).

Il faut épargner cinq sols aux choses non nécessaires, disait Colbert : nos financiers sont d'avis différent ; ils

(1) Ç'a été 57 millions.
(2) Séance du 17 juillet 1872.

ne s'ingénient qu'à multiplier les dépenses et les impositions. Puisqu'ils invoquaient sans cesse alors l'exemple des États-Unis, pourquoi ne le suivaient-ils pas davantage? Est-ce qu'on y a jamais agi avec une pareille prodigalité ? On n'a pas même tardé, au moment dont je parle, à surcharger de 10 millions le budget du ministère de la guerre, quoiqu'il fût augmenté déjà de 56 millions, en sus des 16 millions provenant de la suppression de la garde impériale. La Prusse entretenait pourtant une armée de 400,000 hommes avec 350 millions.

C'est du reste, à cette époque, que le gouvernement proposa, pour obtenir notre libération définitive, l'emprunt des trois derniers milliards. Je n'ai pas à m'expliquer sur la partie politique du traité en vertu duquel ces 3 milliards ont été demandés. Ses deux avantages financiers étaient d'amoindrir nos frais d'entretien de l'armée prussienne d'occupation d'environ 35 millions, et de permettre de nous acquitter du solde de notre indemnité par parties, au lieu de devoir le faire en un seul versement. Toutefois le premier de ces avantages était compensé par les 57 millions d'intérêts supplémentaires que nous allions avoir à payer, et le dernier n'était pas moins favorable à la Prusse qu'à la France. Car nous aurions assurément soldé plus aisément 3 milliards en un seul jour, à la condition de nous adresser à tous les grands marchés financiers d'Europe, que la Prusse n'aurait, en recevant à la fois une aussi forte somme, évité la plus effroyable crise financière.

Cet emprunt de 3 milliards a, comme le précédent,

été contracté par souscriptions publiques et en rentes 5 p. 100. Comme le précédent aussi, il s'est augmenté de la somme nécessaire au payement des arrérages pendant le temps de son recouvrement — au moins vingt mois, — des frais d'escompte, de commission, de change, de transport, de négociation, entraînés ou par l'emprunt lui-même, ou par les payements à faire à la Prusse. Un pareil supplément avait été pour le premier emprunt de 225 millions ; il a été pour celui-ci de 498,714,630 francs. Nous avons donc, en plus de nos 5 milliards d'indemnité, contracté une autre dette dépassant 723 millions. C'est 144 millions par chaque milliard prêté ; je ne sais si jamais on a aussi peu ménagé la fortune publique. Chacun se souvient, en outre, que, sur les 225 millions ajoutés aux deux premiers milliards, 55 millions avaient été détournés de leur vraie destination pour procurer au budget de 1872 la vaine apparence de l'équilibre.

Je ne répéterai pas ici ce que j'ai dit des souscriptions publiques ; mais je rappellerai les excessives facilités accordées pour l'emprunt des 3 milliards aux souscripteurs étrangers, qu'on est allé jusqu'à dispenser de verser des espèces ou des titres sérieux. Pour mieux acclamer la confiance qu'on inspirait à l'Europe, on a même prolongé d'un jour les souscriptions, bien que l'emprunt fût dès lors plus que couvert. Ne suffisait-il pas cependant, pour attirer les offres, d'émettre l'emprunt au taux nominal de 84 fr. 50 et au taux réel de 80 fr. 70, pour les rentes libérées au moment de l'émission, lorsque celui de 1871 se cotait à la Bourse 91 fr. environ ?

Et quelles difficultés se préparait-on, en agissant ainsi, par suite des réductions qui allaient s'imposer, du classement qu'on devrait faire, des ventes qu'il y aurait à redouter de l'étranger, du risque qu'on courait d'un énorme renchérissement des métaux précieux parmi nous! De sérieux dommages ont suivi une telle imprévoyance, un tel désir du succès, mais c'est un prodige qu'ils n'aient pas été plus graves et plus nombreux. La loi d'emprunt autorisait, d'ailleurs, le ministre des finances à passer avec la Banque de France et d'autres associations financières des traités particuliers destinés à accélérer les payements dus à la Prusse, et permettait à la Banque, en vue de la rareté du numéraire qui pourrait survenir, de porter la limite de ses émissions de 2 milliards 800 millions à 3 milliards 200 millions.

On sait à quel chiffre se sont élevées les souscriptions de l'emprunt. La plupart étaient fictives, on ne le peut méconnaître, et les autres nous coûtent fort cher, tant, pour les susciter, on avait abaissé le taux de l'émission. Mais elles n'en prouvent pas moins que chaque peuple était dès lors convaincu que nous avions repris nos travaux, commencé à refaire notre patrimoine, et que nous méritions sa confiance et son estime. Avec quelle facilité nous aurions réparé nos pertes et recouvré notre importance, quelques désastres qui nous eussent accablés, si, dès le lendemain de la paix, tout aux nécessités d'ordre, de travail, d'épargne qui nous incombaient, nous avions obéi aux meilleurs, aux plus sûrs préceptes de la science et de l'expérience !

Chose incompréhensible, c'est quand les souscriptions mêmes de l'emprunt démontraient, par leur nombre et par la richesse qu'elles attestaient, les bienfaits du régime industriel inauguré sous l'empire, que le pouvoir est une dernière fois revenu à la charge de la taxe des matières premières, et que la Chambre, malgré ses convictions, mais fatiguée de tant d'insistance, a voté cette funeste taxe à une immense majorité. Déplorable triomphe de la moins scrupuleuse habileté sur la plus coupable faiblesse! Nous sommes ainsi retombés sous le système avilissant, mortel (*suicided*) de la protection, selon la juste parole de lord Granville à notre ambassadeur à Londres, quand le monde entier va vers les fécondes et nobles franchises des transactions. Nous sommes retournés aux écueils, en face du port que tous s'efforcent d'atteindre.

Cœlum certe patet, non ibimus illuc.

Certes, il s'en faut que les faits fussent aussi décisifs et que les connaissances économiques fussent aussi répandues au commencement de la Restauration que de nos jours. Alors aussi, cependant, nous avions à faire face à une contribution de guerre, à des frais d'occupation, à des dettes considérables, à une lourde liquidation de l'arriéré de nos budgets. Eu égard à l'état de notre fortune, c'était un aussi pesant fardeau que celui d'à présent. Mais lorsque M. Corvetto proposa d'établir des droits sur les matières premières et les produits fabriqués, notamment sur les fers, les draps, les toiles, les cuirs, la commission du budget repoussa résolûment ce projet. Il paralysera l'industrie et fera obstacle au retour de la prospérité publique, disait son rapporteur, et la Chambre, s'unissant à sa commission, remplaça les taxes présentées par 10 centimes additionnels sur le principal de la contribution personnelle et mobilière, par 50 centimes sur le principal des portes et fenêtres, et par 110 centimes sur les patentes. Elle réduisit en même temps tous les traitements qui dépassaient 500 francs, diminua les dépenses ordinaires et réédita l'ordonnance du 22 août 1815, qui prescrivait la perception d'une contribution de 100 millions à répartir, dans la proportion déterminée pour chaque département, entre les principaux capitalistes, patentables et propriétaires.

C'est qu'il y avait alors dans les classes gouvernantes une entente des intérêts publics, une volonté, une confiance, un sentiment du devoir qui ont manqué trop de fois à celles qui leur ont succédé.

Nous aurions également dû réfléchir à l'exemple que nous donnait la Prusse. Enrichie des 5 milliards stipulés dans le traité de Francfort, de l'intérêt de cette somme jusqu'à son complet payement, des 200 millions imposés à la ville de Paris et des 55 millions levés dans les départements, lorsqu'elle n'avait dépensé pour la guerre que 1 milliard 420 millions, elle s'est avant tout appliquée à consolider sa puissance industrielle, appuyée désormais sur des libertés économiques hautement avouées et largement établies.

Notre premier soin, après avoir vérifié les charges qui nous incombaient, devait être de rechercher chaque économie réalisable. L'un des députés les plus laborieux, M. Raudot, demandait qu'on ramenât toute chose au budget de 1860 ; qu'y avait-il là d'excessif? Les différentes oppositions du temps de l'empire, maîtresses de l'Assemblée nationale, ne s'étaient-elles pas récriées contre l'énormité de ce dernier budget? Cela aurait pourtant assuré 100 millions d'économie sur les divers services ministériels. J'ai déjà rappelé que, dès son avénement, le gouvernement de M. Thiers avait promis d'épargner 150 millions. Et combien d'autres millions se seraient ajoutés à ceux-là, si l'on était résolûment entré dans les fécondes et larges voies de la décentralisation et de la paix !

Quant aux emprunts, dont il fallait ensuite se préoccuper, je me suis suffisamment expliqué sur la façon dont il aurait été désirable de les contracter, et sur la mesure qu'il aurait été utile d'y apporter. En tout cas, il n'y faut plus recourir ; notre dette est la plus lourde du monde entier ; notre grand-livre doit rester fermé. M. Magne avait cent fois raison lorsqu'il disait à l'Assemblée nationale, le 30 janvier 1873 : « Notre budget doit être pourvu de ressources permanentes et renouvelables tous les ans, puisqu'il s'agit de faire face à des dépenses qui doivent se reproduire tous les ans. Or, il n'y a que les impôts qui présentent ce caractère. »

Enfin, pour choisir entre les impôts à créer, il importait de se rendre compte de l'état présent de notre richesse et des nouveaux besoins de notre société. Cela demandait, à la vérité, des connaissances qui manquaient absolument à nos gouvernants, qu'ils faisaient même, pour la plupart, profession de mépriser. Mais il était au moins facile de se persuader qu'il convenait de s'adresser en premier lieu à la richesse mobilière, dont les développements ont été de nos jours si rapides, et qui demeure encore beaucoup moins grevée que la richesse foncière. Dans nos 600 millions de taxes directes, on peut en effet considérer que les deux tiers proviennent de la fortune immobilière, fort atteinte en outre par les taxes indirectes, quoiqu'elle dépasse peu maintenant la richesse mobilière. Un écrivain, adonné depuis longtemps aux études financières (1), tient que, chez nous, la fortune mobilière paye environ 10 p. 100 de son revenu, tandis que la fortune immobilière en paye environ 17 ou 18 p. 100 ; je crois, pour moi, cette différence encore plus marquée. Il y avait, ce n'est pas contestable, une somme de revenus considérables à espérer de la richesse mobilière, tout en tenant compte, dans une juste mesure, de sa variable nature et de ses faciles transports. Notre impôt mobilier, beaucoup trop restreint, donne, on le sait, chaque année de notables excédants de revenu ; il serait très-facile d'en obtenir davantage.

La richesse territoriale, fort atteinte avant la guerre, affreusement éprouvée depuis, n'espérait pas elle-même ne conserver que ses anciennes charges. Elle est loin, au reste, de ce qu'elle était lorsque l'assemblée constituante la soumettait à 240 millions d'impôt en principal ; et la portion du sol qui payait ces 240 millions, n'en paye

(1) M. Victor Bonnet.

plus aujourd'hui, grâce aux dégrèvements successivement opérés, que 156. Si la recette totale de la terre dépasse 172 millions, c'est seulement à cause des constructions effectuées ou des aliénations du domaine public accomplies. Sans doute, les centimes additionnels, qui frappent surtout le sol, atteignent à peu près en ce moment 300 millions ; mais le revenu territorial net, évalué à 1 milliard 200 millions à l'origine, est officiellement de nos jours de 3 milliards 200 millions.

C'est en partant de ces données que M. Wolowski d'abord et M. Léon Say ensuite proposaient, lors de la présentation du budget de 1874, de rétablir au profit de l'État les 17 centimes additionnels remis sur la taxe foncière en 1850. Ce qui aurait produit sur le capital actuel une recette de 28 millions. D'autres économistes, notamment M. Hyppolyte Passy [1], demandaient, eux, qu'on remplaçât la contribution personnelle et mobilière, ainsi que celle des portes et fenêtres, qui réunies donnent un peu plus de 90 millions, par un impôt unique sur les valeurs locatives, dont ils attendaient, à 10 ou 15 centimes par franc, 180 millions.

« Nulle dépense n'est en rapports aussi constants avec le revenu des particuliers que leur loyer, et n'en fournira une indication aussi exacte, disait M. Passy..... Il est permis d'affirmer que l'impôt sur les valeurs locatives équivaudrait, quant au résultat définitif, à l'impôt du revenu..... Le nombre des maisons s'élève, en France, à

[1] V. les observations de M. H. Passy dans le *Journal des Économistes*, août 1871, p. 212 et suiv.

près de 7,500,000 ; un peu plus de la moitié de ces maisons s'afferme, selon les départements, de 40 à 100 francs. Tout compte fait, on arrive à trouver que l'ensemble des valeurs locatives en France est d'environ 2 milliards. Voilà le fonds sur lequel un prélèvement de 10 centimes amènerait au Trésor 200 millions chaque année, et cela par voie de perception directe, c'est-à-dire à très-peu de frais..... Certaines familles, ajoutait M. Passy, sont forcées d'occuper des logements d'un prix supérieur à celui qu'autoriseraient leurs revenus, grâce au nombre de leurs enfants, par exemple. Mais il suffirait, pour remédier à cet inconvénient, d'ajouter au principal de l'impôt 1 centime, dont le produit servirait à couvrir le montant des réductions auxquelles ces familles auraient droit. Les choses se passeraient comme elles se passent aujourd'hui en matière de contributions directes (1). » M. Passy demandait, enfin, qu'aucune augmentation fiscale n'eût lieu pour les loyers n'excédant pas 6 francs.

Tout en admettant cette transformation et cette aggravation de la taxe mobilière et des portes et fenêtres, je ne saurais, je l'avoue, approuver cette dernière exception. Chaque exemption fausse le principe de l'impôt, en en faisant une sorte de charité légale. Autant réduite, elle exempterait tout à la fois peu d'ouvriers et de journaliers. M. Passy paraît aussi peut-être trop considérer l'impôt des valeurs locatives comme une taxe du revenu. Ce serait presque là retomber dans l'erreur de l'Assemblée

(1) V. le compte rendu de la séance de la Société d'économie politique du 5 avril 1873, dans le *Journal des Économistes*, numéro d'avril 1873.

constituante, lorsque, en abolissant les impôts indirects, elle proposait l'impôt progressif sur les loyers, afin d'atteindre avec plus de justice distributive la fortune mobilière.

Je le répète, la richesse territoriale devait supporter sa part du lourd fardeau qui nous est imposé. La proposition de MM. Wolowki et Léon Say était inattaquable; mais on se trompe beaucoup lorsqu'on prétend que cette richesse a jusqu'à présent été ménagée. On l'a grevée, au contraire, de façon déplorable, je l'ai déjà montré; seulement on ne l'a pas dit, et bien souvent on ne l'a pas su. N'est-ce pas elle, en effet, qui souffre surtout des taxes mises sur les transports, grâce aux produits encombrants qu'elle achète ou qu'elle vend? N'est-ce pas elle qu'atteignent le plus, parmi les éléments de la richesse, les droits d'enregistrement, de timbre et de consommation? Et ce n'est pas uniquement l'État qui a multiplié les impôts de consommation, ce sont aussi toutes les villes, dont les octrois ne grèvent à peu près que des produits agricoles. Il fallait imposer la terre, mais mieux qu'on ne l'a fait.

Les taxes de consommation elles-mêmes, si préjudiciables et inégales qu'elles soient, si fâcheuse et dissimulée qu'en soit l'incidence, devaient être surélevées. On use de toute arme dans une lutte obligée; on puise où l'on peut quand le Trésor est vide. Mais il fallait se garder de s'adresser sans examen, sans recherche sérieuse à chacune de ces taxes, prises au hasard. N'avions-nous pas, pour nous guider, les grandes réformes financières accomplies, sous nos yeux, en Angleterre? Depuis moins de trente ans, les dégrèvements y ont été de plus de 300 millions, et les taxes indirectes, l'excise, la douane, le timbre, sur lesquels ils ont uniquement porté, s'y sont élevées de 45 millions sterling en 1845, à 52 en 1860 et à 54 en 1870. Il était facile, par la seule étude de ces réformes, rapprochées de notre système financier, de se convaincre des droits qui rapportent le plus, soit en les accroissant, soit en les diminuant. Car jamais encore cette vérité économique que les droits les plus rigoureux ne sont pas toujours les plus productifs, ne s'est autant manifestée.

Je ne puis résister à donner ici une curieuse preuve de cet aphorisme économique. Grâce à l'abaissement de la taxe sur le sucre, la consommation de ce produit a triplé depuis trente ans en Angleterre, et est restée par là même une précieuse ressource de revenu (1). Parmi nous, au contraire, la consommation du sucre s'est peu développée ; elle est trois fois moins considérable que dans la Grande-Bretagne, bien que nous soyons le plus grand pays producteur de sucre, et que notre population dépasse la population anglaise. Le sucre est même devenu depuis nos surtaxes, qui en élèvent l'impôt à dix fois ce qu'il payait dernièrement en Angleterre, l'un des objets qui comptent le plus dans nos déficits annuels.

Entre les impôts indirects, celui qu'on pouvait augmenter avec le plus de profit, est l'impôt des alcools. Le prix de l'alcool a beaucoup baissé depuis trente ans, grâce à la

(1) Le sucre ne paye plus de droit en Angleterre depuis 1875.

distillation de la betterave, du cidre, des grains, et le produit fiscal qu'en retirent d'autres pays est infiniment supérieur au nôtre, sans que la vente en ait trop souffert. Ainsi, tandis qu'il ne payait chez nous, en 1871, que 150 francs par hectolitre, décimes compris, il payait 280 francs en Angleterre, à peu près autant aux États-Unis, et davantage en Russie. Comme nous consommons près d'un million d'hectolitres d'alcool pur, si nous avions adopté la taxe anglaise ou américaine, nous aurions obtenu 130 millions de plus. Ce revenu aurait été même plus considérable, si nous avions remplacé le détestable mode de taxation de l'*exercice* par des droits de patente et de licence sur les débitants, comme il en est dans les États d'Europe et d'Amérique les plus dignes d'être imités. Cette réforme, très-profitable, presque indispensable, nous permettrait tout à la fois de réduire de plus d'un tiers nos frais de perception des contributions indirectes, de moitié plus élevés que ceux de l'Angleterre.

Une autre contribution indirecte que celle des alcools pourrait encore offrir d'importantes ressources fiscales : je veux parler de la contribution du sel. Elle constitue une charge regrettable, c'est certain ; c'est une capitation et nulle capitation n'est équitable. Mais en présence des sacrifices qu'il nous faut accepter, nous ne pouvons choisir qu'entre les taxes les moins dommageables. Le dégrèvement opéré sur le sel depuis 1848, probablement parce qu'il n'a pas été assez marqué, n'en a pas augmenté la consommation, et un rendement plus considérable de cette denrée n'exigerait non plus aucun nouvel employé. Un décime ajouté à la taxe actuelle donnerait 33 millions, quoique ce fût encore un décime de moins qu'avant 1848. Les États-Unis ne se sont-ils pas empressés d'imposer le sel (1), pour satisfaire à leurs récentes exigences? Et que reste-t-il, parmi nous, des souvenirs odieux de la gabelle, qui fournissait à peu près le dixième des revenus de l'ancienne monarchie?

Enfin une dernière source de produits, que j'ai précédemment signalée et qu'on a eu grand tort de négliger, se rencontre dans nos propriétés domaniales, si vastes et si improductives. A mon avis, on aurait utilement pu en aliéner pour un milliard en cinq ou six années.

Si cette aliénation avait eu lieu, que les 5 milliards d'indemnité exigés par la Prusse se fussent convenablement empruntés, en s'ajoutant au milliard fourni par la Banque, comme aux ressources de la dette flottante, de la dotation de l'armée et des approvisionnements de Paris; si en même temps l'on avait réalisé une économie de 300 millions, ainsi qu'on l'aurait pu, sur l'armée, la marine, les travaux publics et les divers services administratifs, et que l'on eût grevé, sans frais supplémentaires, la richesse mobilière et foncière, les alcools, le sel et quelques autres produits, tout en stimulant, par l'affermissement de l'ordre, de la paix et du crédit, l'essor de l'industrie et de la richesse, on aurait certainement pourvu assez aisément à nos exigences. N'aurait-il pas mieux valu agir de la sorte que de frapper à toute porte pour trouver des

---

(1) A 600 par quintal.

matières imposables, et y frapper sans cesse, durant quatre années, après avoir laissé s'accumuler nos charges, avoir fait des promesses démenties aussitôt qu'elles étaient prononcées, et augmenté les fonctions et les traitements publics? Notre administration des Finances a été profondément honnête, c'est incontestable ; mais tout y a été remis à la routine et au hasard.

« On n'appelle plus parmi nous un grand ministre, écrivait Montesquieu, celui qui est le sage dispensateur des revenus publics, mais celui qui est homme d'industrie et qui trouve ce qu'on appelle des expédients. » On n'a cherché que des expédients, et quels expédients le plus souvent ! Il faut bien le dire, c'est la Hollande du dix-huitième siècle qui semble nous avoir servi de modèle, sans souci ou sans connaissance des résultats qui s'y sont produits.

Encore une fois, il était facile d'agir autrement qu'on ne l'a fait; il ne fallait pour cela qu'une saine entente des conditions économiques et politiques de la France. Son état financier était sans nul doute préférable à celui qu'elle avait en 1816, et à celui qu'avait à la même époque l'Angleterre. Ces deux pays ont cependant honorablement surmonté les difficultés de ce moment, et à quelle fortune atteint maintenant le dernier d'entre eux ! En 1816, la dette anglaise, qui n'était pas de 3 milliards au commencement de l'Empire, dépassait 20 milliards. C'était, pour une population de 18 millions d'habitants, un intérêt annuel de 34 shillings ou de 43 francs par tête. C'était 9 pour 100 du revenu général du royaume, et, selon les appréciations si autorisées de Dudley Baxter, les diverses charges du budget anglais portaient à 18 pour 100 au moins la part demandée à ce revenu. Aujourd'hui, avec une population de 37 millions d'habitants, l'intérêt de notre dette est au plus de 25 francs par tête, et ne représente guère que 5 p. 100 de notre revenu total, que l'on peut évaluer à 20 milliards environ. Quels changements se sont tout ensemble opérés depuis 50 ans, dans les moyens de production et d'épargne! Quelles facilités existent qui faisaient autrefois défaut!

Pour diminuer nos charges, on a bien des fois blâmé l'inscription des 200 millions destinés d'abord au remboursement de la Banque et ensuite à l'amortissement de la rente, et l'on a fini par les réduire. C'est à tort, selon moi. Quand une banque publique a une émission de plusieurs milliards pour un capital de 182 millions, et se trouve sous l'empire du cours forcé, quelle chose est plus pressée pour l'État que de s'acquitter envers elle, afin qu'elle puisse revenir à une circulation monétaire régulière? Qu'on n'oublie pas que l'émission de la Banque d'Angleterre, pendant sa longue suspension de payements, de 1797 à 1822, n'a jamais excédé 28 millions sterling. De même, lorsqu'une dette atteint une somme pareille à la nôtre, ne serait-il pas profondément déraisonnable de ne pas vouloir la réduire le plus promptement possible? Les sagaces et hardis financiers de l'Union américaine n'ont pas négligé, dès la fin de la guerre de sécession, de faire regagner le pair à leur papier-monnaie, ni de diminuer leur dette, portée presque instantanément à 15 milliards. Ils en sont maintenant, on ne l'ignore pas, à la restreindre de 5 à 600 millions par an, après avoir renoncé, par l'abolition des taxes les plus nuisibles, à un revenu d'environ 170 millions de dollars (1). Mais ils ont su, dès l'origine, ce qu'ils voulaient, et n'ont pas sacrifié les intérêts du travail et de l'épargne aux plus intempestives dépenses militaires et administratives. On ne les pourrait blâmer que de leurs erreurs protectionnistes. Pourquoi donc n'avoir pas pris modèle sur ces financiers, comme sur les Pitt, les Huskisson, les Peel, les Gladstone, les Louis et les Cavour?

V

Les deux dernières lois votées durant la première session de 1872, ont encore été deux lois d'impôt. La pre-

(1) Depuis trois ans, disait M. Wels, dans un document officiel de janvier 1869, on a rayé du livre de nos lois toutes les taxes qui étaient une injure à la prudence et à une sage économie, telles que la taxe sur les réparations, sur l'instruction, les impôts sur les livres, sur le papier, sur l'impression, les taxes sur le capital et sur la spéculation, comme l'impôt différentiel sur les revenus, les taxes sur les transports par eau et par roulage, et celles sur les matières premières, telles que le charbon, le fer en saumons, le coton, le sucre, le pétrole. De plus, on n'a plus frappé d'aucun impôt direct les produits manufacturés, à l'exception des esprits distillés, des liqueurs fermentées, du tabac, du gaz, des médicaments brevetés, de la parfumerie, des cosmétiques, des cartes à jouer, qui tous peuvent être regardés comme des objets de luxe... Ces réformes, bien qu'apportant une diminution d'au moins de 170 millions de dollars dans les dépenses annuelles, n'ont, croyons-nous, apporté aucune perturbation durable dans l'équilibre du budget national. On ne peut douter que ce soulagement important dans les charges de l'impôt, n'ait à la fois stimulé et grandement fortifié les intérêts producteurs du pays. Il en résulte qu'à l'époque où la dette nationale pourra être acquittée, rapprochée plutôt que différée, on verra, autant qu'on peut le démontrer, que la faculté de contribuer aux charges publiques augmente dans une progression géométrique à mesure que l'activité de la production et de la circulation s'accroît dans une progression arithmétique. » — Les droits sur le thé et le café ont été abolis, dans l'Union américaine, à partir du 1er juillet 1872.

mière frappait les alcools dénaturés, les vinaigres et les bouilleurs de crû ; la seconde atteignait la fabrication et la vente des allumettes, qui constituent désormais un monopole de l'État. Ce monopole, dont on avait d'abord espéré 9 millions, puis 15, moyennant une indemnité aux anciens fabricants d'une vingtaine de millions, n'a produit jusqu'ici que la somme la plus insignifiante, en entraînant une indemnité d'au moins 60 ou 70 millions. Les fabricants avaient pourtant offert, si l'on traitait amiablement avec eux, 15 millions, en sus du quart de leurs bénéfices dépassant 5 p. 100. Mais on a préféré revenir aux plus fâcheuses traditions de l'ancien régime ou des monarchies d'Orient, afin probablement de créer des préposés aux allumettes !

A ces deux lois ont succédé, vers la fin de 1872 et le commencement de 1873, le budget de cette dernière année et le traité de commerce conclu avec l'Angleterre, modèle des autres traités qui se préparaient, à ce moment, avec la Belgique, l'Italie et l'Autriche. Par malheur, l'Assemblée nationale était alors toute à la politique. Comment se serait-elle occupée des finances publiques, lorsqu'elle avait à régler, pour la troisième fois, ses rapports, toujours si difficiles, quoique toujours si soumis, avec M. Thiers? Ses vues les plus élevées, ses plus opiniâtres efforts tendaient uniquement à ce que M. Thiers lui parlât moins, pour avoir moins à le contredire ! Elle mettait là sa propre dignité et le salut social ! Il y avait cependant deux années qu'elle ajournait, ainsi que je l'ai dit, au budget de 1873 l'examen de nos services administratifs et des réformes les plus désirables.

En réalité, ce budget a, comme les précédents, été voté sans étude ni discussion véritable. Lorsqu'un député, l'infatigable M. Raudot, croyait devoir rappeler qu'il y allait des intérêts les plus graves de la France, de bruyantes interruptions et les conversations particulières lui apprenaient le cas qu'on faisait d'un pareil avertissement. Ainsi que le Gouvernement s'était contenté de proposer un budget calqué sur ceux de 1871 et de 1872, copiés eux-mêmes l'un sur l'autre, ainsi la Chambre, guidée par le très-sommaire rapport de sa Commission, s'en est tenue à le voter. Quelles étranges réponses faisaient d'ailleurs les ministres, quand ils répondaient, aux rares orateurs qui tentaient, après M. Raudot, quelques timides critiques ou quelques modestes éclaircissements ! Trouvait-on exagérée, par exemple, la somme de 800,000 fr. destinée à la restauration de la salle de l'Opéra, le ministre des Beaux-Arts répliquait par une vertueuse indignation contre les cafés-concerts, autorisés cependant par l'État, et le vote des 800,000 fr. était acquis. Se récriait-on contre les traitements de 200,000 ou de 300,000 fr. de nos ambassadeurs, et de 30 ou de 40,000 fr. de nos préfets, quand Machiavel recevait, comme délégué de Florence, 10 livres par jour, et que les gouverneurs des États de l'Union américaine, plus étendus que nos provinces, ne touchent que 6,000 francs, le ministre de l'Intérieur invoquait l'importance gouvernementale de la représentation et des fêtes officielles, et ces traitements étaient maintenus ! Proposait-on de restreindre, sans s'en expliquer toutefois, le canonicat de Saint-Denis, le ministre des cultes, républicain de vieille date, qui s'était écrié à la tribune du dernier Corps législatif : « Je ne suis pas catholique, je ne suis pas chrétien, je suis philosophe, » ce ministre acclamait la nécessité d'entretenir de pieuses prières près des tombeaux de nos anciens rois, et le canonicat de Saint-Denis conservait sa récente organisation.

Il aurait été d'autant plus nécessaire de soumettre le budget de 1873 à une discussion sérieuse, complète, qu'un déficit était dès lors assuré dans le recouvrement des taxes nouvellement créées ou nouvellement élevées. Les dépenses de ce budget, proposées par la Commission de l'Assemblée nationale, s'élevaient à 2 milliards 366 millions, soit 22 millions de moins que ce qu'avait demandé le Gouvernement. D'autre part, le compte de liquidation était de 694 millions. C'était donc un ensemble de dépenses de 3 milliards 60 millions. Mais, sur le compte de liquidation, disait le rapporteur, 125 millions ont été payés et 415 millions vont l'être. Le reliquat de l'emprunt de 3 milliards, évalué à 100 millions, devait recevoir cette destination, comme le prix des terrains domaniaux à vendre dans Paris, et de nombreuses et inévitables annulations de crédit. Malheureusement, trois adjudications tentées pour la vente de l'ancien emplacement du ministère des finances, si bien placé pourtant, venaient d'échouer, et sans cesse des crédits supplémentaires absorbaient ou dépassaient les annulations des crédits précédents. Pour mieux éclairer, d'ailleurs, sur ce point, M. Thiers n'hésitait pas, dès le mois de février suivant, à évaluer le compte de liquidation, lors du prochain budget, à 748 millions (1), sans même y comprendre les 100 millions d'indemnité réclamés par les départements envahis, qui bientôt se sont élevés à 120 millions (2).

En présence des dépenses, la Commission du budget estimait les recettes de 1873 à 2 milliards 476 millions; ce qui laissait un excédant de 110 millions sur les dépenses ordinaires, abstraction faite du compte de liquidation. Mais, ce que l'on concevra plus tard difficilement, personne, même dans la commission, ne croyait à cet excédant. Car dans ces 110 millions figuraient, pour l'unique satisfaction de M. Thiers, les 93 millions des matières premières, dont chacun n'attendait au plus que 5 ou 6 millions, et qui n'en ont donné que 3. Stupéfait d'un pareil procédé, un député de la Gironde, M. Bonnet, déclarait qu'un budget est chose trop sérieuse pour être fictive; mais il est resté seul de son avis.

Un budget mieux étudié, plus sûrement en équilibre, était réellement un devoir envers le pays. Au lieu des 110 millions d'excédant, si libéralement annoncés, il aurait fallu se beaucoup féliciter de n'avoir en perspective qu'un déficit de semblable somme. Le seul retrait du détestable impôt des créances hypothécaires, effectué presque aussitôt, suffisait à singulièrement amoindrir les re-

(1) Dans la Commission du budget de 1874.
(2) V. le message de 1872 de M. Thiers. Aux dépenses énumérées dans ce message, comme passif du compte de liquidation, M. Thiers a ajouté dans sa conférence avec la Commission du budget de 1874, « la création d'une ligne de places fortes, pour avoir des frontières. »

cettes véritables (1), et quel calcul autorisait les commissaires de l'Assemblée à évaluer, comme ils le faisaient, à plus de 160 millions l'augmentation des perceptions indirectes, la taxe des matières premières déduite?

A l'exemple des budgets de 1871 et de 1872, celui de 1873 présentait, d'autre part, une très-fâcheuse lacune, inévitable peut-être pour les premiers, mais fort regrettable pour celui-ci; j'entends parler des travaux publics. Une grande mesure, une extrême prudence nous étaient encore commandées à cet égard, ce n'est pas douteux; mais est-il possible de négliger absolument de nos jours un pareil élément de travail, de richesse, de puissance, sans promptement et beaucoup déchoir? Au point de vue militaire seul, auquel on prétendait tout sacrifier, n'aurait-il pas mieux valu construire de nouveaux chemins de fer que de créer de nouveaux régiments, et d'édifier de nouvelles forteresses? C'est se trop plaire au passé que de ne pas apercevoir que l'art de la guerre, comme tous les autres, s'est transformé, en réclamant maintenant un matériel, un outillage considérable, dans lequel figurent en première ligne des voies rapides et économiques de communication. Est-ce que les guerres de 1866 et de 1870 ont en cela laissé la moindre incertitude?

Non-seulement le gouvernement de M. Thiers, et j'en pourrais dire autant de celui qui lui a succédé, n'a rien fait en faveur des voies de communication, mais il

(1) Le retrait de cet impôt faisait perdre 22 millions.

n'a cessé d'y mettre obstacle. La loi des chemins de fer d'intérêt local elle-même a été, presque aussitôt après sa promulgation, faussée, dénaturée, pour empêcher ces chemins si utiles et si peu dispendieux de se construire. On ne s'est pas plus inquiété de nous voir au septième rang des grands États industriels pour les voies ferrées, que de savoir que nous n'en avions qu'un kilomètre sur 31 kilomètres carrés de superficie, quand l'Allemagne en a 1 sur 21 et l'Angleterre 1 sur 7. On a même oublié, dans cette fâcheuse, dans cette coupable lutte contre l'industrie des chemins de fer, la première de notre époque, les dépenses qu'ils évitent au Trésor, pour les transports de la poste, des soldats, des marins, ainsi que les diverses perceptions qu'ils lui rapportent. Ces économies et ces rentrées ont néanmoins été officiellement estimées à 150 millions en 1871, et à 182 millions en 1874. N'est-ce pas surtout en couvrant leur sol de chemins de fer que la Russie après Sébastopol, et l'Autriche après Kœnigsgraetz, se sont appliquées à réparer leurs désastres? A la suite de la guerre de sécession, les États-Unis, qui construisaient annuellement 3,700 kilomètres de rail-vays auparavant, en ont construit 7,000, puis 12,000.

On a beaucoup nui pareillement aux grandes compagnies de chemins de fer, en ne leur payant plus, après 1870, les garanties d'intérêt — environ 32 millions par an — auxquelles elles avaient droit, pour ne leur servir que l'intérêt de cette somme. Véritable acte de banqueroute, qui aurait tant accru notre dette, s'il avait continué un certain nombre d'années. C'était bien la peine de parler d'amortissement ou d'excédant budgétaire avec une gestion financière semblable. Notre ministre des finances ne pouvait certainement, à propos du budget de 1873, rien annoncer de semblable à ce que le chancelier de l'Échiquier anglais disait à la même époque : que, depuis son entrée aux affaires, il avait réduit les impôts de 9 millions sterling (225 millions de francs), et que cependant les recettes du premier trimestre de l'exercice courant offraient un excédant sur les sommes prévues de 1 million 200,000 livres sterling (30 millions de francs). Mais il convenait au moins de ne pas accroître nos dettes, en tarissant les sources les plus sûres de la richesse, et en manquant aux engagements les plus formels. Contredire, railler les doctrines économiques, comme il était alors d'usage parmi les gouvernants, ne détruit pas les lois de la production et de l'honnêteté.

Ce qui n'était pas moins singulier qu'une telle raillerie, au sein d'une telle administration, c'est l'absence complète de publicité qui se remarquait sur nos finances. Il semble qu'on gardât sur tout le silence, afin de n'être contrôlé sur rien. Le tableau même de notre situation fiscale avait cessé de se trouver chaque semestre au *Journal officiel*. Peut-être profitait-on de ce que nous avions la république pour ne plus compter avec l'opinion et nous tenir au secret. Quel avantage il y aurait néanmoins à donner chaque semaine, comme le fait la chancellerie anglaise, connaissance de l'exact rendement des impôts, et à publier quatre ou cinq jours après chaque trimestre le relevé financier de ces trois mois !

Mais ce n'est pas ce qu'on se proposait d'imiter ; il s'en faut. Vers la fin des vacances parlementaires de 1872, quelques journaux ayant annoncé que le déficit sur les rentrées effectuées se pouvait évaluer à 90 millions, le ministre des finances déclara simplement qu'il l'ignorait, et s'indigna des fâcheuses indiscrétions de ses employés, plus au courant apparemment que lui des recouvrements du Trésor. Malheureusement, les 90 millions de déficit étaient trop réels. L'Assemblée nationale n'apprit aussi, vers le même temps, l'augmentation illégale de la solde des soldats, qu'en votant les crédits qu'elle nécessitait. Le croirait-on ? les crédits extraordinaires ou supplémentaires·de l'année 1872, dépensés le plus souvent sans nul avertissement, se sont élevés à 165 millions, et ce n'est qu'à la presse et aux Chambres d'Angleterre que nous avons dû de connaître ce qu'étaient les négociations douanières engagées entre les deux pays. Notre Gouvernement nous informait seulement que notre plénipotentiaire commercial, aussi libre-échangiste sous l'empire qu'il était protectionniste sous M. Thiers, ne cessait, quels que fussent ses échecs, de se montrer satisfait.

Ce n'était pas tout, cependant, d'être renseigné sur cette satisfaction, d'autant qu'elle paraissait peu communicative. Car dès que la presse anglaise eut publié les résultats de ces négociations, presque tous nos ports, comme tous nos grands centres d'industrie et la plupart des contrées agricoles, exprimèrent hautement leur répulsion contre quelque modification que ce fût à l'ordre de choses établi.

La Chambre de commerce de Lyon écrivait au ministre du commerce que « les nouvelles mesures qu'on annonçait avaient déjà pour résultat de faire de Milan un marché rival de Lyon, et d'entraîner le développement des importations directes de cette ville en soies asiatiques, dont le développement était très-favorable à son négoce et à sa production de soieries. » La société de Marseille « pour le développement et la défense du commerce et de l'industrie » faisait entendre des plaintes qui rappelaient celles des marchands d'Amsterdam d'autrefois sur les dommages des taxes exagérées et des entraves commerciales. Ce qui surprend davantage, c'est qu'en Angleterre même le traité proposé fut vivement attaqué. Le Gouvernement anglais avait pourtant obtenu la suppression de notre surtaxe de pavillon, et stipulé qu'il grèverait quand il lui plairait les charbons à la sortie et nos vins à l'entrée; qu'avait dès lors à craindre l'Angleterre (1)?

Le Message de M. Thiers du commencement de novembre 1872, placé entre le dépôt et la discussion du budget de 1873, ne parlait plus, comme il avait été d'usage jusque-là, d'excédant de recettes, mais il se félicitait encore de toutes choses. S'il y avait un déficit à confesser — il fallait bien le reconnaître, — qui ne s'y devait attendre, disait le Message, et comment s'en inquiéter? « L'action des causes des

---

(1) Aucun droit sur les matières premières ne pouvait d'ailleurs être perçu avant l'établissement d'un droit compensateur sur les produits étrangers fabriqués avec des matières similaires, art. 7 de la loi des matières premières. Or, rien de semblable n'était possible, aux termes des traités sans l'assentiment des cabinets étrangers envers lesquels nous étions liés.

déficits doit être passagère, assurait-il, et tous les jours les perceptions en souffrance se rétablissent à vue d'œil. » Aussi, « tout faisait-il espérer que les impôts votés à la fin de 1871 et au commencement de 1872 atteindraient prochainement la plénitude de leur produit, et qu'à partir du 1er janvier 1873, l'équilibre, grâce à ces perceptions, serait complétement obtenu. » Elles présentaient alors, il est vrai, une perte de 132 millions ; mais M. Thiers s'empressait d'affirmer qu'il était aisé de la couvrir par les annulations de crédit effectuées ou assurées. Il suffisait, « pour l'instant, de dire que ces annulations s'élèveraient à plusieurs centaines de millions. » Le budget en cours d'exécution devait donc être « facilement soldé, » et les budgets futurs « se trouver en plein équilibre. » Comment n'en aurait-on pas été persuadé ?

Un illustre économiste (1), dont les publications sur le système industriel et financier du Gouvernement de cette époque ont vivement frappé l'attention, se demandait à cette occasion si le sentiment de l'infaillibilité serait une épidémie, qui du sacré s'étendrait au profane. En réalité, le budget de 1872 s'est soldé par un déficit de 153,605,000 francs, provenant tout entier des impositions indirectes. A la fin de l'année, les onze douzièmes échus sur les contributions directes étaient dépassés de 15,083,000 francs.

Parmi les impôts indirects eux-mêmes, les droits de timbre ou d'enregistrement et les deux décimes mis sur

(1) M. Michel Chevalier.

le prix des transports à grande vitesse, présentaient une plus-value de 24,570,000 francs. Mais seize articles offraient ensemble une diminution de 186,626,000 francs. Les droits de douane à l'importation figuraient dans cette somme pour 59,496,000 francs, les boissons pour 40,851,000 francs, la taxe de fabrication des sucres indigènes pour 41,446,000 francs, la vente des tabacs pour 18,956,000 francs, la vente des poudres pour 6,489,000 francs, la poste pour 5,560,000 francs, les allumettes pour 8,978,000 francs. C'est que chaque excès de taxation, je le répète, est un dommage fiscal. On tarit les sources du budget lorsqu'on surcharge tous les éléments de la richesse ; on épuise le sol en lui demandant trop de récoltes.

Dans son Message, M. Thiers se plaisait également à exposer le mouvement commercial de la France pendant l'année 1872, en ne revenant même à ses opinions protectionnistes, à propos des traités de commerce préparés ou poursuivis avec les nations étrangères, que pour marquer une extrême différence de langage entre ses précédents discours ou ses précédents écrits et ce nouveau document. « Ce n'est pas, disait-il, que je regarde les importations comme un malheur, il faut bien importer pour pouvoir exporter. » A quelle grâce soudaine devait-il une pareille révélation de la théorie des débouchés ? Qu'ont dû penser de cet inattendu *credo* de leur grand prêtre les fidèles de la balance du commerce et du travail national ? On n'abjure vraiment pas plus lestement ses premières croyances. Le changement de ton n'était pas moins marqué à l'égard des réformes douanières de l'empire. Mais le moyen, après l'enthousiaste glorification de l'état industriel de la France, de répéter que ces réformes causaient notre ruine absolue ! Lorsqu'on annonçait des traités sur toutes les marchandises avec les autres pays, comment affirmer encore que s'engager avec l'étranger sur les matières premières, c'est « sacrifier le droit naturel des peuples ? »

« Une partie de l'industrie française est ruinée ; l'industrie du fer est ravagée, celle des fils et des tissus de coton, de lin et de laine a subi des dommages considérables, celle des tissus mélangés est presque détruite, la marine marchande est sur le point de disparaître complétement, et la France n'a vu sa prospérité décroître qu'à dater des réformes de 1860. » Voilà le langage du Message de 1871 ; mais cette triste, cette lugubre éloquence n'était plus de saison. Tout était maintenant radieux et florissant, tant certaines présences au pouvoir portent bonheur. Aussi comme l'on s'y dévoue !

Il fallait aussi d'ailleurs compter, à ce moment, avec le gouvernement anglais, qui, sans pitié, sans ménagement, avait démenti toutes les fausses allégations du nôtre (1). Trop de personnes avaient lu le *Livre bleu* distribué au Parlement d'Angleterre pour pouvoir continuer à méconnaître ces contradictions, si dures et si hautaines. Qui pareillement avait oublié l'arrêté du président des États-Unis, en réponse à notre rétablissement de la surtaxe de pavillon, par lequel un droit de 10 0/0 frappait toute marchandise importée par navire français et provenant d'autres

(1) V. surtout les communications du Gouvernement anglais du 19 et du 20 janvier 1872.

pays que la France, les traités obligeant à cette restriction.

Le modeste langage du Message sur le protectionnisme commercial s'était, au surplus, déjà rencontré dans un décret présidentiel du 18 août précédent, publié à la suite de la loi des matières premières. Qu'il était timide et mesquin cet arrêté ! Sans indiquer une seule matière première importante, malgré les déclarations faites à l'Assemblée, il ne tarifait que l'aloès, l'opium, la rhubarbe, l'ipécacuana, la salsepareille, le succin, le storax, le styrax, la badiane, le tamarin, le lichen. Il n'y a, s'écriait M. Michel Chevalier, à la vue de cette longue et si singulière énumération, que le docteur Diafoirus ou M. Purgon qui l'ait pu fournir à l'administration. Pour la compléter, cet arrêté y ajoutait uniquement le poisson frais et les grains inférieurs, aliments obligés des classes nécessiteuses, ainsi que les pelleteries, les poils et certains bois d'ébénisterie, produits nécessaires à plusieurs industries où nous excellons. N'était-ce pas là le plus complet aveu d'impuissance et d'ignorance ?

Si ce décret, du reste, avait préparé au Message, l'exposé des motifs du traité conclu avec l'Angleterre, lorsqu'il fut enfin signé, semblait le continuer. « L'objet de ce traité est éminemment fiscal..., n'a nullement un but de protection industrielle, » déclarait le ministre ; car il paraît que des droits aussi élevés que ceux dont il s'agissait peuvent être fiscaux, sans être protecteurs. Les plus étranges assertions se retrouvaient également dans cet exposé sur le drawback et les droits compensateurs. Seulement, comment se devaient établir ces droits ? On se gardait de le dire; on se contentait de prévenir qu'une commission mixte y travaillait, le tarif qu'on demandait à la Chambre de ratifier n'étant pas encore rédigé! Cela n'empêchait pas, cependant, le ministre de terminer en affirmant que « l'augmentation des droits, décrétée par la loi et acceptée par le traité, était si modérée que cette nouvelle charge, répartie sur des objets d'une consommation générale, serait communément peu sensible pour le dernier acheteur. »

Le plus heureux, je crois, pour tous, c'est que ce traité, si déplorablement conçu et si humblement obtenu, n'ait pas même été discuté. Le gouvernement formé, le 24 mai, sous la présidence du maréchal de Mac-Mahon, en remplacement de celui de M. Thiers, s'est hâté de le soumettre, comme la loi des matières premières, au conseil supérieur du commerce et de l'agriculture, et ce conseil, où siégeaient MM. Pouyer-Quertier et Ozenne, les a condamnés l'un et l'autre *à l'unanimité.* On sait aussi qu'à la suite de cet avis, le nouveau ministre des finances, M. Magne, qui n'avait pas vu sans crainte s'accomplir les réformes commerciales de 1860, mais qui maintenant en reconnaissait les heureuses conséquences, retira le traité et fit abroger par la Chambre les lois des matières premières, des entrepôts et de la surtaxe de pavillon.

En définitive, le budget de 1873 s'est élevé, pour les recettes, à 2,467 millions, et pour les dépenses, à 2,374 millions. Trois minces allégements y ont été inscrits. Le permis de chasse est descendu de 40 à 25 fr., après une seule année d'élévation; les transports d'argent par la poste sont revenus à 1 0/0, et les cartes postales de 15 centimes ont été admises.

VI

Avant la chute de M. Thiers, le projet de budget de 1874 avait été présenté par M. Léon Say, successeur de M. de Goulard et dernier ministre des finances de M. Thiers. Dans ce budget, très-simplement conçu, toutes les taxes précédemment votées reparaissaient, sauf la dernière aggravation des patentes, réduite de 60 à 45 centimes. L'impôt foncier était élevé de 17 centimes, et la contribution personnelle et mobilière, comme celle des portes et fenêtres, l'était de 13 centimes. Ces trois taxes réunies offraient une perception supplémentaire d'environ 39,516,000 francs. Une autre perception de 225,000 francs était attendue des versements imposés, pour leur entretien, aux volontaires d'un an. En somme, les recettes de ce budget étaient portées à 2,526 millions.

Bien entendu, l'impôt des matières premières y figurait pour les 93 millions réglementaires, et M. Léon Say écrivait, dans l'exposé des motifs, que la nécessité de ces 93 millions « montrait aux esprits les plus prévenus contre cet impôt, qu'il en faudrait mettre un autre à la place et un autre fort difficile à trouver, si on ne voulait pas le percevoir. » N'était-il pas néanmoins bien plus difficile de faire que l'impôt des matières première produisît une pareille somme?

Quant aux dépenses de l'année 1874, elles dépassaient

de 149 millions celles de 1873, en se montant à 2,523 millions. Cette augmentation se décomposait ainsi : dette publique et dotations, 81 millions; guerre, 39 millions; frais généraux des autres ministères, à l'exception de celui de la justice, 18 millions.

L'augmentation de la dette provenait de ce que le service du dernier emprunt, fait jusque-là sur les ressources de cet emprunt, tombait maintenant à la charge du budget. Et à cet excédant de 57 millions sur les 150 millions d'intérêts payés auparavant à la Prusse, s'ajoutaient, pour parfaire les 81 millions, la dotation des pensions militaires, ainsi que les annuités des remboursements ou des indemnités soldées à titre de dommages de guerre, inscrites aussi pour la première fois au budget.

De son côté, le compte de liquidation se composait, pour 1874, de 400 millions pour la reconstruction du matériel et des approvisionnements militaires, de 75 millions pour l'entretien des troupes allemandes, et de 275 millions pour diverses indemnités. C'était un total de 750 millions; à peu près celui précédemment annoncé par M. Thiers. Comme son prédécesseur, au reste, M. Léon Say assurait que ce compte diminuerait aisément, grâce aux annulations de crédit, aux ventes de terrains à Paris, aux bonis du dernier emprunt et à l'augmentation des produits des nouveaux impôts. Il se devait réduire en cinq ans à 130 millions, somme trop faible pour qu'on n'y pourvût pas seulement par la dette flottante; et cette dette, de 847 millions, le déficit du budget de 1872 compris, « pourra, disait le ministre, atteindre 1 milliard..... Chiffre qui n'a rien d'excessif, et qu'il a été possible d'atteindre sans danger à une époque où le budget n'était pas à beaucoup près aussi élevé qu'il l'est aujourd'hui. » L'heureuse façon d'envisager les choses! Plus le budget est lourd, plus la dette flottante peut donc s'accroître? En vérité, la politique a d'étranges exigences; car M. Say ne se faisait certainement nulle illusion sur le mérite de pareilles déclarations.

L'ensemble des dépenses inscrites au budget et au compte de liquidation excédait, on le voit, 3,273 millions, avec une dette flottante de 847 millions. Je le redirais encore volontiers ici : qu'il y aurait d'enseignements dans ces chiffres, résultat le plus sûr de nos guerres et de nos révolutions, si nous savions les comprendre! Notre dette surtout s'est démesurément et très-fâcheusement accrue. Son service entier (1), qui ne réclamait, je l'ai rappelé précédemment, que 317 millions en 1830, et 384 millions en 1848, s'est élevé à 597 millions en 1866, et en 1874 à 1,178 millions.

Le budget ordinaire de 1874 n'en était pas moins présenté à l'Assemblée nationale avec un excédant de recettes de 2 millions et demi, comme le prouvent les chiffres que j'ai rapportés il y a un instant. Mais la réalisation de cet excédant, en ces limites mêmes, dépendait de trois conditions, dont l'une était impossible, l'autre inique et la troisième fort hypothétique. Il fallait en effet que l'impôt des matières premières produisît 93 millions, que les 30 ou 40 millions de garanties d'intérêts envers les compa-

(1) Pour la dette consolidée, la dette flottante, les pensions et les intérêts de capitaux remboursables.

gnies de chemins de fer continuassent à ne pas figurer dans les dépenses, et que la Chambre consentît à voter pour 39 millions de centimes additionnels. L'organe habituel de M. Léon Say, le *Journal des Débats*, confessait, dès la sortie de ce dernier du ministère, qu'il y avait « 170 millions à trouver ou à épargner pour avoir un budget complet et bien pourvu. »

Le trait saillant du budget de 1874, c'étaient, outre l'accroissement notable des dépenses par rapport même aux années précédentes, les centimes additionnels mis sur les impôts directs. Pour la première fois depuis 1871, on cessait de s'adresser aux contributions indirectes. En demandant ces centimes additionnels, l'exposé des motifs du budget avertissait qu'autrement les départements et les communes appliqueraient ces ressources importantes à leurs propres besoins. Or, « c'est une faute bien lourde, y lisait-on, de faire que le disponible des contributions directes, c'est-à-dire les centimes qui peuvent être plus ou moins facilement supportés par les populations, ne soit pas attribué à l'État. » Il était en conséquence indispensable que ces centimes fussent « enlevés à la convoitise locale pour être appliqués aux besoins de l'État. » Voilà comment on parlait de l'impôt municipal ou départemental et des franchises locales, que Tocqueville et Laboulaye nomment si bien l'école primaire de la liberté. Que deviendraient pourtant avec de tels principes les théories économiques les plus assurées sur les fonctions de l'État et les nécessités de l'épargne? Les écoles, les temples, les routes, les halles, la police, des objets de *convoitise locale*, auxquels l'on ne saurait pourvoir sans dommage sur *le disponible des contributions directes !* Quel langage économique et politique !

A l'avénement du gouvernement du 24 mai, le portefeuille des finances passa, je l'ai dit, des mains de M. Say à celles de M. Magne, l'homme dont le monde politique et industriel apprécie peut-être le plus la compétence et la sagesse financières. La première étude à laquelle se devait livrer le nouveau ministre était celle de l'importance et de la facilité de perception des impôts, surtout des nouveaux impôts, que les recouvrements opérés dans le premier semestre de l'année 1873, qui prenait fin, rendaient singulièrement facile. M. Magne se pouvait convaincre, à leur simple vue, que le revenu des taxes directes dépassait de près de 38 millions le montant des douzièmes échus — excédant qui n'avait été que de 22 millions à la même époque de l'année précédente ; — que les taxes indirectes présentaient, à part celle des matières premières, un excédant d'environ 3 millions sur les prévisions budgétaires, et que sur ces 3 millions un seul revenait aux nouveaux impôts. Les anciens donnaient 38 millions de plus qu'en 1872 ; c'était presque leur accroissement régulier du temps de l'Empire. L'enregistrement, le timbre, la douane, les sucres indigènes, le tabac participaient le plus à cette augmentation ; tandis que les boissons, les sucres coloniaux, le sel, les allumettes, le papier, la poudre, la poste et le droit de statistique n'atteignaient pas la somme qu'on en avait espéré. Enfin, les recettes de l'impôt sur le revenu des valeurs mobilières, qui n'étaient inscrites que pour un rendement annuel de 24 millions, avait déjà produit, pour le premier semestre, 16,546,000 francs. Cela permettait de compter pour l'année entière sur une plus-value de 9 millions touchant cet impôt, comme on en pouvait attendre une de 6 millions des contributions indirectes.

Dés son entrée au ministère, M. Magne déclara que « l'établissement de nouveaux impôts serait l'entreprise la plus difficile et peut-être la plus impraticable (1). » Il renonça même aux 40 millions de centimes additionnels proposés au budget, en réalisant une pareille somme d'économies sur les différents ministères, notamment sur le ministère de la guerre (2). Mais il n'en restait pas moins, l'ensemble du budget admis, à pourvoir au déficit de 178 millions, qu'avait justement indiqué, à 8 millions près, le *Journal des Débats*. Aussi, malgré ses premières paroles, M. Magne, trop timide, trop craintif pour mettre résolûment fin à nos dépenses exagérées, demanda-t-il bientôt au Conseil supérieur du commerce de rechercher quelles perceptions pourraient s'ajouter à celles qu'on avait déjà décrétées. Lui-même proposa diverses taxes à ce conseil, principalement sur les transports de petite vitesse, la navigation des canaux, les sels employés dans la fabrication de la soude, les métaux autres que le fer, la stéarinerie, la verrerie, la cristallerie et les tissus, dont il espérait 180 millions.

Le Conseil du commerce, composé surtout de fonctionnaires, comme il en est toujours en France, se montra

---

(1) Séance de l'Assemblée nationale du 18 juillet 1873.
(2) L'économie sur le ministère de la guerre était de 20 millions.

de préférence favorable à l'impôt des tissus, grâce sans doute à l'exemple, fort peu encourageant pourtant, des États-Unis. Il en évaluait la recette à 100 millions ; et c'est après avoir consulté cette assemblée spéciale, ainsi que les divers chefs de service de son ministère, que M. Magne écrivit son rapport au Président de la République sur notre situation financière, et modifia sur trop peu de points le budget de 1874.

Les précieuses qualités de M. Magne, son extrême netteté, sa constante mesure, sa grande expérience, son exquise urbanité, se retrouvent dans ce rapport, le premier document financier vraiment complet, vraiment sincère, qui ait été publié depuis le 4 septembre 1870. Malheureusement, il laisse aussi voir les défauts d'initiative et de hardiesse trop marqués chez M. Magne. Ce rapport commence par rappeler le budget de 1869, dernier budget de l'Empire voté et clos dans des conditions normales. Les dépenses dont la guerre a été la cause directe et indirecte, remarquait ensuite M. Magne, et qui ont pesé sur les exercices 1870, 1871, 1872, 1873, se sont élevées, avec les pertes éprouvées sur le produit des impôts en 1870 et 1871, à 3,738,318,000 francs. Il faut ajouter à cette somme l'indemnité de 5 milliards payée à l'Allemagne, en vertu du traité du 26 février 1871. En tout 8,739,318,318,000 francs. Les quatre emprunts contractés ont fourni 6,738,210,635 francs, et la Banque a consenti à faire à l'État une avance de 1,530,000,000 francs. En tenant compte des autres ressources mises à la disposition du Trésor, continuait le ministre, on arrive à un ensemble de 9,287,882,000 francs employés à solder les dépenses proprement dites de la guerre, à payer notre indemnité, et à fournir 548,564,000 francs au compte de liquidation.

Voici comment M. Magne exposait, après ces premières observations, les conditions du budget de 1874. L'insuffisance de 178 millions « provient, disait-il, des causes ci-après :

« Les recettes prévues doivent subir une diminution de 134 millions, savoir :
« 1° Suppression de l'impôt des matières premières, ci... 93,000,000
« 2° Renonciation aux centimes additionnels proposés sur les contributions foncière, personnelle et mobilière, et des portes et fenêtres, ci.................................... 39,516,000
« 3° Abrogation de la surtaxe de pavillon, ci............. 1,000,000
« 4° Versement de la Société algérienne................. 700,000

Total............... 134,216,000

« Et les dépenses doivent être augmentées ainsi qu'il suit :
« Garanties d'intérêt dues aux Compagnies de chemins de fer. Pour ces ces garanties, l'État devra aux Compagnies, en 1874, la somme de.................................... 36,000,000
« Il n'a été inscrit au projet de budget qu'une annuité de... 2,400,000

« C'est donc une différence de........................ 33,600,000
« L'inscription au budget de la somme totale de 36,000,000 n'est que l'exécution des conventions.
« 2° L'annuité promise aux départements et aux communes pour réparations des désastres de la guerre. Cette annuité s'élève à............................... 17,432,121
« Il n'a été prévu au budget que........... 13,300,000
« C'est donc un complément à inscrire.................. 4,122,121
« 3° Créance de la Caisse des dépôts et consignations. Il est dû à cette Caisse, en vertu de la loi du 5 mai 1860, pour le remboursement des avances qu'elle fait au Trésor (service des pensions des anciens militaires), une annuité de 968,000 francs. Cette somme, qui ne figure pas dans le budget, doit y être inscrite, ci... 968,000
« 4° Frais de perception des nouveaux impôts, remboursements et restitutions, drawbacks, etc...................... 5,174,266

Total............... 43,864,387
« Ainsi, nous avons en diminution de recettes............ 134,216,000
et en augmentation de dépenses........................ 43,862,387

« Soit en tout l'insuffisance ci-dessus, de............... 178,087,387

Avant d'énumérer les nouvelles ressources auxquelles il se proposait de recourir, M. Magne citait, en faveur des économies désirables, ces sages paroles de Turgot : « On peut trouver de bonnes raisons pour soutenir que toutes les dépenses particulières sont indispensables; mais comme il n'y en a point pour faire ce qui est impossible, il faut que toutes ces raisons cèdent devant la nécessité absolue de l'économie. » « C'est en nous inspirant de ces principes, dont l'application est plus opportune que jamais, disait M. Magne, que mes collègues et moi avons cru devoir retrancher du budget des dépenses 40,500,000 fr. Pour les 140 ou 160 millions qu'il reste à se procurer, quelques-uns des impôts proposés par le Conseil supérieur du commerce, les plus faciles à recouvrer, sont acceptés, de même qu'une légère augmentation sur plusieurs impôts existants.

« Un simple demi-décime établi sur les droits d'enregistrement, sur les sucres, sur les boissons, sur les sels, sur les transports de la petite vitesse par chemin de fer, donneraient la somme importante de 83,547,000 fr.

« Une augmentation sur les droits fixes des actes judiciaires, sur le timbre des effets de commerce, les chèques, les droits d'entrée et d'expédition des boissons, un droit sur les bougies, les sels de soude, les huiles minérales et végétales et quelques autres taxes de peu d'importance, produiraient une autre somme de 65,761,000 fr. Ces deux sommes réunies fourniraient un total de 149,308,000 fr. »

Les économies réalisées, jointes aux impôts proposés, donnaient, on le voit, un produit de 191,262,000 fr., excédant par conséquent de 12,182,000 fr. le déficit signalé.

A l'égard du compte de liquidation, M. Magne, qui n'avait pas oublié les critiques adressées aux budgets extraordinaires de l'Empire, écrivait avec une certaine hauteur qu'il importe toujours de séparer les dépenses ordinaires, annuelles et obligatoires, des dépenses extraordinaires, qui peuvent être ralenties ou accélérées, suivant les revenus qu'il est permis d'y affecter. Ce qui avait une bien autre importance, il dressait pour le compte de liquidation un véritable budget, contenant d'une part les dépenses auxquelles il obligeait, et d'autre part les ressources qui s'y devaient consacrer. Il se refusait à poursuivre cette perpétuelle et intempestive série de crédits successifs, auxquels on s'était jusqu'alors complu.

Enfin M. Magne terminait son rapport en annonçant le dépôt du budget de 1875 pour les premiers jours de l'année 1874, et en conviant le pays à la sagesse et au travail par ces dignes et patriotiques conseils : « Un grand pas a été fait pour la réparation de nos désastres; l'activité renaît; mais ne nous faisons pas d'illusion, tout n'est pas fini ; ce ne sera ni l'œuvre de quelques-uns, ni l'œuvre d'un jour ; le concours de tous et le temps sont indispensables. Sans l'ordre, la paix, le travail, l'épargne, la sagesse dans la politique, la modération dans les dépenses, la patience surtout, la situation ne fera que s'empirer ; mais si nous savons user de ces grands moyens, la France, qui recueille déjà le fruit de ses efforts, se trouvera encore assez puissante pour triompher de toutes les difficultés. »

Un grand pas avait été fait, il est juste de le reconnaître. Je n'en sache pas de meilleure preuve que notre libération envers l'Allemagne, dans les conditions où elle s'est réalisée à ce moment même. Le 5 septembre 1873 en effet, date fixée par nos conventions, le Trésor français versait à la Prusse la somme de 263 millions, complétant en capital et en intérêts le payement des 5 milliards de notre indemnité de guerre. Et, pour ce payement, il n'avait pas fallu épuiser le crédit de 200 millions légalement ouvert par la Banque de France; 150 millions avaient suffi. Plus de 3 milliards, livrés sur le dernier emprunt dès le premier septembre, après la complète libération des trois emprunts précédents, avaient mis à la disposition du Trésor les ressources nécessaires. Bien plus, à la fin de ces opérations gigantesques, la Banque possédait un encaisse métallique excédant 700 millions, sans que ses billets eussent à peine subi, durant cette longue épreuve, une légère et très-passagère dépréciation. A mesure même que notre papier s'est accru, le change s'est relevé en notre faveur, l'importance de nos affaires ayant exigé l'emploi de notre monnaie fiduciaire, et nos échanges nous ayant de nouveau rendus créanciers de l'étranger. Par un étrange phénomène, qu'expliquent seules l'histoire et la nature des crises financières, l'Allemagne a plus souffert que la France du brusque et énorme déplacement de numéraire entraîné par nos désastres. De quelles ressources nous disposerions si nous savions les ménager!

Personne n'ignore non plus aujourd'hui que l'exercice 1873, pendant le cours duquel ces faits ont eu lieu, a offert un équilibre à peu près exact entre les recettes et les dépenses. Il y a bien eu, au recouvremeut des impôts indirects, un déficit de 3,655,000 fr. ; mais ce déficit a été couvert par la plus-value de la taxe sur le revenu des valeurs mobilières. Toutefois l'enregistrement, qui ne s'était pas encore dérobé aux charges dont il a été grevé, a présenté en 1873 une diminution de 7 millions et demi, et la poste en a donné une de 4 millions. Cela seul indiquait un commencement de grave malaise.

Quant au budget de 1874, modifié par M. Magne, il s'est élevé en recettes à 2,542,612,000 fr., et en dépenses à 2,526,866,000 fr. ; soit un excédant provisoire de 15,745,000 fr. Afin de pourvoir au déficit de 178 millions, réduit, grâce aux 40 millions économisés sur les différents services des ministères, à 138 millions, M. Magne, suivant les indications qu'il avait données dans son rapport, proposait :

1° *Un nouveau décime :*

Sur les droits d'enregistrement, de douanes et des contributions indirectes déjà soumis aux décimes, ce qui devait donner..............	85,494,000
Sur les sucres...................................	6,928,000
Sur les sels	16,125,000
Sur les transports à petite vitesse....	25,000,000
	83,847,000

2° *Augmentations d'impôts :*

50 0/0 sur les droits fixes des actes extra-judiciaires.......	5,000,000
Timbre proportionnel sur les effets de commerce.........	13,000,000
Timbre proportionnel sur les chèques....................	6,000,000
Droit d'expédition des boissons...................... ..	1,873,000
Droit d'entrée des boissons......................	10,238,000
Droit sur les huiles minérales	1,000.000
Transformation des distributions en bureaux de poste....	1,100,000
	38,211,000

3° *Nouveaux impôts :*

Sur les sels de soude	12,200,000
Sur les huiles végétales	6,250,000
Sur la stéarine	8,000,000
Sur les lettres réexpédiées	1,100,000
	27,550,000

C'est, il est facile de l'apercevoir, l'impôt indirect qui seul faisait encore les frais de ce projet, que ni ministres, ni commissaires, ni députés n'ont tenté de justifier, si ce n'est par la nécessité. Tous, au contraire, ont reconnu qu'il n'y avait plus que de mauvaises perceptions à proposer, comme si l'insouciance ou la résignation devait seule présider aux charges des contribuables. A part M. Léon Say, qui demandait de réduire de 50 millions le remboursement fait à la Banque; M. Germain, qui voulait élever la contribution des sucres, et M. Pouyer-Quertier, qui réclamait l'exercice des raffineries, dans le but commun de rejeter quelques-unes des taxes proposées, on aurait peine à concevoir quels orateurs se sont fait alors entendre et quelles ressources ont été offertes dans l'interminable et confuse discussion des impositions que je viens d'énumérer. Deux graves députés ont à ce moment cru sauver le Trésor de la France par une contribution sur les pianos et sur les chapeaux à haute forme!

Si de nouveaux impôts étaient nécessaires, il aurait certainement mieux valu maintenir les centimes additionnels, présentés par M. Say, sur les impôts directs, que de revenir aux taxes indirectes, dont on ne saurait oublier les immenses défauts et les coûteuses perceptions, et dont on avait déjà tant abusé. De toutes parts aussi bien le ralentissement des transactions, l'arrêt du travail, les souffrances publiques montraient qu'il était temps de s'arrêter sur la voie que l'on avait suivie avec si peu de mesure. Car la sagesse n'ayant pas suffi pour convaincre qu'en surchargeant le pays on ruinait l'industrie, cette seule pourvoyeuse du Trésor, les faits s'en chargeaient. Singulière imprévoyance, la poste n'avait pas fourni la redevance qu'on en attendait en 1873, et l'on en relevait encore le tarif! Les fabriques déclinaient, le commerce diminuait, le transit disparaissait, et l'on grevait les transports! Il y a des impôts, qu'on ne l'oublie jamais, dont l'influence prohibitive sur le travail et la richesse est très-supérieure à leur vertu productive pour le fisc, et ceux qui atteignent les transports et la poste figurent en première ligne parmi ces impôts. En 1830, le baron Louis avait à tort aussi proposé de frapper le roulage d'un droit de 1 centime par kilogramme et par lieue de poste ; mais son successeur, M. Laffite, s'empressa de retirer ce projet, « frappé, disait-il, d'une espèce de réprobation générale. »

Comment ne s'est-on pas également arrêté dans l'incessant accroissement du personnel et des émoluments des agents des diverses administrations, du Trésor lui-même? Sait-on combien il y a de fonctionnaires pour l'unique perception des droits mis sur le sucre indigène, produit dans si peu de départements, et ce qu'ils coûtent! Il y en a dix-huit cent quarante, qui reçoivent 2,417,000 francs! Et ce serait au moins 4 millions si l'on tenait compte des dépenses du service des sucres dans le montant général des contributions indirectes.

Cependant, après une première discussion, l'Assemblée nationale vota, sans presque les modifier, les impôts proposés sur l'enregistrement, sur certains droits de douane, les sucres, les huiles, les savons, la stéarine, les expéditions des contributions indirectes, les droits d'entrée sur les boissons et les bureaux de poste. Bientôt ensuite elle accepta ceux sur l'enregistrement des actes extra-judiciaires, le timbre des effets de commerce, le timbre des chèques, les alcools dénaturés, les bouilleurs de cru, les transports par petite vitesse. Il est résulté de ces deux séries d'impôts une ressource totale de 123,951,000 fr. Mais il restait encore à se procurer 26 millions, pour parfaire les 150 millions réclamés, comme je l'ai montré, par M. Magne, ou 19 au moins, à raison de certaines annulations de crédit, dont l'effet a malheureusement disparu presque aussitôt, grâce aux lenteurs mises au vote des impôts proposés. Une dernière taxe a, d'autre part, été adoptée, sur la proposition d'un député, M. Lanel ; laquelle peut avoir des conséquences extrêmement graves. Elle frappe toute terre inculte lors du cadastre et maintenant en culture. C'est peut-être en principe la transformation de tout notre impôt foncier. Seulement il était impossible d'en rien espérer pour l'année 1874, quoique ses partisans en attendissent dans l'avenir 20 millions.

Le déficit subsistait donc pour 1874, et, d'après les déclarations du ministre et des rapporteurs du budget, il fallait s'attendre, pour 1875, à un supplément de 25 millions pour le ministère de la guerre, de 10 millions pour celui de la marine, de 10 millions pour celui de l'instruction publique, de 10 ou de 15 millions pour celui des travaux publics. Ne dirait-on pas vraiment que la fortune de la France est une proie à partager sans ménagement ni souci du lendemain? Était-ce tout pourtant? Il s'en fallait de beaucoup. Un vote de l'Assemblée allait accorder 50 millions pour les fortifications de Paris, quand personne n'ignorait qu'une telle somme était fort insuffisante pour une pareille entreprise. Dans chaque commune on dressait les listes de l'armée territoriale; on stimulait toutes les villes à s'endetter pour construire des casernes; enfin M. d'Audiffret-Pasquier, au nom de la Commission militaire, estimait à 1,300 millions environ la somme nécessaire pour la reconstitution des approvisionnements de notre armée (1).

Le budget de 1875 n'a pas pourvu à cette dernière dépense, même en partie. Mais il ne s'en est pas moins élevé, grâce aux autres suppléments que je viens d'indiquer, à 2,569,163,624 fr., ou, en y comprenant les dépenses départementales, à 2,930 millions, soit au triple de la somme prélevée il y a moins de soixante ans.

De son côté, le compte de liquidation, composé tel qu'il l'était, autorisait de sérieuses craintes. Il résulte des tableaux publiés par M. Magne que les ressources qui s'y devaient affecter étaient :

(1) Jusqu'à présent, le compte de liquidation a fait face à la première partie de ces dépenses.

Produit de l'aliénation des rentes provenant des rachats de la Caisse d'amortissement et de leurs arrérages échus ou à échoir.... 90,000,000
Produit de la vente d'immeubles domaniaux............ 35,000,000
Reliquat du supplément de l'emprunt des 3 milliards..... 100,000,000
Excédant des recettes de l'exercice 1869, définitivement arrêté.. 57,972,568
Reliquat probable des ressources extraordinaires affectées à l'exercice 1870... 340,000,000
Reliquat probable des ressources extraordinaires affectées à l'exercice 1871... 108,564,000
Ressources à demander à la dette flottante............. 41,737,432

Total........ 773,275,000

Ce compte, composé de reliquats d'emprunts, de ventes de domaines ou d'emprunts à effectuer, a fourni, selon les propositions qui avaient été acceptées, un ensemble de crédits de 173,242,965 francs pour l'année 1874. Ces crédits étaient destinés à la reconstruction des matériels de la guerre et de la marine, au remboursement des mobilisés, à la reconstruction des édifices brûlés et à la reconstitution des approvisionnements de tabacs. Tout à la fois, la somme des prélèvements faits sur le compte de liquidation en 1872, en 1873 et en 1874, s'élevant à 543,919,810 fr., il n'a plus présenté de disponible pour les exercices postérieurs à 1874 que 229 millions, ou même 187 millions seulement, si l'on déduit les 41 millions et demi demandés à la dette flottante. Aussi le budget ordinaire a-t-il été seul dès maintenant à pourvoir à peu près aux charges qui jusqu'ici ont pesé sur ce compte, et ces charges, à s'en tenir aux demandes faites et aux crédits alloués, s'élèvent à plus de 1 milliard. Dût-on échelonner une telle charge sur dix années, ce seraient encore plus de 100 millions de nouveaux impôts à créer, ou un emprunt permanent de plus de 100 millions par an, si l'on voulait rouvrir notre grand-livre.

Du reste, M. le ministre de la guerre, en demandant, au mois de juin de cette année, un crédit de 260 millions pour le compte de liquidation, a retracé suivant ce rapport, l'historique de ce compte. Il avait absorbé 625,100,000 fr. en novembre 1875, époque à laquelle 150 millions lui ont été de nouveau alloués. Avec les 260 millions réclamés en ce moment, il aura donc reçu 1 milliard 35 millions. Qu'il y a loin de ce chiffre à celui qu'avait fourni le ministère de M. Thiers!

Je ne me lasserai pas de le dire, nos finances n'ont qu'un moyen de salut, la sagesse, l'économie. Depuis la mort de Colbert, le seul exercice de 1829 s'est soldé par un excédant de recettes, sans recours à l'emprunt ou à la suspension de l'amortissement, aux surtaxes ou à de nouvelles impositions. Est-ce là une administration financière normale? Rappelons-nous que nos créances sur l'étranger, sous les formes multiples qu'elles avaient prises, sont beaucoup diminuées depuis six ans; nous n'y pouvons plus puiser comme nous l'avons fait. En face des longues souffrances du pays, arrêtons au moins nos dépenses militaires; n'entretenons plus si libéralement d'innombrables fonctionnaires, qui, loin de les servir, nuisent à tous les intérêts, et portent si souvent au sein des populations l'esprit de servilité ou de sédition. L'économie la plus stricte, la plus rigoureuse, est désormais une obligation financière et n'est pas moins, j'en suis persuadé, une obligation politique.

Pour terminer l'histoire financière de l'année 1874, je n'ai plus qu'à rappeler la loi du 21 mai de cette année, qui, sans réduire le déficit au-dessous de 21 millions, augmentait encore les exigences des contributions indirectes. Trois systèmes ont été présentés pour combler ce déficit, comme pour en prévenir un semblable l'année suivante. L'un, œuvre de M. Magne, proposé au nom du gouvernement, tendait à élever d'un demi-décime les principales taxes indirectes, si lourdes qu'elles fussent déjà, et quoique le premier semestre de 1874 laissât une différence de 26 millions entre leur produit réalisé et les évaluations budgétaires. Le second système, soutenu par M. Gouin, simple emprunt déguisé et violation manifeste d'un contrat existant, consistait à suspendre la garantie d'intérêts due aux compagnies de chemins de fer, en ne leur remettant plus que des délégations remboursables en vingt-huit ans, pour une somme égale à l'intérêt que l'État s'est engagé à leur payer. Le troisième, conçu par M. Wolowski, avait pour but de restreindre de 50 millions le payement annuel de 200 millions fait à la Banque, suivant aussi un engagement pris, un contrat arrêté, et c'est à ce dernier système que s'est ralliée l'Assemblée. Les efforts répétés et si honorables de M. Magne n'ont pu prévenir ce vote, l'un des plus regrettables qui aient eu lieu depuis longtemps. Notre parole a été démentie, notre signature effacée, sans plus de respect de notre honneur que des bases de notre crédit et des nécessités de la reprise de nos payements en espèces. Et cette violation d'une obligation publiquement souscrite n'assurait pas même, avec la marche suivie jusqu'alors, l'équilibre de nos budgets.

VII

La vivacité que j'avais mise à combattre, lorsqu'il a été présenté, le projet de modifier le traité fait avec la Banque, sans s'être assuré de son assentiment, m'a valu, dans le *Journal des Économistes*, une lettre de l'auteur de ce projet, où mes blâmes contre nos dépenses exagérées étaient taxés de miévreries. Je lui répondais, peu de jours après l'élection qui venait d'avoir lieu pour les conseils généraux : « Puisque l'occasion m'en est offerte, je veux encore réclamer la cessation de nos folles dépenses militaires et administratives, qui s'accroissent chaque jour et nous préparent les plus sérieux dangers. Ce n'est pas seulement au déficit que nous allons de la sorte, c'est aussi au mécontentement général et à la guerre. Peut-être est-ce là de la miévrerie... Mais cette miévrerie m'a paru assez généralement partagée par tous les candidats qui ont parlé de nos finances avant les élections dernières... Ah! que tout changerait si chacun agissait le lendemain des élections comme on parle la veille! »

Aucun candidat, du moins à ma connaissance, ne s'était en effet montré favorable aux larges dépenses, de quelque nature qu'elles fussent. La plupart avaient au contraire beaucoup vanté l'économie. Quant aux dangers que je signalais, les récentes élections des députés ont dû convaincre du mécontentement du pays, et peu de semaines s'étaient écoulées après ma réponse à M. Wolowski, que la Prusse était sur le point de nous déclarer la guerre. C'est, on le sait, à la Russie seule que nous avons dû d'être préservés de nouveaux et d'inévitables désastres. Comment n'aurait-ce pas été et ne serait-ce pas encore courir à des représailles sans merci que de paraître menacer avec autant d'empressement notre redoutable vainqueur? Quand tout ensemble les innombrables troupes que nous avons décrétées seront rassemblées, auront leurs chefs, disposeront de leurs armes, est-on sûr qu'elles se contentent longtemps de stériles manœuvres et de la vie de caserne? Ce n'est pas par de telles mesures ni par de telles dépenses que l'Autriche et la Russie ont, après leurs dernières défaites, conservé leur rang de premières puissances.

Quoi qu'il en soit, la Banque de France a refusé l'étrange loi qu'on avait apportée à la Chambre, sans l'en informer, et que la Chambre avait eu le tort de discuter et de voter, sans s'être assurée de son concours. Le nouveau ministre des finances, M. Léon Say, qui venait de reprendre, en succédant à M. Mathieu-Bodet, le portefeuille qu'il avait cédé à M. Magne, entra, aussitôt après le refus de la Banque, en pourparler avec elle et en obtint sans peine un nouveau traité, que l'Assemblée s'est empressée de sanctionner.

La Banque, à ce moment, avait avancé une somme totale de 1,550 millions à l'État, sur laquelle 200 millions lui avaient été remboursés chacune des trois années précédentes. Il ne lui restait plus dû, par conséquent, que

950 millions, dont le remboursement est ainsi fixé par le nouveau traité :

En 1875...............	200 millions.
En 1876...............	150 —
En 1877...............	300 —
En 1878...............	150 —
En 1879...............	150 —
Total.........	950 millions.

Une clause du traité porte en outre qu'à partir du premier janvier 1878, quand la Banque n'aura plus à recouvrer que 300 millions, le cours forcé de ses billets cessera.

Le grand intérêt de ce traité était de procurer une ressource extraordinaire pour 1876, qui dispensât de nouveaux impôts ou d'un nouvel emprunt. Il laisse effectivement une disponibilité de 50 millions pour cette année. Mais il n'assiste 1876 qu'en surchargeant 1877, et où prendra-t-on, durant cette dernière année, les 300 millions qu'on a promis de payer? Si l'on ne l'a pas dit, on l'a laissé du moins entendre ; on les demandera à l'emprunt. Un emprunt public, que l'on fixe déjà à un milliard ou douze cent millions, couvrira de la sorte l'emprunt dissimulé fait à la Banque. Et ne sont-ce pas déjà des bons du Trésor qui soldent les 150 millions de cette année? On entrevoit, il est vrai, la fin prochaine du cours forcé ; mais ne l'obtiendrait-on pas dès aujourd'hui, si on le voulait, puisque la Banque possède un encaisse de plus de 2 milliards, et que ses billets sont depuis longtemps au pair? Quelque commode qu'il soit de ne pas payer ses dettes comme on s'y est engagé, c'est, on l'avouera, d'une médiocre administration financière.

Presque en même temps que le traité fait avec la Banque, et dans le même but, M. Léon Say, s'autorisant d'un projet de conversion de l'emprunt Morgan présenté par un député, M. de Soubeyran, réclama cette conversion au nom du gouvernement. L'emprunt Morgan, contracté pendant le siége de Paris, par la Délégation de Tours, avait l'avantage, comme celui fait à la Banque, d'imposer son remboursement après un nombre d'années déterminé, au moyen d'annuités d'amortissement. Il était évidemment facile ou d'en amoindrir l'intérêt, en le transformant en rentes perpétuelles, en en supprimant l'amortissement, ou d'en retirer un capital disponible, en prolongeant le temps des annuités. Mais puisqu'on renonçait au mode d'amortissement stipulé, au moins était-il nécessaire de le faire aux meilleures conditions, et en opérant cette conversion en 5 p. 100, l'on aurait réduit d'un sixième l'intérêt de cet emprunt, à raison des cours qui se cotaient alors à la bourse. Le ministre et la Chambre ont préféré la conversion en 3 p. 100, sans diminution d'intérêt et moyennant une soulte, qui a procuré au trésor un capital immédiatement disponible, une nouvelle ressource pour le budget de 1876. Au lieu de s'inspirer de l'exemple de la conversion du 5 en 4 1/2 p. 100 réalisée, au commencement du second Empire, par M. Bineau, l'on s'est inspiré de la fâcheuse conversion du 4 1/2 en 3 p. 100 accomplie plus tard par M. Fould.

Le service des intérêts et de l'amortissement de l'emprunt Morgan était de 17,300,000 francs. Quoique le Trésor ait cessé de continuer à payer cette somme, M. Say l'a conservée au budget, en l'attribuant pendant trente-neuf ans à la Caisse des dépôts et consignations, en échange d'une autre somme de 14,541,780 francs de rentes 3 p. 100, que cette Caisse avait achetée pour l'emploi des fonds des Caisses d'épargne, et qu'elle a cédée au Trésor. Au moyen d'un prélèvement sur chaque annuité de ce qui dépasse les arrérages des rentes qu'elle cède, la Caisse des dépôts et consignations aura reconstitué dans trente-neuf ans, c'est-à-dire à la cessation de cette annuité, le capital des fonds qu'elle a reçus des Caisses d'épargne. Tout est profit pour elle.

Mais où se trouve le profit du Trésor? L'annuité soldée pour l'intérêt et l'amortissement de l'emprunt Morgan devait durer trente-un an ; celle allouée à la Caisse des dépôts et consignations, en échange de ses rentes, durera trente-neuf ans. Encore amortissable, le service de cet emprunt continuera donc huit ans de plus que celui qu'il a remplacé. Seulement, les 350,000 francs que coûtait annuellement le service de l'emprunt Morgan, à Londres, pour frais de change et de commission, seront économisés, et l'État, ayant obtenu, moyennant une annuité de trente-neuf ans, une somme de 14,541,780 francs de rentes 3 p. 100, a pu l'offrir aux porteurs d'obligations de l'emprunt Morgan. Chaque porteur d'une obligation de 30 francs a de la sorte reçu, s'il y a consenti, 30 francs de rente 3 p. 100, en payant une soulte représentative de la différence qui existait entre le capital d'une pareille obligation et celui d'une pareille rente ;

différence qui était de 140 francs. Voilà le profit de l'État. La soulte n'a cependant été que de 125 francs, en raison des 15 francs d'intérêt dus à ce moment par chaque obligation. Cette soulte, qui ne pouvait pas échapper au Trésor (1), lui a procuré un capital de soixante millions, disponible, comme les cinquante millions retirés de l'annuité de la Banque, pour l'exercice 1876.

On peut admirer de tels expédients ; mais il n'en faudrait assurément pas abuser. Il sera toujours facile d'alléger le présent en sacrifiant l'avenir. Puisqu'on voulait recourir à un nouvel emprunt détourné, dissimulé, du moins convenait-il de le faire au moyen d'une conversion en 5 p. 100, comme l'avait demandé M. de Soubeyran, et non en 3 p. 100, tant est marquée la distance qui sépare le pair de ces deux fonds.

Malgré les deux lois que je viens de rappeler, le ministre des finances n'en soumettait pas moins à l'approbation du chef de l'État, dans un rapport du 5 janvier 1875, un ensemble de mesures destinées également à pourvoir aux nécessités du budget courant et des budgets subséquents. Les ressources à en provenir s'élevaient à une somme totale d'un peu plus de quatre-vingt-treize millions, dont l'enregistrement seul devait fournir plus du quart. On sait pourtant combien sont préjudiciables les droits d'enregistrement — les nôtres, je l'ai déjà rappelé, sont les plus lourds du monde entier — aux transactions et à

---

(1) En cas de refus des porteurs, l'État était en droit de les rembourser moyennant 500 fr. par obligation, et en négociant les 3 p. 0/0 à la Bourse, il aurait encore recouvré le montant de la soulte.

l'industrie, surtout à l'industrie agricole. Entre les droits proposés, celui que l'agriculture a le plus attaqué alors est celui qui augmentait d'un quart les taxes de mutation perçues sur les transmissions de propriété et d'usufruit par décès ou par donation. Un excellent rapport fait par M. de Luçay à la Société des agriculteurs de France a montré que le nouveau mode d'évaluation demandé devait affecter la propriété foncière dans la porportion de cent-quatre-vingt-dix neuf centièmes de sa superficie et des trois quarts de son capital.

C'était un accroissement de charges pour la propriété que le ministre lui-même évaluait à 11,164,000 francs, soit un cinquième en plus des résultats constatés de l'exercice 1868. On allait jusqu'à permettre pendant dix ans à l'un des contractants de demander la nullité du contrat pour lequel le droit d'enregistrement n'avait pas été intégralement acquitté. Ce qui prouvait cependant l'état de marasme, de souffrance de la propriété, c'est le notable ralentissement des adjudications à ce moment. Par bonheur, la Chambre a rejeté ce projet, en se contentant de soumettre à l'obligation de la transcription les ventes, les échanges et les donations.

Par une autre proposition gouvernementale du même temps, l'impôt des boissons dans les villes d'au moins dix mille habitants recevait quelques modifications, qui devaient fournir 4 millions de recettes en 1875 et 5 autres millions après quelques années. Enfin, 6 millions avaient été votés avant la présentation du budget de 1876, sur la dynamite, les entrepôts de Paris, les manquants chez les marchands en gros, les intérêts de retard sur les obligations, ainsi qu'après cette présentation des droits supplémentaires sur le sel, la poudre de chasse, les voitures d'occasion ou à volonté, ont été estimés devoir produire 3 millions et demi.

Le budget de 1876 avait cependant été proposé à l'Assemblée comme la dernière mesure financière qu'elle eût à voter. Dans son exposé de motifs, le ministre déclarait qu'il s'en remettait aux futures Assemblées de résoudre les questions relatives au remaniement des impôts défectueux et à la constitution d'un amortissement régulier. Ce budget, dont les recettes étaient portées à 2,573,342,877 francs, et les dépenses à 2,569,296,715 francs, ne s'équilibrait d'ailleurs qu'au moyen des deux expédients tirés de l'emprunt Morgan et des remboursements de la Banque. C'est un budget anormal, un budget de transition, avouait sans orgueil le ministre.

Le rapport présenté sur ce budget à la Chambre par M. Wolowski restera comme un excellent résumé et comme une bonne appréciation des mesures financières successivement adoptées par l'Assemblée nationale. M. Wolowski reconnaissait, aussi lui, que ce budget ne pouvait avoir « la prétention d'être un budget définitif... Il pourvoit à l'indispensable, disait-il; cela doit suffire à la légitime ambition de l'Assemblée. » Après avoir rappelé les derniers budgets de l'Empire, dont les résultats venaient d'être constatés par la commission chargée de la vérification des comptes, et avoir reproduit les chiffres si profondément modifiés du budget de 1870, M. Wolowski donne la longue liste des charges que nous ont imposées la guerre et la révolution. Ces charges, ce sont d'abord les pertes d'impôts qu'acquittaient les riches et populeuses provinces de l'Alsace et de la Lorraine, ou 66 millions 390 mille francs. Ce sont les intérêts des trois emprunts de 1870, 1871 et 1872, s'élevant à 385,831,911 francs, et dont les capitaux, au moment de l'émission, atteignaient 6,529,310,865 francs. Ce sont les différentes annuités dues pour l'emprunt Morgan, ou celles auxquelles ont eu et ont encore droit la compagnie des chemins de fer de l'Est, les communes et les départements pour leurs contributions ou leurs indemnités de guerre et pour leurs avances de casernement. Annuités dont les intérêts sont de 447,244,910 francs, et dont les capitaux, à l'époque de l'émission, étaient de 7,538,509,496 francs. C'est l'emprunt de 1,530 millions fait à la Banque, sur lequel plus de 700 millions restent à payer. C'est le crédit de 5 millions et demi voté pour la réparation et la reconstruction des ponts sur les chemins vicinaux. C'est enfin l'indemnité aux victimes de la guerre, portée au capital de 106 millions, et l'augmentation annuelle de 38 millions sur les pensions militaires et civiles, qui, de 71 millions au budget de 1869, sont passés à 109 millions en 1876, non compris les 10 millions des invalides de la marine, tout en menaçant de s'élever encore.

« On arrive, dit M. Wolowski, à la conviction que les conséquences de la guerre de 1870 se traduisent en une perte de plus 10 milliards de capital et en une charge annuelle de plus de cinq cents millions de francs, sans tenir compte des dépenses énormes qu'entraîne la reconstitution de notre matériel et de nos moyens de défense. »

Aussi les impôts créés ou les accroissements d'impôts, durant les six dernières années, ne produisent-ils pas moins, a-t-on calculé, de 638 millions, d'après le chiffre constaté de 1874. Quant au réel mérite de ces impôts, M. Wolowski lui-même, si favorable à toutes les œuvres de l'Assemblée, n'essaye pas de le montrer. « Beaucoup de ces impôts nouveaux ne se justifient, dit-il, que par la dure loi de la nécessité... On peut espérer que dans un avenir prochain le gouvernement se trouvera en mesure de faire sur l'excédant du revenu public la part de la réduction et la part de l'amortissement. » Et ailleurs : « Ce n'étaient pas les débats des temps calmes qu'on avait à poursuivre, il fallait courir au plus pressé ; il fallait s'écarter quelquefois des enseignements de la science financière, et préférer l'impôt le plus facile et le plus sûr à percevoir à l'avantage des taxes mieux équilibrées et plus rationnelles, mais exigeant d'autres habitudes et présentant des difficultés d'une bonne assiette immédiate. » Combien toutefois les commodités obtenues au prix de l'oubli de la science et de l'expérience sont-elles dangereuses ! Sauve-t-on beaucoup de malades, calme-t-on beaucoup de souffraces, en ne cherchant qu'à se presser et à se ménager ? Le temps passé à être juste et prévoyant n'est jamais perdu (1).

Si l'on avait pris plus soin des nécessités de la produc-

(1) Voir dans le rapport de M. Wolowski sur le budget de 1876, p. 18 et suiv., la longue liste des impôts décrétés par l'Assemblée nationale.

tion et de la richesse, en recourant davantage à l'économie, nous ne verrions pas l'ensemble des recettes de l'État, des départements et des communes, atteindre cette année-ci le chiffre vraiment colossal de trois milliards quatre cents millions. Nous aurions moins de petites contributions, presque sans nul profit pour le Trésor, profondément vexatoires, insupportables; et pour combien de contributions, une réduction de perception serait-elle loin d'être une réduction de production! L'amoindrissement des taxes postales que nous venons d'accepter à Berne, pour ne pas nous séparer de plusieurs gouvernements étrangers, le démontrera de nouveau, je n'en doute pas, en justifiant une fois de plus l'heureuse réforme de Rowland-Hill. Il y a longtemps que Louis XII, secondé par le cardinal d'Amboise, rétablissait les finances sans créer de nouvelles perceptions, en diminuant souvent même celles qui existaient. « J'aime mieux, disait-il, voir les courtisans rire de mon avarice que de voir mes sujets pleurer de mes prodigalités. » Nos ministres républicains ont, ce semble, d'autres préférences.

Touchant les contributions, M. Wolowski s'est aussi longuement étendu sur la disproportion qui existe maintenant entre l'impôt indirect et l'impôt direct, « qui n'a été chargé, écrit-il, depuis 1871 que de 42 millions sur un ensemble de 638 millions de recettes effectuées. » Mais c'est l'incidence des taxes qu'il importe surtout de considérer, et l'on se souvient de ce que disait avec tant de raison M. Magne à ce sujet. M. Wolowski se trompait beaucoup s'il imaginait que les éléments de l'impôt direct, de celui surtout qui frappe la fortune territoriale, n'ont pas été atteints autant que ceux de l'impôt indirect.

Voici les dépenses proposées pour 1876 par la commission du budget telles qu'elles sont indiquées dans le rapport de M. Wolowski, et que les a votées à peu près l'Assemblée nationale :

Dette publique et dotation	1,181,830,281 fr.
Ministère de la justice	33,764,140
— des affaires étrangères	11,255,500
— de l'intérieur	85,406,084
Service du gouvernement général de l'Algérie	26,816,631
Ministère des finances (service général)	19,823,250
— de la guerre	500,038,115
— de la marine	165,893,496
— de l'instruction publique, des cultes et des beaux-arts	97,306,590
— de l'agriculture et du commerce	19,129,300
— des travaux publics (service ordinaire)	78,773,514
— — (service extraordinaire)	82,331,624
Frais de régie, de perception et d'exploitation des impôts	249,512,078
Remboursements, restitutions, non-valeurs	17,782,000
Total	2,569,662,603

En rapprochant ces chiffres de ceux de 1869, on trouve sur le seul ensemble des services généraux des ministères une augmentation de 97 millions, quoique nous ayons perdu trois départements, que notre dette soit beaucoup plus considérable, et que notre fortune se soit beaucoup amoindrie. Je ne cesserai d'y insister, il ne faut dans toutes les administrations que le nombre de fonctionnaires indispensables, avec la volonté arrêtée de la paix et la légitime participation du pays à la gestion de ses affaires.

Une triste remarque à faire, et qui prouve une fois de

plus le péril et la honte des révolutions, c'est que nos dépenses de police ont dû s'accroître de 40 pour 100 depuis la guerre et celles des prisons de 30 pour 100, malgré la diminution de notre territoire et de notre population, et malgré le maintien de l'état de siége, jusqu'à ces derniers temps, dans quarante-trois départements.

Quant aux recettes de 1876, elles sont demandées pour 2,116,223,887 francs aux revenus ou aux impôts indirects, et pour 458,803,695 francs aux impôts directs ou aux produits des domaines et des forêts (1).

Cette incessante progression de dépenses et de recettes se remarque encore dans le budget présenté récemment pour 1877, où nulle importante innovation n'est non plus à noter. M. le ministre des finances a fait suivre ce budget d'un tableau comparatif des recettes réalisées pendant l'exercice 1869 et des recettes prévues pour l'exercice 1877. Il en résulte que l'augmentation des recettes prévues pour 1877 sur celles réalisées en 1869, est de 909,858,911 francs, dont 162,879,112 francs proviennent d'une augmentation dans les quantités de la matière imposable et constituent le développement du produit des anciens impôts, et dont 746,979,799 francs résultent des impôts créés ou augmentés depuis 1871.

Les Assemblées qui viennent d'être élues s'appliqueront sans doute à reviser notre budget. Elles ne sauraient se proposer de tâche plus utile, et des mesures financières

(1) M. Wolowski a donné, dans son rapport sur le budget de 1876, p. 8 et 9, le tableau des recettes et des dépenses des budgets des exercices 1870 à 1876.

d'une extrême importance se devront offrir dès cette année à leurs délibérations.

L'une des plus urgentes serait la réforme de notre système monétaire. Il y a longtemps que les économistes compétents réclament cette réforme ; elle s'impose aujourd'hui à moins d'un plein aveuglement. Ce n'est plus seulement l'Angleterre et le Portugal qui ont renoncé au double étalon métallique, pour n'employer que l'or, c'est la Hollande, la Suède, le Danemark, l'Allemagne et l'Union américaine. La Russie et l'Autriche elles-mêmes, quoique encore sous l'empire du papier-monnaie, se préoccupent d'opérer un pareil changement. Pouvons-nous rester seuls, sur le marché commercial, munis, grâce à notre étalon d'argent, du moyen d'échange le plus arriéré, le plus incommode et le plus coûteux ? Tous les arguments présentés en faveur de l'argent ou de l'usage simultané des deux métaux ont été réfutés ; chaque jour augmente pour nous la perte qui résulte de notre fâcheuse loi monétaire. L'once standard d'argent était dernièrement à 56 deniers à Londres, le marché régulateur des métaux précieux ; c'était une perte de 8 à 9 pour 100 sur le rapport légal de l'or à l'argent parmi nous, ou, eu égard à nos 2 milliards de monnaie d'argent, une perte de 180 millions. La baisse de l'argent est en ce moment de 12 pour 100, et que sera-ce quand l'Allemagne nous renverra les sept ou huit cents millions de monnaie d'argent dont elle ne veut plus, et que les nouvelles mines argentifères d'Amérique, surtout de Nevada, cent fois plus riches que celles du Mexique, qui ne semblaient qu'à peine effleurées à M. de Humboldt, auront jeté dans le monde leurs masses de minerai ! La sage restriction mise depuis trois années à la frappe de l'argent, chez les peuples qui forment ce qu'on nomme l'Union latine et dont nous faisons partie, ne suffit plus. Hâtons-nous de réduire l'argent au rôle secondaire de monnaie d'appoint, comme l'a fait la première l'Angleterre, en 1816 (1).

Une autre mesure qui se relie intimement à celle-ci, c'est la cessation du cours forcé des billets de la Banque de France.

Il y a peut-être quelque témérité à l'avoir promise dans deux ans, comme on l'a fait en apportant à la tribune le nouveau traité passé avec la Banque. Qui sait si ce sera possible alors ? Mais quel péril existerait-il à réaliser dès aujourd'hui cette bienfaisante réforme ? Les billets de la Banque sont depuis longtemps au pair et son encaisse est de plus de 2 milliards pour une circulation de 2 milliards et quelques cents millions. Le seul danger qu'il y eût à reprendre les payements en espèces, ce serait d'amener une trop grande abondance d'argent. Les payements se feraient évidemment en ce métal, puisqu'il est le moins cher, et les billets de la Banque, se réglant sur le cours de la monnaie qu'ils procureraient, subiraient une dépréciation forcée. C'est, je crois, la première fois qu'on ait à redouter une circulation métallique : un mal en entraîne toujours un autre.

(1) Voir un excellent résumé de la discussion élevée sur cette question dans le *Journal des économistes*, de décembre 1875. Article de M. Victor Bonnet.

Il est aussi remarquable que le cours forcé, contrairement à ce qui s'est passé en 1848, ait coïncidé dans ces dernières années avec un redoublement d'activité commerciale. Car dès 1872 l'escompte commercial de la Banque s'élevait à plus de huit milliards, et cinq millions seulement d'effets restaient en souffrance sur les 808 millions qui n'avaient pu se rembourser auparavant. Dans les transactions, les petits billets de la Banque ont surtout été très-utiles, en contribuant à beaucoup diminuer le change sur l'or, qui s'était un moment élevé à 25 francs par mille francs. Ce qui montre combien ils étaient alors nécessaires, c'est que la Banque, en 1872, a frappé pour 22 millions de billets de cinq francs et pour 28 millions de billets de vingt francs, tandis qu'elle n'émettait que trois cent vingt-cinq mille nouveaux billets de 500 et de 1,000 francs. La dépréciation de l'argent rend encore ces petits billets indispensables.

Une autre mesure, politique et industrielle autant que financière, que devront discuter cette année ou l'année prochaine les Chambres, c'est le renouvellement de nos traités de commerce. Il m'est inutile d'indiquer dans quel esprit il importe qu'il s'opère; toute la fortune de la France est liée au choix qui sera fait, à ce sujet, entre le libre-échange et la protection. Pas un abaissement de tarif ne serait relevé sans dommage, et plusieurs droits devront encore être diminués ou disparaître. Les houilles, les fontes, les fers, les aciers, les machines notamment sont restés infiniment trop taxés. Il n'est même plus possible d'invoquer les nécessités du

Trésor, pour conserver des droits considérables sur les produits manufacturés étrangers; ils ne fournissent que de fort minces perceptions. L'exemple de tous les États, surtout celui de l'Angleterre, démontre qu'il n'est qu'un moyen de retirer d'abondantes recettes de la douane, c'est d'en amoindrir les exigences. Ai-je besoin de dire que l'Angleterre n'a maintenant que sept articles taxés à ses frontières, comme l'excise n'y frappe que quatre articles, et que la douane y rapporte plus de cinq cents millions de francs (1)?

Seuls, malgré leurs plus éminents publicistes et leurs hommes d'État les plus éclairés, les États-Unis s'attardent aujourd'hui sur les voies protectionnistes. Aussi sont-ils livrés à la crise industrielle la plus cruelle qu'ils aient encore subie.

Si notre gouvernement sait inspirer confiance, si notre travail continue à progresser, si notre richesse persiste à s'accroître, il sera, d'un autre côté, facile de réduire bientôt l'intérêt de notre dette, par la conversion en 4 1/2 pour 100, au pair, de notre 5 pour 100. Une pareille conversion produirait une économie annuelle de 34,600,106 francs, soit de la vingt-deuxième partie des intérêts de notre dette consolidée, qui sont d'un peu moins de 748 millions. Il y aurait là une précieuse ressource pour l'amortissement même de cette dette, négligé jusqu'à pré-

---

(1) Le tabac, les spiritueux, les vins, le thé, le café, la chicorée et le cacao, sont les seules articles taxés. Ces articles eux-mêmes payent moins qu'autrefois. Les vins ne payent plus que le sixième de ce qu'ils avaient précédemment à payer.

sent et pourtant si nécessaire. Mais une conversion n'est possible que si nous renonçons à de nouveaux emprunts, auxquels on semble trop se préparer. Ne l'oublions pas, notre dette est de toutes la plus lourde en ce moment, et assez de capitaux ne sont-ils pas déjà disparus dans le gouffre des emprunts publics depuis un siècle et demi? Durant les premières années du dix-huitème siècle, en 1705, les différents États européens devaient 7 milliards et demi de francs; ils devaient 12 milliards 800 millions en 1789, 37 milliards 500 millions en 1820, 42 milliards en 1847, et ils doivent aujourd'hui plus de 96 milliards 254 millions (1).

Enfin, il y aurait une autre économie très-aisée à réaliser, pour l'avenir du moins, que je me reprocherais de ne pas mentionner ici, quoique je l'aie indiquée précédemment, de même que la ressource des propriétés domaniales. Je veux parler des pensions civiles et militaires, qui se sont élevées de 36 millions dans nos budgets depuis la chute du second empire. Pourquoi ces pensions? Les fonctionnaires sont-ils donc incapables de prévoyance ou d'épargne? Et quels abus résultent d'un tel état de choses pour le recrutement ou la gestion des administrations publique! Si l'on se refuse à opérer un changement aussi radical, qu'on cesse au moins de si peu ménager sous ce rapport les contribuables. Qu'on crée, au grand avantage de l'État et des fonctionnaires eux-mêmes, des caisses, non plus de pensions, mais, pour me

---

(1) **En 1874.**

servir des mots reçus, de prévoyance, organisées comme le sont celles de nombreuses sociétés industrielles et commerciales, si bien décrites par M. de Courcy, leur véritable auteur (1).

Dans le beau discours que prononçait M. Gladstone, en présentant le budget britannique de 1866, il divisait les vingt-cinq exercices précédents en trois périodes. Dans la première, de 1840 à 1852, le taux annuel de l'augmentation des recettes, disait-il, a été d'un million de livres sterling environ ; dans la seconde, de 1852 à 1859, il a été d'un million deux cent quarante mille livres sterling, et, de 1859 à 1865, il atteindra un million sept cent quatre-vingt mille livres sterling, bien que les taxes, durant ces trois périodes, aient été très-diminuées. Pendant les dix années suivantes, finissant en 1875, les réductions de taxes décrétées en Angleterre n'ont pas encore été moindres de 21 millions de livres sterling, et les recettes de l'exercice clos le 31 mars 1875 y ont excédé de quatre millions de livres sterling les recettes de 1865. Un économiste rappelle à cette occasion le vers célèbre que Pitt citait un jour, en l'appliquant au commerce :

Mobilitate viget, viresque acquirit eundo.

Et pour mieux montrer que cette mobilité et cette force, s'engendrant l'une l'autre, sont dues ici au puissant stimulant des réductions successives d'impôts, cet économiste reproduit ces autres paroles de M. Gladstone : « Je ne prétends pas que l'accroissement du revenu pût conserver

(1) V. la brochure publiée à ce sujet, en 1875, par M. de Courcy.

son chiffre actuel si le Parlement cessait d'améliorer la législation, d'en réformer les vices, de rechercher en toute circonstance, grande ou petite, les moyens les plus rationnels d'élargir les sources de recettes. »

Voilà les exemples et les conseils que devraient sans cesse avoir présents à l'esprit nos législateurs et nos gouvernants. Ils s'appuient aujourd'hui sur un trop long laps de temps — plus de trente années — sans avoir reçu des faits un seul démenti, quelques vicissitudes industrielles et politiques qui se soient produites en cet intervalle dans la Grande-Bretagne, pour qu'on révoque en doute leurs bienfaits. N'espère-t-on pas même déjà dans ce pays, en un avenir prochain, des recettes supplémentaires assez importantes, pour permettre d'y réduire notablement la dette, d'y supprimer l'*income-tax*, comme la *house-duty* (taxe des maisons), et d'y limiter la douane aux droits que payent le tabac et les boissons alcooliques ?

Nous ne pouvons pas assurément nous abandonner à d'aussi favorables espoirs ; mais pourquoi ne pas nous régler sur de si décisifs enseignements ? Ce n'est pas avec le vote universel qu'on peut impunément surcharger les populations. Après que Saint-Simon avait dit de Louis XIV : « Il tire le sang de ses sujets et en exprime jusqu'au pus, » le peuple se prit à insulter le cercueil de ce roi, quelque profond respect qu'eût inspiré jusque-là la royauté. Il ne se contenterait plus aujourd'hui d'insulter un cercueil. Si notre situation est grave, le rendement de nos impôts, l'encaisse métallique de la Banque, les recettes des chemins de fer, le mouvement de notre commerce extérieur (1) autorisent encore la confiance Ne nous abandonnons plus à une funeste routine ou à une coupable insouciance. Toute proportion gardée, l'Angleterre n'avait pas des faits plus rassurants à citer quand Robert Peel a commencé ses grandes réformes, continuées avec tant de savoir et tant d'énergie par les ministres qui lui ont succédé, et qui ont si profondément modifié la condition de sa patrie. Qu'un ministre formé à la même école, doué de la même volonté, et résolu, comme Turgot à son entrée aux affaires, à ne plus créer d'emprunts ni d'impôts, renonce aux tristes expédients suivis depuis cinq ans, pour se régler sur les fécondes nécessités de la paix, du travail, de l'économie, et nous reviendrons encore à la grandeur et à la prospérité. Nous aussi nous pourrons alors, en opposant notre future fortune à notre détresse passée, redire le beau vers du poëte ancien :

O passi graviora, dabit deus his quoque finem.

(1) En 1875, notre commerce extérieur a été :

Pour l'importation de.......... 3,672,286,000 fr.
Pour l'exportation de.......... 4,022,162,000

Total........ 7,694,448,000 fr.

ANNEXES

Relevé des charges nouvelles supportées par le Trésor à partir de 1870.

(Extrait du Rapport de M. Wolowski sur le budget de 1876.)

	EN INTÉRÊTS.	EN CAPITAUX au moment DE L'ÉMISSION.
1° Charges permanentes.		
RENTES 5 P. 100.		
Emprunt de 2 milliards (Loi du 20 juin 1871).	138.975.295	2.225.994.045
Emprunt de 3 milliards (Loi du 15 juillet 1872).................................	207.026.310	3.498.744.639
RENTES 3 P. 100.		
Emprunt de 750 millions (Loi du 12 août 1870).......................................	39.830.306	804.572.181
Total des charges permanentes....	385.831.911	6.529.310.865
2° Charges remboursables.		
Annuité de remboursement de l'emprunt Morgan (Loi du 18 mars 1875); délai de remboursement : 39 ans................	17.300.000	341.198.631 (1)
Annuité à la compagnie des chemins de fer de l'Est (Loi du 17 juillet 1873); délai de remboursement : 81 ans................	20.500.000	325.000.000
Annuités aux départements, aux villes et aux communes pour remboursement d'une partie des contributions extraordinaires et réparation des dommages résultant de la guerre (Loi du 7 avril 1873); délai de remboursement : 26 ans....................	17.421.250	260.000.000
Annuité pour réparation des dommages causés par le génie militaire (Loi du 28 juillet 1874); délai de remboursement : 25 ans à partir du 1er janvier 1875...............	1.848.000	26.000.000
Annuité de remboursement aux communes et aux départements des avances faites pour le casernement (Loi du 4 août 1874); délai de remboursement : 12 ans au moins et 15 ans au plus........................	4.343.749	57.000.000
Total des charges remboursables...	61.412.999	1.009.198.631
TOTAL GÉNÉRAL........	447.244.910	7.538.509.496

(1) Rente 3 p. 100 employée au remboursement.

Ce n'est pas tout : il faut ajouter à cette triste nomenclature : 1° l'emprunt de 1,530,000,000 fr. fait à la Banque de France (loi du 30 juin 1871) sur lequel nous devrons encore à la fin de cette année au delà de 700 millions ;

2° Le crédit de 5,413,620 fr. voté pour la réparation et la reconstruction des ponts sur les chemins vicinaux ;

3° L'indemnité aux victimes de la guerre portée au capital de 106,000,000 fr. ;

4° L'augmentation annuelle de 38 millions sur les pensions militaires et civiles, qui, de 71 millions portés au budget de 1869, montait au budget de 1876 à 109 millions, et menaçait de grandir encore, en sus de la subvention des invalides de la marine, portée à 10 millions au budget de 1876.

On arrive ainsi à la conviction que les conséquences de la guerre de 1870 se traduisent en une perte de plus de 10 milliards de capital et en une charge annuelle de plus de cinq cents millions de francs, sans tenir compte des dépenses énormes qu'entraîne la reconstitution de notre matériel et de nos moyens de défense.

Les dépenses de la guerre avaient été évaluées par M. Magne (1) à 9,287,882,000 fr.

M. Mathieu-Bodet les a portées (2), en y ajoutant les résultats de nouveaux votes de crédits pour la liquidation et pour les nouvelles indemnités des victimes de la guerre, à 9,820,643,000 fr.

(1) Rapport à M. le Président de la République (28 octobre 1873).
(2) Rapport à M. le Président de la République (5 janvier 1875).

Dans le même rapport (5 janvier 1875), M. Mathieu-Bodet a chiffré par 775,000,000 de francs l'augmentation des charges du Trésor depuis 1870 (en y comprenant, il est vrai, 207,700,000 fr. pour intérêts et amortissement de l'emprunt à la Banque de France, ce qui ne constitue pas une charge permanente).

En y ajoutant 66,390,000 fr. du déficit causé par la perte de l'Alsace-Lorraine, c'est à 841,502,365 fr. qu'il évaluait les ressources nouvelles exigées au budget.

Mais la plus-value sur la perception des anciens impôts était déjà de 50,38,3000 fr. et les impôts nouveaux consentis depuis le commencement de la guerre montaient à 668,507,000 fr., ainsi répartis :

Contributions directes..................................	40.925.000 fr.
Taxes assimilées aux contributions directes.........	10.026.000
Enregistrement.	90.937.000
Timbre...	56.950.000
Douanes...	115.202.090
Contributions indirectes...............................	294.570.000
Postes...	21.600.000
Valeurs mobilières.	32.000.000
Télégraphie privée....................................	2.370.000
Produits universitaires................................	82.900
Produits et revenus de l'Algérie......................	3.570.090
Produits divers.	275.000
Total général............	668.597.000 fr.

Il restait à combler encore un fort déficit ; il fallait créer d'autres ressources de revenu public.

Le résultat général du budget de l'exercice 1876, tel qu'il est soumis à votre approbation, présente un aspect moins fâcheux. D'après le tableau rectifié :

Les recettes sont évaluées à....................	2.575.028.582 fr.
Et les dépenses à............................	2.570.000.475
Ce qui laisse comme excédant de recettes......	5.028.107 fr.

Dans la somme des recettes, il ne reste plus à voter, par suite des ressources financières soumises à l'approbation de l'Assemblée, que 16,700,000 fr.

Nous allons examiner tout à l'heure, avec le soin nécessaire, les éléments de ce calcul; pour le moment, ce que nous avons voulu mettre en relief, c'est la situation d'ensemble à laquelle ont abouti les efforts tentés par l'Assemblée, dans le but de relever nos finances.

Nous avons montré la position à laquelle ces finances étaient réduites au commencement de 1871 ; les impôts ne rentraient pas, et les dépenses grossissaient sans cesse. Il fallait emprunter à des conditions élevées ; le salut du pays était à ce prix. Il fallait assurer par une recette bien assise les intérêts de la dette nouvelle, le crédit de la France le commandait ; il fallait aussi répondre à la pression exercée par d'inexorables nécessités. Jamais on n'a rencontré une œuvre plus difficile, ni un devoir plus périlleux à remplir.

L'histoire dira quelle a été l'attitude résolue de l'Assemblée, elle rendra justice à son œuvre. Comme l'a écrit M. Casimir Périer (1), la France a eu le sentiment de la nécessité des sacrifices ; elle demandait non de les épargner, mais de les supporter dans la proportion la plus

___
(1) Rapport du 31 août 1871 sur le budget rectifié de 1871.

équitable, afin qu'ils fussent moins dommageables pour le pays.

Ce n'étaient pas les débats des temps calmes qu'on avait à poursuivre : il fallait courir au plus pressé ; il fallait s'écarter quelquefois des enseignements de la science financière, et préférer l'impôt le plus facile et le plus sûr à percevoir, à l'avantage de taxes mieux équilibrées et plus rationnelles, mais exigeant d'autres habitudes et présentant des difficultés d'une bonne assiette immédiate.

La critique est facile quand on commence à sortir d'une position terrible qui, à beaucoup, paraissait presque désespérée, mais qu'on se rappelle les obstacles à vaincre, les graves embarras à surmonter, et l'on usera d'une appréciation moins sévère.

Nos successeurs, moins malheureux que nous, pourrons améliorer l'œuvre accomplie dans des conditions qu'ils n'auront plus à subir. Ils pourront songer à la réforme des impôts, alors que nous avons été condamnés à en procurer, avant tout, le prompt recouvrement. A chaque jour suffit sa peine, et à chaque position incombe une autre tâche. Nous avons dû nous occuper de faire face à nos malheurs, d'autres pourront travailler à les réparer, sans oublier ce qu'ils coûtent.

L'Assemblée de 1871 ne recula point devant le devoir d'imposer au pays une charge nouvelle de cinq cents millions d'impôts, et ce chiffre colossal ne devait pas suffire ! Aujourd'hui cette tâche immense se trouve à peu près accomplie. Loin de nous la pensée qu'aucune faute n'ait été commise ! mais au moins les principes essentiels ont été respectés, et l'on n'a point porté atteinte d'une manière irréparable aux sources vives de la richesse du pays ; on a dû improviser des ressources, nous espérons que le temps des réformes mûries viendra bientôt.

Ce qui frappe surtout quand on considère l'ensemble des impôts nouveaux, c'est de voir qu'ils tiennent presque tous à une même origine : l'impôt indirect, et que l'impôt direct immobilier a été laissé de côté.

Le motif de cette apparente anomalie est cependant facile à saisir, et, dès le début, M. Casimir Périer l'avait signalé. Ce n'est pas au moment où trente départements étaient envahis, ravagés, mis à rançon, au moment où les contributions directes acquittaient par des centimes additionnels les dépenses des gardes nationales mobilisées, qu'il était possible de demander à la terre de nouveaux sacrifices.

Ce n'est point notre mission de rien proposer à cet égard ; le soin d'une réforme, nous l'avons déjà dit, appartient à nos successeurs. Notre œuvre est plus modeste, sans être moins féconde : elle consiste à compléter ce que l'Assemblée a déjà accompli, à procurer l'équilibre de nos charges et de nos ressources, sans entamer des débats qui nous entraîneraient trop loin.

M. le ministre des finances a constamment obéi à cette pensée, en élaborant le projet de loi soumis à votre examen, et nous devons le féliciter de cette réserve.

Le caractère du budget actuel est celui d'une grande simplicité : il ne touche, en effet, à aucune des questions de réformes qui peuvent passionner les esprits ; il se borne à l'indispensable, en conservant au travail accompli par l'Assemblée, en ce qui concerne les finances, un grand caractère d'unité.

Il s'agissait pour elle de rétablir le crédit de la France, en travaillant à l'équilibre du budget; elle y a réussi, sans aucune prétention de léguer son œuvre comme un modèle.

Nous avons eu à surmonter des difficultés égales à celles contre lesquelles les États-Unis ont eu à se débattre, en montrant le même dévouement et la même résolution; qu'il nous soit permis d'attendre sans le redouter le jugement de l'avenir. Peut-être dira-t-il que nous n'avons pas été inférieurs dans l'accomplissement de cette grande tâche. Nous n'entendons nullement blâmer ce qui s'est fait en Amérique; on obéissait à un intérêt suprême, qui faisait fermer les yeux sur les défauts de mesures relativement secondaires; mais si la grandeur du but et l'avantage des résultats fournissent une ample excuse aux erreurs commises, il suffit de jeter les yeux sur les écrits des hommes les plus autorisés, de Wells, d'Amasa Walker, etc., pour reconnaître qu'on n'a pas toujours adopté les meilleurs procédés et qu'on a trop souvent sacrifié l'avenir aux convenances urgentes du moment.

Nous avons évité, grâce à l'attitude décidée de l'Assemblée, les périls du régime protecteur et le danger des droits sur les matières premières; nous en avons été largement récompensés par l'accroissement constant et rapide du mouvement commercial, reflet fidèle du progrès accompli par la production: sans attacher une importance exagérée à la possession des métaux précieux, nous savons tenir compte des avantages qu'offre la reconstitution rapide de notre stock métallique, fruit naturel d'une plus grande liberté des échanges. Il suffit de jeter les yeux sur les tableaux de nos exportations et de nos importations, au commerce général et au commerce spécial, ainsi que sur le mouvement des métaux précieux, pour acquérir la conviction des bienfaits maintenus par la conservation des relations plus libres avec le dehors.

Il n'en a pas été ainsi aux États-Unis. Séduits par la facilité apparente de la perception des droits de douane plus élevés, ils ont exagéré le régime ultra-protecteur en cédant aux suggestions intéressées de ceux qui se sont enrichis, tandis que la masse s'appauvrissait. L'aggravation du régime des douanes, aussi bien que l'exagération de la monnaie de papier a cours forcé, n'ont servi, comme l'a puissamment démontré M. Wells, « qu'à enrichir les riches et appauvrir les pauvres. »

Nous avons évité ce double écueil, et en n'entravant point le mouvement commercial, et en renfermant dans des limites relativement restreintes la circulation des billets faisant office de monnaie. Nous reviendrons tout à l'heure sur ce point essentiel.

Tout a été frappé aux États-Unis de l'atteinte de l'impôt ; on doit admirer la résolution et la vigueur avec laquelle ces décisions ont été appliquées, mais il est permis de ne pas applaudir sans réserve à ce qu'elles ont offert de périlleux. Les progrès naturels, aidés par les immenses ressources des États-Unis, ont voilé en partie les mauvaises conséquences de ces déterminations et des exigences fiscales ; nous avons à nous féliciter d'avoir mieux respecté la nature des choses. Nous aurons atteint le but, en laissant moins d'erreurs à réparer.

D'ailleurs nous avons eu un problème plus difficile à résoudre, car les États-Unis ont pu licencier leurs formidables armées, tandis qu'il nous a fallu reconstituer la nôtre.

Le budget de 1876 sera probablement le dernier acte financier de l'Assemblée ; il repose sur les résultats acquis par la perception des nouveaux impôts et sur l'accroissement de recettes obtenu par les impôts anciens.

Il nous reste pour présenter le tableau de nos efforts à rappeler les sacrifices consentis et à signaler les produits qu'ils ont assurés au Trésor.

Le tableau qui suit permettra d'apprécier l'efficacité des mesures fiscales adoptées par l'Assemblée.

TABLEAU.

TABLEAU

DU PRODUIT DES NOUVEAUX IMPOTS VOTÉS DEPUIS 1871.

NATURE DES IMPOTS.	DATE DES LOIS.	PRODUIT en 1871.	en 1872.	en 1873.	en 1874.	pendant les six premiers mois de 1875.
Contributions directes.						
60 centimes additionnels sur les patentes	Loi du 16 juillet 1872.	»	»	45.405.403	»	»
43 centimes additionnels sur les patentes	Loi du 24 juillet 1873.	»	»	»	32.880.464	16.045.789
3 centimes 8/10 sur les patentes en compensation des droits de timbre	Loi du 23 juillet 1872.	»	»	2.910.437	2.941.078	1.435.076
Rehaussement du tarif des patentes	Loi du 29 mars 1873.	»	4.874.283	6.839.527	6.911.534	3.372.431
		»	4.874.282	55.155.367	42.733.076	20.853.296
Taxes spéciales assimilées aux contributions directes.						
Taxes sur les voitures et les chevaux	Loi du 16 sept. 1871.	»	2.622.731	9.348.033	9.573.992	4.984.957
Taxes sur les billards	Loi du 16 sept. 1871.	»	1.213.072	986.367	976.297	489.247

Taxes sur les cercles............	Loi du 16 sept. 1871.	»	362.395	1.342.984	1.423.932	664.055
Élévation de la taxe sur les biens de mainmorte............	Loi du 30 mars 1872, sur l'enregistrement.	»	»	1.195.319	1.405.140	710.982
Modification au tarif des poids et mesures............	Décret du 26 fév. 1873.	»	»	»	1.800.000	900.000
		»	4.198.198	12.872.703	15.179.361	7.749.241
Impôts et revenus indirects. Enregistrement.						
Second décime sur les droits d'enregistrement............	Loi du 23 août 1871.	⎫	28.728.000	29.193.000	29.681.000	15.528.000
Dispositions relatives aux valeurs mobilières étrangères et ouvertures de crédits............	Loi du 23 août 1871.	⎬ 8.794.000	1.519.000	467.000	609.000	232.000
Taxes sur les assurances.........	Loi du 23 août 1871.	⎭	7.536.000	7.967.000	8.405.000	3.115.000
Enregistrement des baux et mesures répressives............	Loi du 23 août 1871.		3.969.000	1.607.000	1.869.000	864.000
Droit de transmission sur les obligations et actions des sociétés, sur les obligations des départements, etc............	Loi du 16 sept. 1871.		7.415.000	5.779.000	3.599.000	2.473.000
Établissement du droit fixe gradué............	Loi du 28 fév. 1872.	»	6.481.000	7.874.000	7.980.000	4.166.000
Élévation des autres droits fixes proprement dits............	Loi du 28 fév. 1872.	»	5.121.000	5.857.000	8.278.000	2.971.000
Droit proportionnel sur les ordres et distributions amiables et sur les ventes des navires........	Loi du 28 fév. 1872.	»	422.000	870.000	822.000	352.000
A reporter............	»	8.794.000	61.191.000	59.614.000	61.238.000	29.701.000

TABLEAU DU PRODUIT DES NOUVEAUX IMPOTS VOTÉS DEPUIS 1871 (Suite).

NATURE DES IMPOTS.	DATE DES LOIS.	PRODUIT en 1871.	en 1872.	en 1873.	en 1874.	pendant les six premiers mois de 1875.
Reports............	....	8.794.000	61.191.000	59.614.000	61.238.000	29.701.000
Droit proportionnel de 2. p. 100 sur les ventes de fonds de commerce............	Loi du 28 fév. 1872.	»	1.465.000	2.250.000	2.180.000	1.260.000
Augmentation du droit proportionnel sur les lettres de change.	Loi du 28 fév. 1872.	»	763.009	1.122.000	1.067.000	550.000
Augmentation du droit sur les titres au porteur et droit sur les valeurs étrangères........	Loi du 30 mars 1872 et loi du 29 juin 1872.	»	1.048.000	5.648.000	5.071.000	3.471.000
Demi-décime sur les droits d'enregistrement............	Loi du 30 décemb. 1873.	»	»	»	12.377.000	7.905.000
Augmentation du droit fixe sur les actes extra-judiciaires......	Loi du 19 février 1874.	»	»	»	4.265.000	2.439.000
		8.794.000	64.467.000	68.634.000	86.203.000	45.326.000
Timbre.						
Deux décimes sur le timbre, y compris les avertissements des greffes de justice de paix....	Loi du 23 août 1871.	»	12.897.000	13.011.000	13.101.000	6.087.000

Élévation du droit de timbre des récépissés d'expéditions faites pour tous modes de transport..	Loi du 23 août 1871, et 30 mars 1872.	} 8.573.008	6.133.000	5.672.000	4.071.000
Droit de timbre sur les permis de chasse.	Loi du 23 août 1871 (abrog. par la loi du 20 déc. 1872).	} 10.508.000 { 3.151.000	»	»	»
Droit de timbre des effets de commerce.	Loi du 23 août 1871.	11.169.000	13.967.000	13.418.000	6.772.000
Droit de timbre des quittances, acquits et factures et sur les chèques.	Loi du 23 août 1871.	13.240.000	13.432.000	13.647.080	6.896.000
Droit de timbre des connaissements.	Loi du 30 mars 1872.	1.260.000	1.813.000	1.678.000	746.000
Augmentation du droit de timbre proportionnel des effets de commerce.	Loi du 19 février 1874.	»	»	11.123.000	6.677.000
Droit de timbre sur les chèques de place à place et mesures répressives.	Loi du 19 février 1874.	»	»	(1) »	(1) »
Décimes sur le timbre des permis de chasse.	Loi du 2 juin 1875.	»	»	»	60.000
		10.508.000	50.290.000	48.356.000	58.642.000	31.309.000
Douanes.					
Marchandises diverses. (Cafés, thés, cacaos, etc, y compris les surtaxes d'entrepôt.).	Lois des 27 juillet 1870, 8 juillet 1871, 22 et 30 janv. 1872.	20.061.000	30.158.000	66.561.000	60.433.000	35.680.000
A reporter.		20.061.000	30.158.000	66.561.000	60.433.000	35.680.000

(1) Le produit du droit de timbre sur les chèques est confondu dans les recettes du droit de timbre des quittances.

TABLEAU DU PRODUIT DES NOUVEAUX IMPOTS VOTÉS DEPUIS 1871 (*Suite*).

NATURE DES IMPOTS.	DATE DES LOIS.	PRODUIT en 1871.	en 1872.	en 1873.	en 1874.	pendant les six premiers mois de 1875.
Reports................	....	20.061.000	30.158.000	66.661.000	60.433.000	35.680.000
Douanes. (*Suite*.)						
Cinq dixièmes sur les sucres et les glucoses, savoir : sucres coloniaux...............	Lois des 8 juillet 1871 et 22 janv. 1872.	} 1.169.000	10.326.000	12.373.000	11.769.000	5.184.000
Sucres étrangers...............	Lois des 8 juillet 1871 et 22 janv. 1872.		5.145.000	10.176.000	4.307.000	2.963.080
Droit de statistique...............	Loi du 22 janvier 1872.	»	5.609.000	5.499.000	5.397.000	2.631.000
Droit de quai...............	Loi du 30 janvier 1872.	»	3.225.000	4.097.000	4.290.000	1.971.080
Tarifs spécifiques sur les matières premières...............	Loi du 26 juillet 1872 (abrog. par la loi du 25 juill. 1873).	»	»	1.022.000	»	»
Demi-décime sur les sucres de toute origine...............	Loi du 30 décemb. 1873.	»	»	»	1.722.000	913.000
Augmentation du droit d'importation des huiles minérales......	Loi du 30 décemb. 1873.	»	»	»	1.592.000	666.000

Demi-décime sur les droits de douane.	Loi du 30 décemb. 1873.	»	»	»	»	3.397.000	1.941.000
Taxes sur les viandes salées.	Loi du 21 mars 1874.	»	»	»	»	» (1)	» (1)
Intérêts de retard sur les obligations souscrites.	Loi du 15 février 1875.	»	»	»	»	»	» (2)
Répression de la fraude.	Loi du 2 juin 1875.	»	»	»	»	»	» (2)
Deux décimes 1/2 sur les sels de douanes.	Loi du 2 juin 1875.	»	»	»	»	»	367.000
		21.230.000	54.463.000	99.728.000	92.907.000	52.316.000
Contributions indirectes.							
Droit de circulation sur les vins.	Loi du 1er sept. 1871.	»	17.587.000	20.671.000	15.814.000	9.588.000
Droit de consommation des alcools et mesures répressives.	Lois des 1er sept. 1871, 28 février, 26 mars et 2 août 1872.	23.784.000	45.594.000	56.527.000	57.793.000	30.719.000
Droit de fabrication des bières.	Loi du 1er sept. 1871.	»	4.586.000	4.966.000	4.770.000	2.589.000
Cinq dixièmes sur les sucres indigènes.	Lois des 8 juillet 1871 et 22 janv. 1872.	9.069.000	18.646.000	33.222.000	30.972.680	15.650.000
Licences, cartes à jouer et garantie des matières d'or et d'argent.	Lois des 1er sept. 1871 et 30 mars 1872.	1.413.000	7.721.000	8.265.000	7.484.000	3.953.000
Poudres à feu.	Loi du 4 sept. 1871 (abrog. par la loi du 25 juill. 1873).	587.000	1.813.000	484.000	»	»
A reporter	»	34.853.000	95.947.000	124.135.000	116.833.000	62.499.000

(1) Le produit de la taxe sur les viandes salées est confondu dans les recettes des marchandises diverses.
(2) Ce produit figure sans distinction dans les droits divers de douanes.

TABLEAU DU PRODUIT DES NOUVEAUX IMPOTS VOTÉS DEPUIS 1871 (*Suite*).

NATURE DES IMPOTS.	DATE DES LOIS.	PRODUIT en 1871.	en 1872.	en 1873.	en 1874.	pendant les six premiers mois de 1875.
Reports............	....	34.853.000	95.947.000	124.135.000	116.833.000	62.499.000
Contributions indirectes (*Suite*).						
Chicorée et similaires........	Lois des 4 sept. 1871 et 21 juin 1873.	12.000	2.511.000	4.420.000	4.985.000	2.597.000
Papiers................	Loi du 4 septemb. 1871.	61.000	9.998.000	10.017.000	10.022.000	5.073.000
Huiles minérales...........	Loi du 16 sept. 1871.	»	159.000	131.000	304.000	85.000
Allumettes (loi du 28 janv. 1875).	Lois des 4 sept. 1871 et 22 janv. 1872.	1.000	6.022.000	8.841.000	9.913.000	3.235.000
Tabacs.............	Lois des 4 sept. 1871 et 29 février 1872.	»	40.698.000	54.140.000	54.582.000	27.664.000
Dixième des chemins de fer.....	Loi du 16 sept. 1871.	1.353.000	31.452.000	28.502.000	28.139.000	9.579.000
Dixième des voitures publiques..	Loi du 16 sept. 1871.		1.454.000	1.213.000	1.160.000	458.000
Demi-décime sur les droits de contributions indirectes........	Loi du 30 décemb. 1873.	»	»	»	15.014.000	6.728.000

LA CRISE DE 1870.

Demi-décime sur les sucres indigènes.	Loi du 30 décemb. 1873.	»	»	»	4.157.000	2.295.000
Augmentation du droit d'expédition des boissons.	Loi du 31 déc. 1873.	»	»	»	2.010.000	1.068.000
Augmentation du droit d'entrée.	Loi du 31 déc. 1873.	»	»	»	8.971.000	5.226.000
Droit sur les huiles non minérales.	Loi du 31 déc. 1873.	»	»	»	4.897.000	3.041.000
Droit sur les savons.	Loi du 30 déc. 1873.	»	»	»	5.333.000	2.767.000
Droit sur la stéarine et les bougies.	Loi du 30 déc. 1873.	»	»	»	5.760.000	3.082.000
Impôt de 5 p. 100 sur la petite vitesse.	Loi du 21 mars 1874.	»	»	»	12.969.000	9.606.000
Bouilleurs de crû (réduction de la tolérance).	Loi du 21 mars 1874.	»	»	»	» (1)	» (1)
Intérêts de retard des obligations souscrites.	Loi du 15 février 1875.	»	»	»	» (2)	» (2)
Entrepôts de Paris.	Loi du 16 février 1875.	»	»	»	»	» (3)
Droits sur les manquants (recouvrables en deuxième année).	Loi du 4 mars 1875.	»	»	»	»	»
Monopole de la dynamite.	Loi du 8 mars 1875.	»	»	»	»	» (0)
Deux décimes 1/2 sur les sels.	Loi du 2 juin 1875.	»	»	»	»	146.000
Deux décimes 1/2 sur les poudres de chasse et de guerre.	Loi du 2 juin 1875.	»	»	»	»	72.000
Deux décimes 1/2 sur les voitures publiques.	Loi du 2 juin 1875.	»	»	»	»	7.000
A reporter.	»	36.280.000	188.241.000	231.399.000	284.999.000	146.228.000

(1) Ce produit figure sans distinction dans les recettes sur les boissons.
(2) Ce produit figure sans distinction dans les recettes des droits divers de contributions indirectes.
(3) Même observation que pour les bouilleurs de crû.
(4) Le produit de la dynamite figure dans les recettes des poudres.

TABLEAU DU PRODUIT DES NOUVEAUX IMPOTS VOTÉS DEPUIS 1871 (*Suite*).

NATURE DES IMPOTS.	DATE DES LOIS.	PRODUIT en 1871.	en 1872.	en 1873.	en 1874.	pendant les six premiers mois de 1875.
Reports............	....	36.280.000	188.241.000	231.399.000	284.999.000	146.228.000
Contributions indirectes (*Suite*).						
Révision des taxes uniques.....	Loi du 9 juin 1875.	»	»	»	»	»
Extension du régime des taxes uniques......	Loi du 9 juin 1875.	»	»	»	»	»
		36.280.000	188.241.000	231.399.000	284.999.000	146.228.000
Postes.						
Taxes postales............	Loi du 24 août 1871.	6.866.000	19.760.000	20.907.000	21.498.000	9.838.000
Envois d'argent. — Augmentation de 1 p. 100 à 2 p. 100......	Loi du 24 août 1871 (abrog. par la loi du 20 déc. 1872).	237.000	912.000	»	»	»

					» (1)	» (1)
Transformation des distributions de poste en bureaux..........	Loi de finances du 29 déc. 1873.	»	»	»	»	»
		7.103.000	20.672.000	20.907.000	21.498.000	9.838.000
Impôt de 3 p. 100 sur le revenu des valeurs mobilières françaises et étrangères..............	Loi du 29 juin 1872.	»	5.963.000	31.760.000	34.174.000	18.035.000
Télégraphie privée.............	Loi du 29 mars 1872.	»	1.600.000	1.777.500	2.370.000	1.185.000
TOTAUX GÉNÉRAUX......	»	83.915.000	394.768.481	570.589.570	638.705.437	381.839.537

(1) Cette recette figure sans distinction dans le produit de la taxe des lettres.

PROJET DE LOI

CONCERNANT

LE RENOUVELLEMENT DES OPÉRATIONS CADASTRALES

EXPOSÉ DES MOTIFS

J'ai rappelé, dans mon dernier chapitre, la proposition d'un député, M. Loisel, qui tendait à soumettre à l'impôt foncier les terres cultivées qui étaient encore incultes lors du cadastre. J'ai dit que c'était peut-être là le point de départ de toute la transformation de notre impôt foncier. Les faits qui se sont passés depuis le vote de cette proposition justifient cette manière de voir.

L'article 4 de la loi du 3 août 1875, portant fixation du budget général des dépenses et des recettes de l'exercice 1876, est ainsi conçu :

« Dans la loi de finances de 1877, il sera présenté par le gouvernement un projet de nouvelle répartition du principal de la contribution foncière entre les départements. »

C'est pour se préparer à remplir cette obligation, que

M. le ministre des finances a présenté un projet de loi sur la révision du cadastre, qui a été soumis à l'examen des conseils généraux, dans leur dernière session d'avril. Je crois devoir reproduire l'exposé des motifs de ce projet de loi, tant il y va d'intérêts considérables et tant d'erreurs sont répandues sur la taxation de notre sol. J'ajouterai quelques courtes observations à cet exposé des motifs.

Messieurs,

La loi votée le 3 août 1875 par l'Assemblée nationale, et qui prescrit au Gouvernement de préparer un projet de nouvelle répartition du principal de la contribution foncière entre les départements, rend indispensable la solution de la question du cadastre. Il est évident que les augmentations ou les diminutions qui seront successivement apportées aux contingents des départements, des arrondissements et des communes, ne sauraient, dans beaucoup de cas, sans une injustice flagrante, être réparties sur tous les contribuables de la commune dans la proportion de leurs revenus cadastraux actuels. Les revenus fonciers ne progressent pas, en effet, dans la même proportion dans toute l'étendue d'une commune, et les inégalités qui ont pu se produire ainsi depuis la confection du cadastre seraient rendues plus choquantes par l'augmentation ou la diminution du contingent. Il arriverait que des propriétés qui auraient droit à un allégement d'impôt éprouveraient au contraire une augmentation, et réciproquement.

La répartition individuelle, c'est-à-dire la distribution du contingent communal entre les contribuables, ne saurait être régulièrement effectuée que par le cadastre. Il convient donc d'arrêter dès à présent les dispositions législatives qui permettront d'entreprendre des opérations cadastrales partout où cela sera nécessaire. Or, dans l'état actuel de la législation, le cadastre ne peut être renouvelé qu'aux frais des communes, et, en présence de la situation financière de beaucoup d'entre elles, cette disposition insérée dans la loi du 7 août 1850 a eu pour conséquence d'arrêter complétement les travaux de renouvellement entrepris et d'amener la dissolution du corps des géomètres du cadastre. On ne saurait se dispenser, d'ailleurs, de déférer, dans la mesure du possible, aux vœux de la propriété foncière, qui demande énergiquement, dans certaines contrées, que le cadastre vienne donner satisfaction à ses besoins, notamment au point de vue de l'identité des parcelles et de la fixation de leurs limites.

Enfin, les études poursuivies pour ce qui concerne la péréquation de l'impôt foncier ont révélé une fois de plus les inconvénients du système adopté en 1821, et d'après lequel on a confondu dans les documents cadastraux les propriétés bâties et les propriétés non bâties. Ces deux espèces de propriétés, dont la nature diffère essentiellement, progressant le plus souvent d'une manière très-inégale, il importe de les séparer, ainsi que cela a lieu d'ailleurs dans la plupart des États de l'Europe.

Tel est l'objet du projet de loi que nous avons l'honneur de vous soumettre.

Le cadastre actuel, vous le savez, Messieurs, a été ordonné par la loi du 15 septembre 1807, dont l'article 33 spécifia qu'il servirait de régulateur pour la fixation des contingents des communes de chaque canton.

Dès l'année suivante, les opérations étaient entreprises et exécutées suivant un règlement élaboré par une commission dont Delambre était président, et approuvé par l'Empereur le 27 janvier 1808. Cette instruction fut ensuite fondue avec les lois et les autres règlements sur la matière dans un recueil méthodique publié en 1811 par le Ministre des finances, et dont les prescriptions sont encore observées en majeure partie.

A dater de cette époque, les opérations cadastrales ont marché avec plus ou moins d'activité, selon les circonstances, et, en 1845, elles étaient terminées dans toute la France.

Les contingents des communes de chaque canton devant, en exécution de la loi de 1807, être réglés au prorata de la somme des revenus imposables de chacune d'elles, il fallait, sous peine d'entraîner des injustices dans la répartition de ces contingents, arriver à la connaissance de la vérité relativement aux revenus fonciers. En conséquence, les travaux d'évaluation, confiés pour chaque commune au contrôleur des contributions directes, assisté d'un expert, étaient soumis à l'examen d'assemblées cantonales, qui demeuraient chargées de les coordonner et de les niveler de manière à en faire la base d'une péréquation cantonale. Mais ces assemblées ne purent fonctionner longtemps. Les intérêts particuliers y entrèrent en lutte, et l'on ne trouva pas toujours, chez les délégués des communes qui les composaient, l'impartialité et la sincérité nécessaires pour assurer l'exactitude de la répartition.

Aussi, la loi du 20 mars 1813 ayant décidé que la péréquation serait effectuée entre les contingents de tous les cantons cadastrés du même département, les réclamations furent tellement vives, qu'une loi du 23 septembre 1814 suspendit la péréquation et décida que les cantons cadastrés reprendraient, pour 1815, les contingents qu'ils avaient eus en 1813.

Ultérieurement encore, la loi du 15 mai 1818 ayant ordonné que la péréquation serait faite entre les cantons cadastrés du même arrondissement, cette mesure fut rapportée par les lois des 17 juillet 1849 et 23 juillet 1820.

Il parut démontré que la réalisation de l'objet que s'était proposé la loi du 15 septembre 1807, relativement au nivellement des charges en matière d'impôt foncier, ne pouvait pas être obtenue par le procédé qu'elle indiquait. La loi du 31 juillet 1821 (art. 20) décida, en conséquence, que les opérations cadastrales seraient circonscrites dans chaque département et ne serviraient plus qu'à la répartition du contingent communal entre les contribuables.

A partir de ce moment, les revenus cessèrent d'être

fixés par le contrôleur et par un expert ; la détermination en fut remise à des jurés locaux, qui n'eurent qu'une mission, celle d'établir des revenus proportionnels entre eux.

Tel est, en effet, au point de vue de l'impôt, le seul but qu'on doit se proposer d'atteindre par le cadastre, et nous pensons que la règle adoptée à partir de 1821 doit être maintenue. Si l'on s'en écartait, on rencontrerait aujourd'hui encore de sérieuses difficultés dans l'évaluation des revenus réels des diverses propriétés. D'ailleurs, les opérations cadastrales ne pouvant s'exécuter simultanément dans toutes les communes, on se trouverait amené, en les prenant pour bases d'une péréquation, à comparer entre eux des revenus établis à des époques très-différentes, et, comme les revenus tendent toujours à s'accroître, les territoires les plus récemment cadastrés éprouveraient de ce fait un véritable préjudice.

Le cadastre doit donc rester purement et simplement un instrument de répartition entre les propriétaires de chaque commune, et c'est par une autre opération plus rapide que l'on peut arriver au nivellement des contingents. L'Assemblée nationale a obéi à cette pensée en votant successivement l'article 2 de la loi du 5 août 1874 et l'article 4 de la loi du 4 août 1875.

Si la question budgétaire pouvait être écartée, nous n'hésiterions pas à proposer à votre approbation, avec quelques légères modifications, le projet de loi cadastrale élaboré en 1846. Ce projet fait du cadastre une œuvre de l'Etat et assure ainsi, de la manière la plus efficace, l'uniformité dans le mode d'opérer et la persévérance dans le but à atteindre. Il a d'ailleurs été communiqué aux conseils généraux, et il a reçu l'adhésion de la plupart d'entre eux. Il pourvoit à la conservation du cadastre. Il donne satisfaction dans la mesure que nous croyons possible et convenable, aux besoins de la propriété. Il permet enfin d'exiger des notaires et autres officiers publics l'insertion dans leurs actes des désignations cadastrales afférentes aux parcelles qu'ils concernent.

Ce projet ne fait pas, il est vrai, du cadastre un titre de propriété. « Un tel pouvoir, en cas de contestation, » est-il dit dans le rapport de la Commission instituée en 1837 pour l'étude de la question (1), « n'appartient
« qu'aux tribunaux, qui ne l'exercent qu'après un exa-
« men très-scrupuleux, et on ne saurait songer à en
« investir de simples agents administratifs tout à fait
« étrangers à la science judiciaire. Pour que le cadastre
« pût suppléer les titres de propriété, il faudrait procéder
« à un abornement général ; or cet abornement ferait
« naître une infinité de procès et deviendrait intermi-
« nable. L'idée de rendre le bornage obligatoire a paru
« tout à fait inadmissible à la Commission, et elle a
« pensé qu'il n'y avait point lieu de modifier les dispo-

---

(1) Cette commission était composée de MM. de Rambuteau, pair de France ; Perrier (Camille), Teste, Vitet, députés ; Maillard, conseiller d'Etat ; Jourdan, directeur de l'Administration des contributions directes ; Baudouin, Vitallis, Armandot, directeur des contributions directes ; Boichoz, vérificateur spécial des plans du cadastre ; Calmels, Carteron, Lefebure, géomètres en chef ; Vallée, chef de bureau du cadastre au ministère des finances, secrétaire.

« sitions en vigueur qui prescrivent de lever les plans
« d'après les jouissances au moment de l'opération
« cadastrale. »

Les jurisconsultes qui, en France, se sont occupés jusqu'ici de cette question, les cours et tribunaux auxquels elle a été soumise, se sont également montrés peu disposés à apporter au Code civil les modifications qui seraient nécessaires pour arriver au résultat qu'on voudrait atteindre. Le même sentiment se rencontre en Belgique et en Hollande ; le canton de Genève, qui a abordé la question, ne l'a résolue qu'en partie (1) ; enfin, le projet présenté le 21 mars 1874 par le Gouvernement italien à la Chambre des députés écarte formellement l'idée de faire un cadastre attributif de propriété.

Le projet ne réalise pas non plus l'idée de ceux qui voudraient lier le service des hypothèques à celui du cadastre ; mais il ne compromet pas la question et permet de la résoudre ultérieurement, après que la législation des hypothèques aurait reçu les modifications nécessaires. D'ailleurs, l'essai de ce système, pratiqué en Hollande, n'a pas donné tous les résultats que quelques personnes en attendaient.

(1) En effet, quoique la loi génevoise du 1er février 1841 n'ait pas reculé devant l'institution de magistrats spéciaux chargés de trancher les questions de propriété au cours des travaux du cadastre, elle contient (article 53) la disposition suivante :

« Le cadastre fera foi en faveur de celui qui y est inscrit contre la per-
« sonne qui, se prétendant propriétaire, en tout ou en partie, de l'immeu-
« ble litigieux, ne justifierait de son droit ni par un titre régulier de pro-
« priété ni par la description qu'elle aurait acquise conformément au droit
« commun. En aucun cas, l'inscription au cadastre ne pourra couvrir les
« vices du titre en vertu duquel elle aura été opérée. »

Nous croyons donc, nous le répétons, que le projet de 1846 donne satisfaction, autant que possible, aux intérêts engagés dans la question. Mais ce projet entraînerait, de la part de l'État, une dépense qui, pour l'opération complète, ne serait probablement pas inférieure à 250 millions. La conservation du cadastre, lorsqu'elle fonctionnerait dans toute la France, coûterait encore de 8 à 10 millions par an.

Si l'on admet que la situation budgétaire ne permet pas d'aborder en ce moment une œuvre aussi coûteuse, si l'on considère aussi que les différentes régions de la France, en raison de leur consistance territoriale et de la date plus ou moins récente de leur cadastre, n'ont pas le même intérêt à la solution des questions relatives à la propriété, on se trouve amené à rechercher s'il ne conviendrait pas de s'arrêter à un système qui, décentralisant les dépenses permettrait en même temps à chaque département d'agir conformément à ses besoins.

C'est dans cet ordre d'idées qu'a été conçu le projet ci-joint. La plupart de ses dispositions ont été empruntées au projet de 1846, mais l'initiative des solutions plus ou moins complètes, plus ou moins immédiates, est laissée aux conseils généraux, qui auraient également à pourvoir à la dépense.

D'après l'article premier, c'est le conseil général de chaque département qui désignerait les communes où il doit être procédé à de nouvelles opérations cadastrales ; il déciderait en même temps, suivant le cas, si les plans doivent être renouvelés en totalité ou en partie, ou simplement revisés.

Les articles 2, 3, 4, 5, 6, 7, 8 et 9 tracent la marche à suivre pour ces opérations. Ils complètent les prescriptions des lois et règlements en vigueur. Ils donnent aux propriétaires toutes les facilités compatibles avec les dispositions du Code civil pour faire servir le cadastre à l'assiette de la propriété. Il est incontestable, en effet, que ceux d'entre eux qui, propriétaires de parcelles limitrophes, auront concouru à la reconnaissance de la ligne séparative de ces parcelles et auront signé le procès-verbal de reconnaissance des limites, trouveront ultérieurement, dans les extraits certifiés qui leur seront remis sur leur demande, un véritable acte de bornage et des documents précieux pour faire valoir leurs droits légitimes de propriété.

L'article 10 reproduit, en les précisant, les dispositions de l'article 34 de la loi du 15 septembre 1807 et des articles 391 et 410 du recueil méthodique de 1811, relatives au mode d'évaluation des propriétés bâties. Son introduction dans la loi actuelle est destinée à faire cesser certaines divergences qui s'étaient produites dans la jurisprudence sur leur interprétation.

C'est également pour faire cesser des difficultés de jurisprudence que l'article 11 spécifie le mode d'imposition des terrains enlevés à la culture pour être consacrés à un emploi industriel. Ces dispositions sont d'accord avec les règles de la justice distributive, qui veulent que chaque propriété foncière soit imposée proportionnellement à *la valeur du produit qu'elle peut rendre*.

Des considérations de même nature nous ont amené à régler, d'une manière précise, par l'article 12, le mode d'évaluation des salines, salins et marais salants. Aux termes du décret du 15 octobre 1810 et de la loi du 17 juin 1840, ces propriétés doivent être cotisées à la contribution foncière, savoir : les bâtiments qui en dépendent, d'après leur valeur locative, et *les terrains et emplacements, sur le pied des meilleures terres labourables*. Cette disposition, comme l'indiquent le texte même et la discussion de la loi de 1840, avait pour but de favoriser la production salicole en empêchant que les terrains et emplacements affectés à cette production ne fussent surévalués. Le taux de la première classe des terres labourables était donc, dans la pensée du législateur, un maximum. Cependant le texte prêtait à une autre interprétation, et, dans quelques communes, on s'en était servi pour imposer, comme les terres labourables de première classe des marais salants d'un produit bien inférieur à celui des terres de cette catégorie. Nous croyons que vous ratifierez une disposition qui a pour objet d'assurer, en cas de révision du cadastre, à l'industrie du sel le bénéfice du traitement que les précédents législateurs avaient voulu lui accorder.

L'article 13 donne aux propriétaires les moyens de faire redresser les erreurs qui auraient pu se glisser dans les opérations cadastrales. L'état de choses actuel se trouve ainsi maintenu en ce qui concerne les propriétés non bâties. Mais l'article 38 de la loi du 15 septembre 1807 permettait aux propriétaires de maisons et usines de réclamer, dans le cas de surtaxe, postérieurement au délai de six mois à partir de l'émission du premier rôle cadastral, tandis que le droit de révision n'était pas attribué à l'Administration dans le cas où la taxe était reconnue trop faible. Il a paru convenable de rétablir l'égalité de situation en plaçant les propriétés bâties dans les mêmes conditions que les propriétés non bâties. La faculté de reviser tous les dix ans les évaluations des propriétés bâties, inscrites dans la loi du 3 frimaire an VII (art. 102), fournit, d'ailleurs, les moyens de parer aux déplacements que pourrait éprouver leur valeur relative dans les différentes parties de la même commune.

Les articles 14, 15, 16, 17 et 18 sont destinés à permettre aux conseils généraux, qui jugeraient la mesure utile dans leur département, d'assurer la conservation du cadastre, en ce qui concerne les plans et les états de section, comme, dans le système actuel, elle l'est déjà en ce qui concerne les matrices. C'est ainsi que l'on procède, mais d'une façon générale, en Belgique, en Hollande et dans certaines parties de l'Allemagne. Il serait assurément désirable que la conservation du cadastre fût établie dans la France entière, mais cette conservation entraînerait, comme on l'a vu plus haut, une dépense assez considérable, et il faut reconnaître qu'elle n'a pas la même utilité dans toutes les régions. Si elle présente beaucoup d'intérêt dans les pays très-morcelés où les terres labourables dominent, où se produisent chaque année de grands changements dans la consistance de la propriété, et où, par conséquent, le désaccord entre les plans et l'état du sol s'établit rapidement, il est incontestable que cet intérêt est sensiblement moindre dans les pays de grande culture, dans ceux qui comportent de grandes étendues de bois et de prairies, dans ceux enfin où, par suite des habitudes locales, les propriétés sont limitées sur le terrain par des haies, fossés, murs, etc. Dans le système proposé, chaque conseil général agirait conformément aux besoins locaux ; la conservation des plans et états de section serait faite aux frais du département, lorsqu'elle aurait été décidée ; la mise au courant des matrices cadastrales resterait, dans tous les cas, à la charge de l'État, comme cela a lieu actuellement (art. 19).

Les conseils généraux seraient autorisés à voter les fonds nécessaires, non-seulement pour le renouvellement mais encore pour la conservation du cadastre, et aussi pour les travaux de péréquation, qu'ils jugeraient opportuns.

L'article 20 dispose que, chaque année, il est ajouté au principal de la contribution foncière un centime ou une fraction de centime dont le produit servira à venir en aide aux départements en proportion de leurs ressources et de leurs dépenses pour l'exécution des opérations. Un fonds analogue a été créé par la loi du 31 juillet 1821 (art. 21), qui avait déjà mis les opérations cadastrales à la charge des départements, tout en décidant que ces opérations ne serviraient plus qu'à rectifier la répartition individuelle. Il s'élevait alors à un million. Il est encore inscrit au budget pour une somme moindre, et les ressources qu'il met à la disposition de l'administration sont destinées à lui permettre de contrôler les opérations et de venir en aide aux départements où le cadastre n'est pas terminé (Alpes-Maritimes, Corse, Savoie et Haute-Savoie). Il importe, en effet, que l'État ne se désintéresse pas de ces travaux, qui servent à la répartition de l'impôt. D'autre part, les dépenses du cadastre varient non-seulement avec l'importance des revenus fonciers, mais aussi avec l'étendue et les dispositions géographiques du territoire. Elles ne seraient donc pas proportionnelles aux ressources que les départements pourraient y consacrer en s'imposant le même nombre de centimes.

La marche qui a été adoptée, en 1821, pour la répartition des subventions entre les départements, et qui se trouve exposée en détail dans un rapport au Roi concernant l'application, sur ce point, de la loi du 31 juillet de ladite année, est aussi celle que nous nous proposons de suivre. Elle consiste à tenir compte, d'une part, de la quotité des centimes votés par les conseils généraux et de leur produit; d'autre part, de l'excédant de la dépense sur les ressources, et, en outre, de ce même excédant, maintenu à son chiffre ou réduit, selon que les conseils généraux auraient voté les 5 centimes autorisés par la loi ou une quotité moindre. Ainsi, dans tel département, l'excédant de dépense servant de base à cette dernière partie de la répartition sera réduit au cinquième, si son vote était d'un centime seulement; ce même excédant sera réduit aux deux cinquièmes, là où le vote serait de 2 centimes, et ainsi de suite. Il sera laissé dans son entier pour les départements où le vote atteindrait le maximum de 5 centimes. Cette combinaison, qui a déjà subi l'épreuve de l'expérience, paraît de nature à concilier tous les intérêts et à prévenir toute espèce de réclamation fondée.

L'article 21 prescrit, conformément aux dispositions des articles 57 et 66 de la loi du 10 août 1871, de soumettre annuellement au conseil général le compte des recettes et des dépenses du cadastre.

L'article 22 donne satisfaction au vœu souvent exprimé de voir les notaires et autres officiers ministériels astreints à inscrire les désignations cadastrales dans les actes qu'ils ont à rédiger. Il limite cette obligation aux territoires où la conservation cadastrale serait établie. Il ne peut en être autrement, la tenue au courant des plans et états de sections pouvant seule permettre de reconnaître avec sécurité, sur ces documents, l'identité des parcelles objet des mutations, alors surtout qu'elles ont changé de forme.

Telle est l'économie du projet de loi, relativement au cadastre ; vous remarquerez, Messieurs, que ce projet impliquerait l'abrogation des articles 9 et 10 de la loi du 21 mars 1874, qui ont prescrit une nouvelle évaluation des terres, anciennement en friche, mises en culture depuis le cadastre, et réciproquement, puisqu'il appartiendra aux conseils généraux d'ordonner la révision des opérations cadastrales pour ces propriétés, aussi bien que pour les autres. Ces dispositions se trouvent déjà, d'ailleurs, en contradiction avec celles qui ont pour objet la péréquation des contingents (loi du 3 août 1875), et c'est dans le projet relatif à l'exécution de cette dernière loi que nous vous proposons l'abrogation expresse de celle du 21 mars 1874.

Nous signalons encore à votre attention les dispositions suivantes qui constituent, sur certains points, une innovation, et, sur d'autres, le retour à un état ancien, en ce qui concerne les propriétés bâties.

La législation cadastrale établit deux catégories de propriétés bâties : celles qui sont imposables et celles qui ne le sont pas. Elle déclare passibles de l'impôt les maisons d'habitation, fabriques, forges, moulins et autres usines, sauf les exceptions déterminées pour l'encouragement de l'agriculture et pour l'intérêt général de la société. Il en résulte que les bâtiments affectés à un service public civil, militaire et d'instruction, ou aux hospices ne supportent aucune contribution, et que les bâtiments servant aux exploitations rurales, tels que granges, écuries, greniers, caves, celliers, pressoirs et autres, destinés à loger les bestiaux des fermes et métairies ou à serrer les récoltes, ainsi que les cours desdites fermes ou métairies, ne sont soumis à la contribution foncière qu'à raison du terrain qu'ils enlèvent à la culture, évalué sur le pied des meilleures terres de la commune (Loi du 3 frimaire an VII, art. 2, 5 et 85).

Bien que les bâtiments ruraux soient aujourd'hui imposables en Hollande, et qu'une proposition dans le même sens ait été faite récemment par le ministre des finances d'Italie, lors de la préparation du projet de loi sur le cadastre, déposé le 21 mai 1874, notre intention n'est pas d'imiter ces exemples et de vous demander la suppression d'immunités qui nous paraissent conformes à l'esprit de nos lois fiscales ; mais nous croyons, par contre, qu'une réforme est à faire dans le régime des propriétés bâties dont l'imposition est actuellement autorisée.

Le Gouvernement est fondé à penser que, dans l'état actuel des choses, ces propriétés, dont la valeur productive s'est accrue plus rapidement que celle des propriétés non bâties, se trouvent relativement ménagées dans la répartition de la contribution foncière. Cette inégalité, contraire aux principes de la justice distributive, a semblé devoir disparaître, au double point de vue d'une meilleure répartition des charges publiques et d'un accroissement de produits au profit de l'État.

Pour atteindre ce résultat, c'est-à-dire pour ramener la contribution foncière des propriétés bâties au niveau de celle des propriétés non bâties, le moyen le plus sûr et le plus rationnel serait de procéder à une évaluation directe de toutes les propriétés bâties imposables ; mais, indépendamment de la dépense et des délais qu'entraînerait une semblable opération, qui comprendrait plus de 8,500,000 immeubles, on sait quelles difficultés les recensements généraux ont toujours soulevées en France. Il a donc paru préférable de recourir à un procédé analogue à celui qui a été mis en action par l'article 2 de la loi du 4 août 1844 à l'égard de la contribution personnelle et mobilière.

Ce procédé, qu'autorise l'article 23 du projet, consisterait à calculer l'augmentation du contingent foncier afférente aux maisons et usines nouvellement construites, non plus seulement comme le prescrit la loi du 17 août 1835, d'après la contribution qu'elles doivent supporter en principal, comparativement aux autres propriétés bâties de la commune, mais d'après une quotité déterminée de leur valeur locative réelle, 5 p. 0/0 par exemple, taux auquel les propriétés non bâties paraissent être actuellement imposées en moyenne. Puis, le contingent ainsi modifié serait réparti entre toutes les constructions anciennes et nouvelles de la commune, proportionnellement à leur revenu cadastral. Les bâtiments démolis continueraient à motiver une diminution du contingent égale à l'impôt qu'ils supportaient.

Dans ce système, l'influence des constructions nouvelles et des démolitions tendrait constamment à rapprocher les contingents en principal des communes du taux uniforme de 5 p. 0/0 de la valeur locative de l'ensemble des constructions imposables; or, comme ces contingents sont aujourd'hui le plus souvent très-inférieurs à ce taux, il en résulterait une augmentation progressive des ressources du Trésor, qui peut être évaluée annuellement à 400,000 francs.

Nous devons ajouter toutefois que les événements de 1870 et 1871 ayant sensiblement ralenti le mouvement de constructions nouvelles, l'effet de cette disposition se trouvera momentanément atténué. D'autre part, elle donnera lieu, tant par le remaniement qu'elle entraînera dans les pièces cadastrales, que par les complications qui en résulteront annuellement dans la confection des rôles, à une dépense qui peut être évaluée à un million pour la première année et à 70,000 francs pour les années suivantes.

En effet, pour que le système proposé puisse se réaliser, il est nécessaire que les propriétés bâties, qui sont actuellement confondues dans les matrices avec les propriétés non bâties, en soient désormais séparées. Cette séparation a existé pendant plusieurs années, en vertu de la loi du 15 septembre 1807, dont l'article 34 l'ordonnait expressément; elle n'a cessé qu'en 1821, à la suite des travaux de péréquation exécutés à cette époque. Cela s'explique : les dégrèvements auxquels cette péréquation avait donné lieu étaient tellement considérables (ils dépassèrent 27 millions en principal et centimes additionnels), que « le moment avait paru enfin arrivé, » comme le disait l'exposé des motifs de la loi du 31 juillet, « de consacrer le principe de la fixité de l'impôt foncier. » Un article spécial, formulé dans ce sens, se trouvait même au projet de loi. On fermait, en un mot, ou du moins on croyait fermer l'ère des péréquations, et l'on comprend qu'avec le parti arrêté de ne plus modifier les contingents, il n'y avait désormais aucune utilité à les distinguer, suivant qu'il s'agissait de propriétés bâties ou de propriétés non bâties; il y avait même simplification et économie à faire autrement. Aussi, un règlement du 10 octobre 1821 (art. 27) prescrivait-il de réunir dans la même matrice et dans le même rôle les deux natures d'immeubles.

Mais le principe de la fixité des contingents que le législateur de 1821 s'était refusé à inscrire dans la loi, n'a pas été consacré depuis, comme le prouvent la loi du 7 août 1850 et celles que l'Assemblée nationale a elle-même votées pour ordonner une nouvelle répartition de l'impôt foncier. La possibilité de la révision des contingents étant ainsi admise et les revenus des propriétés bâties et des propriétés non bâties croissant dans des proportions très-différentes, il importe de rétablir la séparation, séparation qui existe d'ailleurs en Belgique, en Hollande et dans la plupart des autres États, de manière à permettre aux assemblées législatives qui ordonneraient de nouvelles péréquations, d'agir isolément sur chacune des deux catégories d'immeubles ; mais cette séparation est devenue tout à fait indispensable en présence du mode d'accroissement du contingent foncier des propriétés bâties que nous venons de vous exposer.

L'article 24 dispose, en conséquence, qu'il sera distrait du contingent foncier, en principal, tel qu'il aurait figuré dans les rôles de l'année 1877, pour chaque département, une somme égale à la part que les propriétés bâties auront prise dans ce contingent à raison du revenu cadastral afférent aux constructions, et que ladite somme formera le contingent spécial des propriétés bâties, de même que le surplus constituera le contingent spécial des propriétés non bâties.

Le même article porte, d'ailleurs, que la répartition de ces deux contingents continuera d'être faite d'après les principes actuellement applicables au contingent unique.

L'article 25 décide également que les propriétés bâties

et non bâties supporteront le même nombre de centimes additionnels départementaux et communaux.

Il n'est rien stipulé à l'égard des centimes généraux : d'abord, parce que, depuis 1851, l'État ne perçoit plus de centimes additionnels sur la contribution foncière, ensuite parce qu'il convient de réserver l'avenir. Si, en 1851, la contribution foncière a été affranchie des 17 centimes dont elle était frappée au profit de l'État, cette faveur exceptionnelle a été accordée en vue d'alléger les charges qui pèsent sur « la propriété du sol », c'est-à-dire sur l'agriculture proprement dite, et l'on peut croire qu'il n'entrait pas dans les idées du législateur de l'étendre à la propriété bâtie, dont les revenus prenaient un essor de plus en plus considérable. Lors donc que l'unité des contingents, qui a été vraisemblablement la seule cause de cette extension, aura cessé d'exister, rien ne pourra s'opposer à ce que le pouvoir législatif, quand la situation financière du pays lui paraîtra l'exiger, rétablisse, tout au moins en partie, sur la propriété bâtie, les 17 centimes généraux, dont la suppression occasionne à l'État, en ce qui touche cette seule nature de propriétés, une perte annuelle de plus de 8 millions.

A tous ces points de vue, le Gouvernement a intérêt à ce qu'aucune construction n'échappe à l'impôt dont elle est passible. En raison du personnel très-restreint des agents des contributions directes et des nombreux travaux qu'ils ont à exécuter pendant la tournée annuelle des mutations, il peut arriver, et il arrive, en effet, que des constructions ou additions de constructions nouvelles, lorsqu'elles sont peu apparentes ou situées dans des hameaux écartés, échappent à leurs investigations. C'est pour prévenir ces omissions dans une certaine mesure que nous proposons, par l'article 26, d'imposer l'obligation d'une déclaration à tout propriétaire ou usufruitier qui fera construire, reconstruire ou agrandir un bâtiment passible de l'impôt foncier, qui convertira un bâtiment rural en maison ou en usine ou qui convertira une usine en maison.

L'article 27 indique le contrôle auquel les déclarations donneront lieu de la part des répartiteurs et du service des contributions directes.

L'article 28 contient la sanction des dispositions qui précèdent. Il a toutefois ce caractère de ne pas établir, à proprement parler, une pénalité, mais de soumettre simplement à la condition d'une déclaration préalable l'obtention de l'immunité temporaire accordée aujourd'hui sans conditions par l'article 88 de la loi du 3 frimaire an VII.

Aux termes du même article, les constructions indûment affranchies de l'impôt seront assujetties à la contribution foncière et à celle des portes et fenêtres au moyen de rôles supplémentaires jusqu'au moment où elles seront comprises dans les rôles généraux, et, dans tous les cas, en ce qui concerne la contribution foncière, jusqu'à l'expiration de la période d'exemption fixée par l'article 88 de la loi du 3 frimaire an VII. Les contingents foncier et des portes et fenêtres seront augmentés à partir de l'année de l'imposition, tandis que le contingent mobilier ne le sera qu'à dater de l'année de l'inscription des propriétés dans les rôles généraux. Toutefois, durant la période transitoire, le contingent foncier ne sera augmenté que de la part que les constructions prendront dans le principal, ainsi que cela se pratique actuellement, l'augmentation sur le pied de 5 p. 0/0 du revenu net imposable ne devant avoir lieu qu'à partir de l'inscription dans les rôles généraux. De cette manière, les autres propriétaires de la commune n'auront pas à supporter indûment une part de l'imposition supplémentaire qui doit frapper exclusivement ceux qui ont négligé de faire les déclarations prescrites.

La faculté d'établir les rôles supplémentaires, laquelle n'existait pas jusqu'ici, permettra en outre d'assujettir à l'impôt pour l'année même où l'omision sera constatée, au lieu de l'année suivante, les constructions indûment affranchies des contributions foncière et des portes et fenêtres.

Par l'article 29 des mesures sont prises pour que les contingents soient diminués en cas de démolition, de destruction ou de conversion en bâtiment rural non imposable, d'un bâtiment assujetti à la contribution foncière.

En outre, le même article prévient le retour des divergences d'opinion qui s'étaient produites sur le caractère des réclamations auxquelles ces circonstances peuvent donner lieu et sur la juridiction dont elles relèvent, suivant que les changements sont survenus avant ou après le 1er janvier de l'année de l'imposition.

Les articles 30, 31 et 32 prescrivent l'ouverture au budget de l'État du crédit nécessaire pour subvenir à la dépense que doit occasionner la séparation des propriétés bâties et des propriétés non bâties, autorisée par l'article 24. Ce crédit est fixé, pour 1876, à un million ; dans le cas où l'opération ne serait pas terminée la première année, l'excédant de crédit restant disponible serait reporté à l'exercice suivant en conservant la même affectation.

Enfin, les articles 33 et 34 ont pour objet d'abroger les dispositions antérieures qui seraient contraires à la loi proposée, et de permettre de recourir à un règlement d'administration publique pour prescrire les mesures nécessaires à son exécution.

Nous avons, Messieurs, exposé en détail le projet auquel nous avons cru devoir nous arrêter après une étude attentive, et nous vous avons mis à même de l'apprécier dans son ensemble. Il ne remplit pas sans doute, en ce qui concerne le renouvellement du cadastre, toutes les conditions du programme que nous nous serions tracé, si les circonstances étaient différentes ; mais en mettant à la charge des départements, avec subvention de l'État, une dépense trop onéreuse pour des communes isolées, il aura pour effet d'imprimer aux opérations une nouvelle et plus vive impulsion. Il apporte, en outre, dans l'intérêt de la propriété, des améliorations incontestables au mode d'exécution suivi jusqu'ici.

Enfin, il remet aux mains des conseils généraux, juges de l'opportunité des travaux à exécuter dans leurs circonscriptions respectives, l'instrument nécessaire pour rectifier la répartition individuelle, là où il en sera besoin, condition indispensable pour permettre d'aborder avec quelque sécurité, quant à ses conséquences, le difficile problème de la péréquation.

Le Président de la République française propose à la Chambre des députés le projet de loi dont la teneur suit, qui lui sera présenté par le ministre des finances, chargé d'en exposer les motifs et d'en soutenir la discussion.

TITRE PREMIER

DISPOSITIONS RELATIVES AU CADASTRE.

ARTICLE PREMIER.

Dans toute commune cadastrée depuis trente ans au moins, il peut être procédé à la reconfection ou à la révision du cadastre.

Les conseils généraux des départements désignent les communes où les plans doivent être renouvelés en totalité ou en partie, et les communes ou portions de communes où ils doivent être simplement revisés.

ART. 2.

A l'époque du renouvellement ou de la révision, il est

procédé à une nouvelle évaluation des revenus imposables de toutes les propriétés de la commune, alors même que, en ce qui concerne les propriétés bâties, la révision autorisée par l'article 102 de la loi du 3 frimaire an VII en aurait été effectuée depuis moins de dix ans.

ART. 3.

Les propriétaires qui, à l'époque du renouvellement ou de la révision de l'évaluation cadastrale de leurs propriétés, jouissent d'exemptions ou de modérations accordées par les lois en vigueur, sont maintenus dans la jouissance de ces exemptions ou modérations jusqu'à l'expiration du terme fixé par lesdites lois.

ART. 4.

Les opérations d'arpentage et d'expertise sont exécutées suivant les formes prescrites par les lois et règlements sur le cadastre, sauf les dispositions contraires contenues dans la présente loi.

ART. 5.

Aussitôt que le renouvellement ou la révision de l'arpentage a été décidé par le conseil général, les propriétaires de la commune en sont prévenus par une affiche apposée à la mairie, afin qu'ils puissent se mettre en mesure de justifier de leurs titres et faire, s'ils le jugent à propos, borner leurs propriétés. Les frais d'abornement sont à leur charge, à moins que le conseil général n'en autorise le prélèvement sur les fonds départementaux.

ART. 6.

Le maire convoque les propriétaires sur le terrain pour reconnaître les lignes de démarcation assignées par le plan à toutes leurs parcelles confrontant avec des propriétaires différents.

ART. 7.

Au jour indiqué par la convocation, un agent de l'administration des contributions directes, assisté du maire ou de son délégué et d'un géomètre, procède à la reconnaissance des limites contradictoirement avec les propriétaires présents ou leurs représentants munis de pouvoirs réguliers.

ART. 8.

Si le propriétaire dûment convoqué ne comparaît pas en personne ou ne se fait pas représenter par un mandataire, l'absence est constatée et il est passé outre.

Les non-comparants sont passibles de tous les frais des opérations qui peuvent devenir ultérieurement nécessaires en ce qui concerne les délimitations pour lesquelles ils ont été appelés. L'état de ces frais, dressé par le directeur des contributions directes, est rendu exécutoire par le préfet, et le recouvrement en est poursuivi par le percepteur comme pour les contributions directes.

ART. 9.

Le procès-verbal de reconnaissance des limites constate l'adhésion des propriétaires présents et contient l'énumération des parcelles à l'égard desquelles aucune réclamation ne s'est élevée ; il indique les parcelles dont les propriétaires n'ont pas répondu à la convocation ; il précise les contestations survenues et les points auxquels elles s'appliquent. Lorsque l'agent de l'administration des contributions directes et le maire ont pu concilier les parties, le plan est, s'il y a lieu, immédiatement rectifié. En cas de non-conciliation, le plan est provisoirement établi conformément à la jouissance, sauf aux propriétaires à se pourvoir comme ils aviseront.

Le procès-verbal est signé de tous les comparants ou mention est faite de la cause qui les empêche de signer.

ART. 10.

Toute propriété bâtie, non comprise dans les exemptions déterminées par les lois en vigueur, est évaluée en deux parties, savoir :

1° La superficie, sur le pied des meilleures terres labourables, ou, à défaut de terres labourables dans la commune, sur le pied de la première classe de la culture dominante ;

2° La construction, d'après la valeur locative totale de l'immeuble, déduction faite de l'estimation de la superficie et conformément aux prescriptions des articles 82 et 87 de la loi du 3 frimaire an VII.

ART. 11.

Les terrains non cultivés, tels que chantiers, lieux de dépôt de marchandises et autres emplacements de même nature, en quelque lieu qu'ils soient situés, soit que le propriétaire les occupe ou qu'il les fasse occuper par d'autres, à titre gratuit ou onéreux, sont cotisés à la contribution foncière :

1° A raison de leur superficie, sur le même pied que les terrains environnants ;

2° D'après leur valeur locative déterminée à raison de l'usage auquel ils sont affectés, déduction faite de l'estimation donnée à la superficie.

Les dispositions des articles 82 et 88 de la loi du 3 frimaire an VII, celles de la présente loi et généralement toutes les dispositions relatives aux propriétés bâties leur sont applicables.

ART. 12.

Dans les communes où les opérations cadastrales seront renouvelées, les salines, salins et marais salants seront cotisés à la contribution foncière, savoir : les bâtiments qui en dépendent, d'après leur valeur locative, sur le même pied que les autres propriétés bâties, et les terrains et emplacements proportionnellement aux autres propriétés non bâties.

Lesdits emplacements ou terrains ne pourront, dans aucun cas, être évalués au-dessus du taux de la première classe des terres labourables de la commune, ou, à défaut de terres labourables dans la commune, au-dessus du taux de la première classe de la culture dominante.

ART. 13.

Lors de l'émission du premier rôle établi conformément aux résultats du renouvellement intégral ou partiel des opérations cadastrales, il est remis gratuitement à chaque propriétaire une copie de son article dans la matrice cadastrale.

Dans les six mois qui suivent la publication de ce rôle, les propriétaires sont admis à réclamer contre la contenance et le classement de leurs fonds, l'évaluation de leurs maisons et usines, ainsi que des natures de culture dont ils possèdent seuls la totalité ou la plus grande partie. Ce délai passé, aucune réclamation n'est admise qu'autant qu'elle porte sur des causes postérieures au renouvellement ou à la révision du cadastre et indépendantes de la volonté des propriétaires.

ART. 14.

Lorsque le cadastre a été renouvelé ou revisé en exécution de la présente loi dans toutes les communes d'un canton, ou lorsque l'état des documents cadastraux le permet, le conseil général peut décider que les mutations qu'éprouveront les propriétés foncières dans leurs formes, leurs limites et leurs possesseurs, seront annuellement consignées sur les états de section, sur les matrices et sur les copies des plans parcellaires.

Les changements survenus dans la forme ou les limites

des parcelles sont reconnus et constatés sur les lieux en présence des propriétaires dûment convoqués ou de leurs mandataires. En cas de non-comparution ou de non-conciliation, il est procédé conformément aux articles 8 et 9.

ART. 15.

Des géomètres en nombre proportionné à l'étendue du territoire et au morcellement des propriétés exécutent les travaux relatifs à la conservation du cadastre dans les cantons où ce système est adopté.

Ces travaux, comme ceux du cadastre, sont dirigés et surveillés par l'administration des contributions directes.

Les frais de la conservation sont réglés dans la même forme que ceux relatifs à la confection des opérations cadastrales.

ART. 16.

Les plans-minutes demeurent invariables; ils sont déposés à la direction des contributions directes avec les procès-verbaux de reconnaissance des limites. Il est fait une copie des plans pour le service de la direction.

Il est délivré à la commune une expédition des plans des états de section et des matrices, ainsi que des procès-verbaux de reconnaissance des limites.

Des extraits certifiés des documents cadastraux sont fournis par le directeur à toute personne qui en fait la demande. Le tarif des indemnités dues pour ces extraits est arrêté par le ministre des finances.

ART. 17.

Le géomètre chargé des travaux relatifs à la conservation tient, pour chaque commune de sa circonscription, un registre sur lequel il inscrit, au fur et à mesure qu'ils parviennent à sa connaissance, tous les changements résultant de ventes, échanges, successions, partages, donations, abornements, décisions judiciaires et de tous autres actes réglant l'état ou la transmission des propriétés. Les déclarations volontaires des parties sont aussi portées sur ce registre.

Le travail des mutations est effectué sur les pièces cadastrales déposées tant à la direction du département que dans les communes.

ART. 18.

Les frais d'entretien, de renouvellement et de conservation du cadastre sont acquittés sur les fonds départementaux; néanmoins, les dépenses relatives à la mise au courant des matrices cadastrales restent à la charge de l'État.

Les conseils généraux peuvent voter annuellement, par addition au principal de la contribution foncière, des centimes spéciaux dont le maximum est fixé à cinq, tant pour les besoins du cadastre que pour les travaux de sous-répartition du contingent départemental entre les arrondissements, et des contingents des arrondissements entre les communes.

ART. 19.

Dans les cantons où les dispositions des articles 14, 15, 16, 17 et 18 de la présente loi n'ont pas été rendues applicables par le conseil général, le système actuellement en usage pour les mutations cadastrales est maintenu.

ART. 20.

Chaque année, il est ajouté au principal de la contribution foncière un centime ou une fraction de centime dont le produit constitue un fonds destiné à venir en aide aux départements en proportion des ressources que les conseils généraux affectent au renouvellement du cadastre et des dépenses qui leur incombent pour l'exécution de cette opération.

Ces subventions sont fixées annuellement par décrets.

Les sommes affectées au service du cadastre qui n'ont été employées en fin d'exercice sont reportées, avec leur affectation, à l'exercice suivant.

ART. 21.

Le compte des recettes et des dépenses relatives aux opérations du cadastre est, chaque année, soumis au conseil général par le préfet.

ART. 22.

Chaque année, avant le 1er novembre, un décret inséré au *Bulletin des lois* publie les noms des cantons où la conservation du cadastre a été organisée dans le courant de l'année ou doit l'être au 1ᵉʳ janvier suivant.

A compter de cette dernière époque et pour les immeubles situés dans lesdits cantons, tout acte translatif de propriété, d'usufruit ou de jouissance, ainsi que tout partage, en forme authentique ou sous signatures privées, devra indiquer les divisions cadastrales et les numéros du plan divisionnaire pour chacun des immeubles transmis ou partagés. Les mêmes indications seront fournies dans les déclarations relatives aux mutations par décès.

Lorsque les actes translatifs ou déclarations s'appliqueront à la totalité des biens possédés dans la commune, il suffira d'indiquer le folio sous lequel le propriétaire est inscrit à la matrice cadastrale.

A défaut de ces énonciations, les officiers publics, pour les actes reçus par eux, et les parties, pour les actes sous seing privé et les déclarations, seront passibles d'une amende de 50 francs pour chaque acte ou déclaration.

Toute énonciation inexacte donnera lieu à la même amende que l'omission contre les officiers publics et contre les parties.

Toutefois, l'amende sera restituée, ou, en cas de déclaration inexacte, le payement n'en sera pas exigé si, dans le mois qui suivra l'enregistrement de l'acte ou de la déclaration, on soumet à la formalité de l'enregistrement un acte complémentaire ou rectificatif, ou si l'on fait une déclaration supplémentaire. L'acte complémentaire ou rectificatif sera enregistré moyennant le droit fixe de 1 franc.

Les contraventions sont constatées et les amendes recouvrées comme en matière d'enregistrement.

TITRE II

DISPOSITIONS RELATIVES AUX PROPRIÉTÉS BATIES.

ART. 23.

A partir du 1er janvier 1878, l'accroissement du contingent foncier résultant, aux termes du paragraphe 1er de l'article 2 de la loi du 17 août 1835, des maisons et usines nouvellement construites ou reconstruites, sera calculé à raison de 5 p. 0/0 du revenu net imposable desdites propriétés.

ART. 24.

A partir de la même époque, des contingents distincts seront assignés, dans la contribution foncière, aux propriétés bâties et aux propriétés non bâties.

Il sera distrait du contingent foncier en principal, tel qu'il aura figuré dans les rôles de l'exercice 1877, pour chaque département, une somme égale à la part que les propriétés bâties auront prise dans ce contingent à raison du revenu cadastral afférent aux constructions, et ladite somme formera le contingent spécial des propriétés bâties. Le surplus constituera le contingent spécial des propriétés non bâties.

Les principes suivant lesquels la contribution foncière est actuellement répartie continueront d'être applicables en ce qui concerne la répartition des contingents spéciaux des propriétés bâties et des propriétés non bâties.

ART. 25.

La contribution foncière des propriétés bâties et celle des propriétés non bâties supporteront le même nombre de centimes additionnels départementaux et communaux.

ART. 26.

Tout propriétaire ou usufruitier qui fera construire, reconstruire ou agrandir un bâtiment passible de l'impôt foncier devra, à dater du 1er janvier 1877, faire à la mairie de la commune où sera situé le bâtiment, et dans les trois mois de l'entreprise des travaux de construction, reconstruction ou agrandissement, une déclaration indiquant la nature du bâtiment, sa destination et la désignation, d'après les documents cadastraux, du sol sur lequel il doit être construit.

Sont considérées comme construction ou reconstruction la conversion d'un bâtiment rural en maison d'habitation ou en usine, celle d'une maison en usine et, réciproquement, celle d'une usine en maison.

ART. 27.

Les déclarations faites en exécution de l'article précédent seront vérifiées par les commissaires répartiteurs, assistés du contrôleur des contributions directes, qui seront chargés de leur donner la suite qu'elles pourront comporter, ainsi que de constater et d'évaluer les accroissements de matière imposable pour lesquels il n'aurait pas été fait de déclaration.

ART. 28.

Lorsqu'un propriétaire ou usufruitier n'aura pas fait, dans le délai prescrit, la déclaration exigée par l'article 26 de la présente loi, il perdra son droit à l'exemption temporaire accordée par l'article 88 de la loi du 3 frimaire an VII. Les constructions nouvelles, additions de constructions et reconstructions non déclarées ou déclarées après l'expiration des délais seront soumises à la contribution foncière à partir du 1er janvier de l'année qui suivra leur achèvement.

Elles seront imposées au moyen de rôles supplémentaires, tant à la contribution foncière qu'à celle des portes et fenêtres, jusqu'à ce qu'elles aient été comprises aux rôles généraux, et, dans tous les cas, en ce qui concerne la contribution foncière, jusqu'à l'expiration de la période d'exemption fixée par l'article 88 de la loi du 3 frimaire an VII.

Les propriétés bâties qui auront été cotisées par application du présent article donneront lieu à augmentation des contingents foncier et des portes et fenêtres, à partir de l'année de leur imposition, et du contingent personnel et mobilier, à partir de l'année où elles auront été soumises à la contribution foncière dans les rôles généraux.

Pendant la durée de l'imposition par rôles supplémentaires, en conformité du deuxième paragraphe du présent article, le contingent foncier ne sera augmenté que de la contribution en principal afférente aux propriétés bâties comprises auxdits rôles, jusqu'au moment où elles pourront être cotisées dans les rôles généraux ; le contingent sera alors augmenté suivant les prescriptions de l'article 23.

Les constructions, additions de construction et reconstructions dont l'achèvement remontera à une année antérieure à celle pendant laquelle le défaut de déclaration aura été reconnu et celles qui, à l'époque de la promulgation de la présente loi, se trouveront, par suite d'omission, affranchies des contributions foncières et des portes et fenêtres ou de l'une ou de l'autre de ces contributions, en seront passibles à dater du 1er janvier de l'année pendant laquelle l'omission ou le défaut de déclaration aura été reconnu. Elles viendront en accroissement des contingents et seront cotisées conformément aux paragraphes 2, 3 et 4 du présent article.

ART. 29.

En cas de démolition, de destruction ou de conversion en bâtiment rural, soit en totalité, soit en partie, d'un bâtiment assujetti à la contribution foncière, le propriétaire ou l'usufruitier continuera d'être admis à se pourvoir en décharge ou réduction, si la réclamation porte sur des faits antérieurs au 1er janvier de l'année de l'imposition, et, dans le cas contraire, en remise ou modération.

Les dégrèvements auxquels donnera lieu cette disposition viendront en diminution du contingent, conformément au paragraphe 2 de l'article 2 de la loi du 17 août 1835 et du paragraphe 1er de l'article 2 de la loi du 4 août 1844.

ART. 30.

Il est ouvert au ministère des finances, sur l'exercice 1876, un crédit extraordinaire d'un million de francs pour payement de la dépense que doit occasionner la séparation des propriétés bâties et non bâties, autorisée par l'article 24 de la présente loi.

ART. 31.

Ce crédit sera inscrit au budget de 1876 sous un chapitre spécial qui portera le n° 55 *ter* et aura pour titre : « Frais de remaniement des pièces cadastrales, en exécu« tion de l'article 23 de la loi du

Les sommes non employées sur ce crédit en fin d'exercice seront reportées par décret à l'exercice suivant, avec leur affectation.

ART. 32.

Il sera pourvu à la dépense ci-dessus au moyen des ressources générales du budget de l'exercice 1876.

A l'exposé des motifs et au projet de loi que je viens de reproduire, j'ajouterai, en terminant, le rapport que j'ai présenté, au conseil général de l'Indre, dans sa dernière session d'avril, au nom de la commission chargée de rendre compte de ce projet de loi. Il y va peut-être en grande partie, je le répète, de l'avenir de la propriété foncière en France.

« Messieurs,

« M. le ministre de finances a présenté aux Chambres un projet de loi concernant le cadastre. Ce projet de loi a pour but de préparer une nouvelle répartition du principal de la contribution foncière entre les communes et les propriétaires fonciers de chaque département, et, en second lieu, de soumettre à une nouvelle taxe les propriétés bâties destinées aux services agricoles, qui n'ont été jusqu'à ce jour imposées qu'en raison du terrain qu'elles occupent. Cette taxe serait fixée d'après la valeur locative totale de l'immeuble, déduction faite de l'estimation de la superficie. Ce sont les termes mêmes du projet de loi.

« S'il ne s'agissait que de mettre les plans du cadastre au courant des transformations subies par la propriété, depuis qu'ils sont terminés, nous serions très-favorables à cette pensée. Nous regarderions même comme un des services publics les plus utiles celui qui, destiné d'abord à la constatation des modifications déjà effectuées, s'appliquerait ensuite à constater les modifications futures. Cela se fait dans plusieurs États, et différents articles du projet de loi donnent à cet effet l'autorisation nécessaire aux conseils généraux.

« Mais ce n'est là en réalité que la partie accessoire du projet de loi. C'est à une nouvelle répartition et sans doute à une nouvelle évaluation de la contribution foncière qu'il tend. Or, de tous les modes d'appréciation, le cadastre est l'un des plus dangereux et des plus incertains.

« Restreint même à un territoire très-limité, à un département par exemple, il exige un nombre d'agents beaucoup trop considérable pour qu'on espère trouver chez tous la même aptitude à apprécier chacun des éléments des questions qu'ils ont à résoudre. Leur manière d'opérer sera différente ; leurs évaluations seront très-opposées. Que sera-ce si l'on tient compte du temps, qui modifie toutes choses, nécessaire pour une pareille opération? Le cadastre, en France, s'est commencé en 1808 et ne s'est terminé que récemment. Dans quatre départements, ses opérations ne sont même pas encore achevées.

« A supposer que le cadastre pût fournir des données sérieuses d'appréciation, d'égalité proportionnelle de l'impôt foncier, qui ne voit que ces données deviendraient aussitôt erronées? Il suffit qu'une route, un canal, un chemin de fer, se crée sur un point du territoire pour en changer la valeur et le revenu. Il en est de même de la création d'usines, de l'accroissement des centres de population, de la découverte de mines ou de tout progrès agricole qui change la production de certaine nature de terrains.

« A tous les points de vue, il est donc impossible de s'en rapporter au cadastre pour établir ou pour maintenir la juste répartition des taxes foncières.

« Il serait d'autant plus fâcheux de refaire le cadastre, en se proposant un semblable but, que le temps s'est chargé de réparer les iniquités qui sont inséparables d'un tel travail. Les ventes, les échanges, les partages, toutes les incessantes transactions de la vie civile ont fait prendre en considération les charges diverses qui frappent la propriété, et ont, entre les immeubles, rétabli l'équilibre qui avait été détruit ou faussé.

« Quand on oppose aujourd'hui l'impôt foncier de quelques portions du territoire à d'autres, on oublie de tenir compte de la valeur des terres et de leurs revenus dans ces départements ou dans ces cantons opposés.

« Enfin, comme représentants du département de l'Indre, n'aurions-nous pas de grands risques à courir dans une révision du cadastre qui, restreinte en ce moment, ne tarderait certainement pas à se généraliser ? Rappelez-vous quelles sont les prétentions des partisans d'une telle mesure. Et pour pourvoir aux frais qu'entraînerait, avec tant de danger, le renouvellement du cadastre dans deux cent dix communes de notre département, et sa simple révision dans trente-cinq autres ; différence dont, je l'avoue, je ne vois pas suffisamment la raison, il ne nous faudrait pas moins de 1,600,000 francs, selon M. le directeur des contributions directes du département, pour la seule réfection des plans cadastraux.

« Quant à l'impôt réclamé sur les bâtiments agricoles, nous estimons que notre département est entré trop récemment dans la voie d'une agriculture perfectionnée, a trop besoin d'encouragement, dispose de trop peu de capitaux, pour qu'il soit opportun d'établir ce nouvel impôt (1).

« Votre commission, Messieurs, est d'avis de ne pas accepter le renouvellement ou la révision du cadastre et de demander que la législation actuelle sur les constructions agricoles soit maintenue. »

Ces conclusions ont été adoptées.

(1) Pour moi, je ne serais pas éloigné d'approuver cet impôt; mais je demanderais qu'il ne fût établi que pour abolir jusqu'à concurrence de ses produits, une taxe nuisible à la propriété, quelques-unes des surtaxes de l'enregistrement, par exemple.

TABLE DES MATIÈRES

Préface v

CHAPITRE PREMIER

Deux crises financières (du xviiie siècle et du commencement du xixe, en Hollande et en Angleterre) 1

CHAPITRE II

La crise de 1814 et de 1815 40

CHAPITRE III

La crise de 1848 112

CHAPITRE IV

La crise de 1870 205
Annexes 337
Projet de loi concernant le renouvellement des opérations cadastrales. — Exposé des motifs 359